云髻凤钗

典藏版

中国古代女子发型发饰

马大勇◎编著

齊鲁書社
·济南·

图书在版编目（CIP）数据

云髻凤钗：中国古代女子发型发饰：典藏版 / 马大勇编著. -- 济南：齐鲁书社，2025. 5 -- ISBN 978-7-5333-5191-5

I. TS974.21；TS955

中国国家版本馆 CIP 数据核字第 2025JE6415 号

策划编辑　赵自环
　　　　　孙本民
责任编辑　王亚茹
装帧设计　赵萌萌

云髻凤钗：中国古代女子发型发饰（典藏版）

YUNJI FENGCHAI: ZHONGGUO GUDAI NVZI FAXING FASHI(DIANCANGBAN)

马大勇　编著

主管单位	山东出版传媒股份有限公司
出版发行	齊魯書社
社　　址	济南市市中区舜耕路 517 号
邮　　编	250003
网　　址	www.qlss.cn
电子邮箱	qilupress@126.com
营销中心	（0531）82098521　82098519　82098517
印　　刷	山东临沂新华印刷物流集团有限责任公司
开　　本	710mm × 1000mm　1/16
印　　张	22.5
插　　页	2
字　　数	321千
版　　次	2025年5月第1版
印　　次	2025年5月第1次印刷
标准书号	ISBN 978-7-5333-5191-5
定　　价	118.00元

前　言
发缕的往昔故事

每一位中国女性，基本都有满头发缕。它隐含着女性自身的华贵、骄傲，是锦瑟年华的代表、爱情梦想的寄寓、美丽魅力的象征，牵系着许多文化上的深厚意蕴。

身体发肤，受之父母，不可损伤。古人把头发当作人的身体、性命的一部分，精心梳理、装饰，保护终生。历朝历代，关于这一头发缕的故事不知发生了多少。（图 1）

图 1　胡锡珪《梳妆仕女图》

古代《礼记·内则》记载婴儿诞生三月后就修剪头发，“男角女羁”。男孩在头上留下一小束头发，女孩子剪成十字形，这就叫作“羁”。婴孩长大后，梳两个小髻，叫作“总角”。还有一小部分余发，叫作“髫”。所以以“总角”“垂髫”代称幼小的年龄。

男孩女孩长大后，女孩多梳丫头，头两边梳

图2 仇英《汉宫春晓图》中的女孩

两个小发髻。“丫”就是这种发式的象形字。明代仇英《汉宫春晓图》里的一个小女孩，就是此类发型。（图2）

女孩十五岁，要行笄礼，和男孩的冠礼相对。如已经许嫁，则盘起头发绾髻，用黑帛布包起，戴笄，起一个字，从此成年。髻上还要缠一条五色的缨，以示身有所属，到结婚那一夜才由丈夫把缨解开。这就是《仪礼·士昏礼》所说的“主人（婿）入，亲说（脱）妇之缨”。如果未许嫁，二十岁时也要戴笄。这就叫作及笄。未及笄不能出嫁，也就没有字。“字人”“待字闺中”等也由此而来。

髻字从吉，由吉礼而来。五代马缟《中华古今注》说：“自古之有髻，而吉者，系也。女子十五而笄，许嫁于人，以系他族，故曰髻而吉。”在没有髻字前，发髻一般称为结、紒。髻这个字，本身就饱含着对男女婚姻吉祥、如意、美满的祝福，和古人想象中女娲、伏羲的蛇形发型的含义竟然完全一样（详见第一章）。古人造字用心是多么深远。男女相合，诞生新的生命，繁衍不息，如蛇的生命力、繁殖力一样。中国人慎终追远，怀念先祖，重视今生，珍爱生命，祈求长寿与子孙繁衍，这正是发髻中隐含的最深层的中国文化意识。

先秦时古礼书《礼记》等没有详细记载笄礼的过程，只记载男孩的冠礼是分三次戴三种冠，穿三套礼服。后来宋代杨甲的《六经图》中对笄礼稍有叙述。《宋史·礼志十八》记载宋代公主的笄礼则很详细，和古冠礼相仿，分三次，先戴冠笄，再戴冠朵，后戴九翚四凤冠；分别配穿褙背、大袖长裙、褕翟（绣翟纹，即红腹锦鸡纹的高贵礼衣）三种衣。提举官（傧相）要说祝福和训诫的话，公主听到训诫后回答："儿虽不敏，敢不祗承！"南宋《朱子家礼》也有记载，民家少女的笄礼用背子做礼服，戴冠笄，与公主的及笄礼相比就简化很多。

宋元之前女孩多在十五岁后行笄礼，绾发髻，然后议婚。明清后的女孩也有这样的，还有在十五岁左右就出嫁了的，于是把笄礼和婚礼结合，多在嫁前一日把少女的鬓发修整一番，辫子改梳发髻，戴丝编的鬄（dí）髻，加插笄簪，穿红绿裙袄，俗称开面、上头。头上再盖一块红盖头，这才上轿、出嫁，与新郎拜堂、饮交杯酒（古代的合卺）。此俗流传久远，甚至今天民间一些地方还能见到。

古人还有结发之礼，在订婚时，把男方的一缕头发盛在金盒或漆盒中，让媒人把它与生辰八字、庚帖送到女方家里，女方如果同意就把一缕青丝剪下，放入盒中带回男家，结婚时再结在一起，这类盛结发的盒子叫同心盒。也有把同心盒用中国结系裹，佩在衣带上的。清代毕沅墓就出土了一件金质盒子，上刻"结发恩深，同穴同衾；天长地久，生死同心"之语，内盛毕沅和夫人的结发。

头发象征着身体，结发也就隐喻着两个人的生命融合为一，繁衍不息。这里边蕴含着对生命的无限珍惜与热爱，蕴含着不变的真情。正如相传汉代苏武出使匈奴前，给妻子写的《留别妻》中的深情诗句所说："结发为夫妇，恩爱两不疑。……生当复来归，死当长相思。"只要结为夫妇，把头发绾在一起，就永远恩爱，不互相猜疑。长久的离别不能泯灭思念，泯灭真情，如果活着，哪怕千里万里也要回家来重聚；如果死去，灵魂也要永远相思。这感人肺腑的爱情誓言不知感动了多少有情人。

总之，古代的女孩子，在最幼小的时候只把细软头发略梳理，等到十五岁成年，就绾成发髻，插上发笄，表示可以出嫁。等到结婚之日，女孩的黑发和爱人

图 3　周文矩《宫中图》中的梳发女子

的黑发连在一起，走进洞房，从此为人妻、为人母。这就是笄礼和结发的礼俗，是笄、髻之文化内涵的具体体现。（图 3）

发髻、头发与发饰的风俗中蕴含的深层文化意识，还不止于此。如古今都有给胎儿存胎发、制作胎发笔的习俗。

如女子有存发之俗。把每天梳落的头发收集起来，定期埋在园中泥土里。过去浙东地区新娘嫁妆中要陪嫁一个精致的发篓，以竹篾编成，有盖，形似鱼篓，就是存发用的。清代乾隆皇帝还造过一尊金发塔，用来存放皇太后的头发。

也有的女子用存发绣制佛、菩萨、罗汉像，以表虔敬。或绣制自己的肖像赠予爱侣、亲人。有时候存发不够就剪发。

头发是自己身体的一部分，女子赠送心爱的人最珍贵的礼物，就是从头上剪下的一缕情丝。女子表示最虔诚的心，就是剪下满头长发，刺绣佛像来朝夕礼拜。女子在国家危难时也会绾起长发，从军沙场。当步入老年，白发苍苍，也仍然要把它梳理清爽。

唐代才女晁采作《子夜歌十八首》寄赠给情郎文茂，最动人的就是这首：“侬既剪云鬟，郎亦分丝发。觅向无人处，绾作同心结！”

唐朝的杨贵妃（见乐史撰《杨太真外传》）、戏曲《王魁负桂英》里的桂英，都曾剪下自己的一缕黑发，赠给爱人，表达深情。

成都文殊院珍藏着清代杨遇春之女的发绣《水月观音》像。清代《夜雨秋灯录》中有一则发绣佛的故事，讲述一位女郎用自己的头发绣成一幅观音像，精美绝伦，表达自己的虔诚之心。

女子的成年、爱情、婚姻、信仰，都和黑发息息相关。

我国最早的诗歌总集《诗经》咏卫国夫人宣姜的诗句："鬒发如云，不屑髢也"；"君子偕老，副笄六珈"。那华丽的贵族女子，满头乌发，不屑用假发来加进发髻去；她的髻上满插着一支支玉笄，和爱人白头偕老。

看那《诗经·伯兮》里的女子，"自伯之东，首如飞蓬。岂无膏沐，谁适为容？"爱人和自己分离了，女子也就没心思梳理长发，任它如乱草一般。不是没有油膏洗沐，而是因为心爱的人不在，梳理头发给谁看呢？

汉末的才女蔡文姬被掠往匈奴，曹操把她从匈奴赎回，将她嫁与董祀。董祀获罪，她"蓬首徒行"，披散头发，向曹操求情，终于挽回丈夫的生命。（图4）

图4　仇英《文姬归汉图》（局部）

女为悦己者容，也为自己而容。汉代诗歌《羽林郎》，写的是一位在春日里当垆卖酒的胡姬，被不可一世的羽林郎（汉代所置官名，是皇家禁卫军军官）看上了，公然调戏她，她不甘受辱，奋起反抗。她头上梳理的发鬟，“两鬟何窈窕，一世良所无。一鬟五百万，两鬟千万余”。窈窕双鬟，世上罕见，一鬟上的首饰就值五百万钱，两鬟就值一千万。她借助着这华贵的发鬟，诉说自己的尊贵人格。

《孔雀东南飞》里的刘兰芝，本和丈夫是恩爱夫妻，却被婆婆休弃。她离开婆家时盛装打扮，“足下蹑丝履，头上玳瑁光”。她将满头青丝梳理整齐，插上光亮的玳瑁制作的发簪，以整洁的容貌维护自己的尊严。

唐代《莺莺传》里的莺莺，是多情少女，和恋人张生初见时，“垂鬟接黛，双脸销红”，把黑发梳成双鬟，垂到黛眉上。当她和爱人相会时，便把发丝抛洒在床上枕畔，“发乱绿葱葱”了。明代陈洪绶《西厢记》插图，描绘莺莺梳着圆髻，正是一位纯情少女的模样。（图 5）

五代词人和凝《春光好》写那少女“纱窗暖，画屏间，亸云鬟”，她在深闺中闲坐，纱窗下，画屏前，她垂下云一样的发鬟。仅这一个姿态，就已宛然如画。

元、明、清的戏曲、小说中，常写及女子的发型、发饰。明代小说《金瓶梅》里就写了很多，甚至成了我们今天研究明代发型、发饰的珍贵资料。

在清代曹雪芹著的《红楼梦》里，提到种种发型、发饰。如宝钗给黛玉拢头发，引得宝玉胡思。真真国女子的发型是打联垂，芳官也有打联垂的发型。宝玉替丫鬟麝月梳头，晴雯讥讽说交杯酒还没喝，就上头了。书中还写到丫鬟们取桂花油、鸡蛋等洗头发；贾母身边的鸳鸯，用剪发来反抗贾赦大老爷的逼迫。又写到大观园里诸多女孩取宫花作簪戴；惜春开玩笑说剃头作姑子，后来果真如此。另外里边写到的金陵十二钗，直接以发饰代指这些女子。还有王熙凤头上的凤钗，迎春的攒珠累丝金凤，贾母在头上戴菊花，这些描写都令人印

图5　陈洪绶《西厢记》插图

象深刻。

在陕西地方戏曲中，有这样动人心魄的场景：演《霸王别姬》的时候，虞姬拔剑自刎，倒在地上，满头黑发披散。霸王项羽上前把她抱起，手拢起这长长黑发，卷成一束，把发束紧紧咬在自己口中，然后抱着她走向前方。

在福建湄洲岛上，女子们梳的帆船状发型要特别平正，这样，她们在海中打鱼的亲人就会平安顺利。这里面饱含着对亲人的深深祝福之情。

在福建、广东，过去女子还把短剑般的发笄插在头上，随时准备抗击敌人。典型的就是福州妇女头上的“三把刀”。

古代女子戴的“胜”，是仿照织机的部件。在出产蚕丝的蚕乡，妇女以剖开的蚕茧或绒绢制茧花戴在发髻上以求蚕茧丰收，清代张劭有《蚕花》诗咏及。又为了劳作时避免风吹日晒，女子们普遍戴头巾、竹笠。

这些，都是辛勤劳动与不屈精神的印记。

正因为发髻中蕴藏的深层民族心理、文化意识的厚重，所以种种礼俗从远古一直影响至今。如在广东，新娘子出嫁前日要梳头，绾发髻，簪首饰。在广西宾阳，婴孩过百日后要选个吉日，把胎发修剪一番。有些地区女子出嫁前要开面、上头，新郎家会送一根红丝线，新娘家会请来一位福寿双全的老妇人，先在新娘脸上涂上些粉，用红线绞尽汗毛，再把鬓发梳成发髻，插上鲜花和头笄。这和明末清初西周生所著小说《醒世姻缘传》第四十四回里的描写基本相似。此后每隔一段时间，女子就要修面，街头也有老年妇人摆的修面小摊。

东方女性的一头长发，如春云一般舒展，如飞瀑一般荡漾，可以绾结成数百种发髻形状：高耸的高髻、玲珑的鬟髻、小巧的圆鬏、轻盈的蝉鬓……女子用香油、花液来滋润它、保护它，用金银、珠翠、鲜花、丝罗来装扮它。同心髻、流苏髻述说着女子心中美好的愿望，堕马髻、倭堕髻在春野里摇荡骏马上的风情。

发髻上簪插有精雕细琢的玉簪、金钗。叮当摇坠的步摇，用龙凤、花鸟来装点。头发按四季节令或插上鲜花，或插上雪柳、春幡、红叶……

一头长发，相伴女子一生一世。无数发型与发饰，表达着历代人们对生命的眷恋与礼赞，对美的永恒追求与渴盼。

心灵手巧的女郎用自己的双手创造了多少种发型，艺术家们用珠玉金银创造了多少种发饰，谁能数得清？

中国是世界上发型、发饰最丰富的国家。可惜它们有的已经湮没在历史的长河里，我们也只有溯流而上，用心去追求、去寻觅，才能把这些美丽重新恢复。

发髻经过几千年的发展，包括几个大类，足有数百种。但是大抵可以分成高髻、垂髻、偏髻、平髻、鬟髻、丫髻、椎髻、反绾髻、丛髻、象形髻等几大类，每一大类都包含有许多种发髻。

古代女子装饰头发的用物很多，有笄、簪、钗、步摇、巾、帽、冠、头绳、头箍（包括抹额等）、梳篦、镊子、胜、兵佩、鸟蛇、角、羽、花叶（除了鲜花还有绢纱花、通草花、绒绳盘绕的绒花、珠翠宝石制作的珠花、翠花和花钿）、义髻、节令饰物（如元宵节的灯球、雪柳、玉梅之类）、角色装饰等。

最初，发饰出现是源于实用，在扎好发髻以后插上一根细竹木棒固定，这就是笄。后来就发展为簪、钗。单股为簪，双股为钗。其上簪上或加上垂挂的珠络等，叫作步摇。古代还有鬓枣，是枣形的发簪。明清时还有发插、鬓插之类，是用来固定发髻用的，和今天的发卡类似。还有押发扁簪（双尖簪）等，都类似于此。

帽子也是因为实用而发展起来的。最初是为了御寒，在头上加兽皮，人们懂得了纺织后就用布帛等织物。这是后世头巾、帽子的起源。后来头巾和帽子式样不断翻新，令人眼花缭乱。

古人为了便于活动，开始用束发器箍发，后来发展为冠。冠和帽子的区别是冠只用来束发，不覆盖头部。古人也用绳子束发，后来发展为头绳、发带。也有头箍，古代叫玉珑璁等。用布帛扎头的叫作抹额，也是头箍之类。

为了梳理头发，古人很早就用梳子和篦子；有了白头发后，就用镊子把白头发夹出拔掉，后来梳篦和镊子也成为插在发髻上的发饰了。

有一种胜，本是织机上的部件。古代从事纺织的都是妇女，妇女把它戴在头上，代表纺织的功绩。后来又有花鸟和人形的胜在节日中簪戴。花卉、鸟蝶形的胜是花朝节或立春节戴的，象征春天的到来；人形的胜是人日节戴的，为了纪念始祖女娲创造人类。还有把兵器之类制作成发饰，用来护身，如晋代的一种五兵佩等。

农耕社会之前人们过着狩猎采集的生活，出于对各种野兽、植物的崇拜及对它们的五彩毛羽和牙角的喜爱，他们把鸟蛇等直接装饰在头上，或插戴兽角、鸟羽等，有时还会制作金属或木制兽角等作为发饰。既含有图腾崇拜、祖先纪念的意思，又是美丽的装饰。这也就是《后汉书·舆服志》说的："后世圣人……见鸟兽有冠角髯胡之制，遂作冠冕缨蕤，以为首饰。"

花叶也是先民们所喜爱的装饰，因为花儿美观绚丽，又能结出果实，象征着繁衍、昌盛、幸福。后来又有绒绢制作的花、珠宝制作的花钿，仍然含有美丽、繁荣的寓意。

到了秦汉之后，妇女喜欢在头上戴帼，后来又有义髻、假髻，就是用金属、牛尾等编织而成的髻状物，加以花饰。唐代后又有鬏髻、特髻等，都属于这类。

图6 《千秋绝艳图》茜桃

妇女还按节日风俗戴各类节令饰物。神话故事中、戏剧舞蹈中各类仙灵、演员表演时还有特定饰物。仕女画里，女郎们美丽的发型、发饰也都那么吸引人。（图6）

简要总结一下发型、发饰的形成原因。首先，和原始信仰、图腾崇拜、追怀祖先等有关，如龙凤、羽毛、蛇、牛角等装饰。

其次，受到宗教的影响。如王母头上的胜、仙女所梳的仙人髻、福建湄洲岛妈祖的帆船发型、观音头戴的观音兜等。

再次，发式和社会地位、节令、年龄、婚姻等习俗相关。不同的社会等级直接影响着妇女的发型、发饰。如皇后、贵妇发型、发饰的烦琐和劳动妇女的简单，区别是巨大的。不同的年龄、婚姻与否，也直接反映在发型、发饰上；年老和年轻的女子喜欢用不同的发饰，未婚和已婚的女子发型、发饰也各不相同。这些礼仪、风俗，有的已经陈旧，有的还需继承发扬。另外，发型、发饰的繁简，花朵、帆船等装饰也和神州大地南北不同的气候、地理条件有很大的关系。

但是发型、发饰的形成和传播最重要的还是人的生命意识与审美需求使然，人们以发型、发饰为生命的象征，不断继承和创造发型、发饰，形成千差万别的奇观，并融合了审美意识及文学、历史、礼俗、美术等因素。虽然发型、发饰式样繁多，总体来说都是追求华美、端庄的效果，其中蕴含着强烈的中华民族艺术风格，代表着中华民族精神，表达了追求吉祥、喜庆、美满的心愿，印证了中华文明的历史悠久。它们的魅力永远令人迷醉！我们今天学习它们，要懂得一些文史、风俗、美术等常识，认知它们深厚的文化内涵，并将其发扬光大。

今天的女子，在典礼上、喜庆时、休闲时，只管在这么多的发型、发饰中择选，看见哪一样最适合，就取来装点在自己的头上。只要是健康美丽的，都可随心所欲地使用。

当她年已及笄，可以举行笄礼，就把发缕盘起，取一支笄子簪上，代表成年。当她情定终身，就把凤冠戴在头上，把簪钗插在发间，穿丝绸锦绣的衣裳，表达对爱人的浓浓爱意，展示自己的幸福悦喜。平时将头发梳理整齐，彬彬有礼。当她要装饰自己的明艳容颜、展示自己的智慧时，就把发型弄得各形各色，或如云髻高堆，或如蝉翼柔薄，奇巧无比。她若是在梦里，就迎着长风飞舞，舒展自己的飘飘广袖，让自己的满头长发在天池水中涤洗，再在阳光下晾晒，令其飘扬如旗，散垂如雾，如春雨一丝丝垂在肩上，或如波浪一般回旋，如花朵一般盛放。当她欢乐踏青赏秋时，会采撷珠翠芳菲、春花红叶插在髻上。若为了方便，也不妨剪短头发，戴上假发。

她们再不受任何约束，自然大方，再不会被满头沉甸甸的珠翠钿钗压得无法快步行走，无法追求梦想。古代的重门深锁，封建礼法，如今早已消失，再无法阻挡昂扬振作、生机盎然的精神风貌，无法阻挡青春的蓬勃生长。她们再不会被禁锢在深宅大院里，踟蹰于曲折小径上，空自看花开叶落，对高墙外的世界一无所知；空自绾一头青丝，作为重重帷幔中点缀的风景。

笔者搜集了一些古代的发型、发饰资料，参考前辈学者的著作，编成这本可读性强的普及读物，以飨读者。

目录

第一章

蛇角奇诡饰花羽：原初文明时期的发型、发饰

发型、发饰是装饰的一部分，是人们爱美之心的产物，又融入了大量的社会文化内容。

原初文明时期中国的先民们，早在文明初辟之时就让发型、发饰不断丰富起来，那虽然简单却不失美丽的发髻，那用朴素的石、玉等材料略加雕琢制成的装饰，虽不如后代精美，却隐约包含着原初文化的神话意境，包含着先民质朴的心愿，已经显露出奇诡、斑斓的美。

中国人的先祖重视头发，把它视为生命的一部分。这一观念一直深有影响，使得人们不愿意剪短头发，从小就把长发留着。但披垂一头散发对日常生活不便，他们自然就懂得了梳理整齐，也就出现了最原初的发型。后来他们又懂得了绾结辫子，把长发绾结成多样的发髻。为了美观，为了装饰自己，人们就这样不断地创造出新颖的发型。

最原初的发型，出现得很早。爱美的人已经有了石、玉等发饰，自然就不会让自己的头发乱蓬蓬的，丑陋难看了。那时候条件有限，但是那爱美的姑娘也会以池塘清水为镜，把自己长长的头发用手梳理一下，整齐地披覆在脑后、面部。这就是最早的发型：披发覆面。在甘肃、青海等地出土的原初文明时期

图 1-1　甘肃大地湾人头形器口彩陶瓶

的彩陶上，就有这类发型的女子画像或浮雕。如甘肃永昌出土的5000年前马家窑文化的彩绘陶罐上有一个突出的人头像，就是这种发型，脑后垂长发，面部也画有代表短发的墨线。这样的披发，纵然不加精细修饰，也显得纯朴大方。

古人披发时或还要再修剪一番，显得更整齐，人也显得更精神、更俏丽。在甘肃大地湾遗址出土的人头形器口彩陶瓶上，附有一个女子头像，额前的短发修剪得很整齐，脑后有垂发和耳垂齐平。（图 1-1）

后来，原初文明时期的人们懂得了把长发编结为辫，大约也是从编草席、柳条筐等编织工艺中受到启发。如陕西西安出土的一件约6000年前的红陶人头壶，壶盖塑成一个微笑的少女头像，她的辫子制作得特别精细，是一层层整齐地绕在脑后，衬出了她的可爱。

河北滦平后台子遗址出土有一件距今约6000年的红山文化早期石雕孕妇像，脖颈后垂下一条凸起的发辫，以人字形阴格线交叉表现出发辫的编结，和今天的辫子没有两样。可见至少从6000年前开始，长长的辫子就已经摇曳在女子的脑后，成为女子可爱的标志了。

青海大通出土了一件5000多年前马家窑文化时期的舞蹈纹彩陶盆，一列起舞的人物头上都斜画有一条短线，虽然只是粗笔勾描，但能看出是一条垂下来的短辫子。（图 1-2）

再后来，原始人懂得了把头发绾成高髻。唐代段成式的《髻鬟品》追述说："髻，始自燧人氏。以发相缠而无系缚。"那时候的人们要进行劳作，在树林丛莽中狩猎、开荒，树枝会抓扯他们披散的发丝，污物也会把长发弄脏，多有不便，于是人们随手把头发梳理成束，互相缠绕，盘在头顶上，从此就形成了发髻。这样的发髻自然还比较简单，却是很了不起的进步，从此，各式各样的发髻逐渐诞生了。在发髻上还可以很方便地插上多种发饰，也就形成了美好的发饰艺术。

原初文明时期，各种文化现象相对简单，发髻样式不是很多，但也并不是单调无变化的。如在陕西半坡出土的一件 6000 年前仰韶文化时期的人面鱼纹彩陶盆上，可见到一个人头像，头上绾结着一个三角形小尖髻，髻上戴三角帽，两边脸上还画着鱼。（图 1–3）在别的彩陶盆上，还发现有的人像戴有一对牛角，发髻上还有横着插的簪子。牛角当是牛图腾的标志。

图 1–2　青海大通舞蹈纹彩陶盆

图 1–3　陕西半坡人面鱼纹彩陶盆

内蒙古巴林右旗出土有一件红山文化时期的石雕蹲踞人像，距今约6000年，人像头顶梳两个小发髻，分竖在两边，似后世“总角”发型。

江苏昆山赵陵山遗址出土有一件良渚文化时期的透雕人鸟兽玉饰，人像的头上发髻作向上尖耸之状。

令人奇怪的是，古代又没有发胶之类的东西，这种发型是怎么制作出来的呢？沈从文先生认为应是用某种胶状物把头发凝结而成。古代的油脂或蜜蜡等还是容易觅得的，为了爱美，人们就使用它来黏结发髻了。周代《诗经·伯兮》里有句“自伯之东，首如飞蓬。岂无膏沐，谁适为容？”写的是自爱人离别之后，女子头上的长发便如蓬草一般凌乱。难道是因为没有油膏洗沐吗？只是谁能让我再修饰容颜。这“膏沐”即油脂之类，可以用来润发、洗沐。

湖北天门的谭家岭遗址出土有一件4000多年前石家河文化时期的连体双人头像玉珏，玉人头像脑后的发束卷起，头戴平顶冠。这是后世梳发如虿（chài）尾的起源。虿就是蝎子，蝎子尾是卷曲的。我们的祖先很喜欢把头发卷起来，这样可以避免直发的单调。

这样的卷发是怎么制作的？古人能把它固定下来吗？大概也是使用蜂蜜或蜜蜡之类充当今天的发胶来固定的吧。

上海博物馆收藏的一件玉斧，属于距今约4600—4000年的龙山文化时期，上边有剔地人首阳纹，头上的短发往上冲，脑后有长发垂到肩部，发梢朝外上卷，也属于卷发。

法国巴黎赛努奇博物馆的一件浮雕人形玉饰，作蹲踞之形，裸体，耳朵上饰珥，而头发也是这个样式，只是在头上束着一个帽箍，帽箍前有扉棱和环饰，雕刻细致。

值得重视的是，这种发型不断流传。故宫博物院藏有一件玉鹰攫人首佩，雕刻一只展翅之鹰，双爪下各抓一人首，似含上古神巫相神之意。人首也即这

种发型。（图 1-4）

河南光山的黄君孟墓葬中还出土了一对春秋时期的人首蛇身玉饰，为一男一女头像，这无疑就是我们神话里的始祖：女娲和伏羲。他们的发型，也是短发上冲，脑后长发下垂，发梢卷起。（图 1-5）也许，先祖女娲和伏羲就是用这种发型来装饰自己的，为了纪念先祖，人们也梳这种发型，才使其持续流传了那么久。

图 1-4　玉鹰攫人首佩

图 1-5　黄君孟墓人首蛇身玉饰

为什么女娲和伏羲一定要梳着这类发型呢？或许这就是古老的图腾崇拜吧！我们看这黑发长垂，发梢卷曲，或许正是蛇的象征，代表他们对蛇的崇拜。

蛇在原始时代被用在饰物上并不奇怪。蛇的生命力、生殖力很强，能够通过蜕皮获得新生，能够繁衍很多后代，而且每逢洪水到来就游弋在水上。在先祖的眼里，它就成了生命、生殖、雨水的象征。以农耕为生的先祖们，珍视生命的延续，祈盼生生世世不断繁衍后代，生存又是离不开水的，于是就崇拜蛇，以蛇为图腾。

蛇是龙的原型，古人通过雕刻、绘画、舞蹈等反复表现，或者直接把它装饰在身上。神话中我们的先祖伏羲、女娲都是人面蛇身，《山海经》中也有很多蛇身、戴蛇、珥蛇、操蛇的远古神灵。在湖南长沙马王堆一号汉墓出土的帛画中，画着《山海经》中记载的赤色烛龙，人面蛇身，头上有长长的发束垂下，搭在蛇躯上。在河南淮阳的伏羲陵，至今在举行祭祀仪式时，女子们要跳一种担花篮舞，在头上缠长长的黑纱，到高潮时，舞者背靠背相擦而过，背上的黑纱互相纠缠，象征生命力、生殖力很强大的蛇，象征女娲和伏羲交尾、阴阳和合之状，祈求生命延续。这可以和古老的发型相印证。所谓人面蛇身，其实就是人面蛇发。

这也是古老的蛇、龙图腾崇拜与生殖崇拜、祖先崇拜的体现。蛇，象征自然界的威力，象征诞生子嗣，蕴含强烈的生命意识。

在甘肃马家窑文化发现了距今4900年的半山型彩陶人头像，头上梳两个小发髻，类似于后世“总角”发型，正中还盘有一条小蛇，这就是把蛇作为头饰。（图1–6、1–7）所以，以长发为蛇的象征也就不足为奇了。

远古时的发型已经有了小髻、高髻、卷发、辫子等的区别，花样渐渐增多。

至于先祖的发饰，在距今约1.8万年的北京山顶洞人处就有发现。考古学家贾兰坡等发现他们已经有首饰，爱美之心早已萌生；他们以贝壳和砾石之类

图 1-6　马家窑文化的彩陶人头像正面

图 1-7　马家窑文化的彩陶人头像背面

串起来做成项链，装饰自己。在他们的头骨上发现了四颗用石灰岩精心磨制的石珠，还穿着小孔，可以用皮绳之类穿成链环戴在头上。这是目前发现的最早的发饰了。当然，在链环上应该还串着鲜美的花朵、缤纷的羽毛等，只是今日都看不见了，已经消融在泥土中。这是他们在和爱人相会时、在日常生活中佩戴的装饰物。

原初文明时期的发饰起源于实用，之后才用来装点自己的发型。链环可以束发，最常用的发笄也是实用之物。发髻形成了，再加插发笄固定，使发髻不至于松散变形，这也是进步。

最初的发笄就是细竹木棍，所以笄字为竹字头。最早是哪一位聪明的女子，随手折下一根小竹子或小树枝，修整一下，然后插在发髻上起固定的作用？她有没有想到，她的这一举动延续了千百年，造就了缤纷多姿的美丽装饰？各种各样的簪、钗、步摇，各种各样的花鸟鱼虫纹样，都是由这一支发笄延伸而来的。

宋代《事林广记》追溯说女娲之女用竹笄，后来尧用铜笄，舜用象牙、玳瑁之类制笄。汉代后用玉搔头之类，就是玉簪。莫非在女娲那时候，发髻已经很普及，使用笄的女子也已经很多？我们是宁愿相信这个神话般的说法的。

《事林广记》说汉代才有玉搔头，是汉武帝到妃子李夫人的宫中，觉得头痒，就用李夫人的玉簪搔头发，从此玉簪又叫“玉搔头”。实际上玉笄或玉簪出现得很早。在小小的发笄之上，倾注着先祖们的艺术才华。

由于原初文明时期的竹木笄易腐朽，所以没有实物保存下来，但当时的骨笄、石笄、玉笄出土很多，制作多很精美。

河南郏县水泉的裴李岗文化遗址发现有残骨笄，距今约 8000 年。河北磁山文化遗址中出土的一支骨笄，距今约 7000 年。各地出土的骨笄多使用牛、羊、鹿骨等磨制，花样繁多，有伞形、钉形、扁平形等，有的还刻上花纹。陕西咸阳尹家村发现的距今约 6000 年的石笄，就类似于一颗石钉，磨制得很光滑。甘肃秦安也出土有 60 多支类似的石笄，年代大致相同。甘肃永昌鸳鸯池还出土了一支 4000 多年前的骨笄，在柄部用胶黏有 36 枚白色骨珠，制作更是讲究。

当时的发笄也使用玉石和绿松石等珍贵的材料制作，使其更加美观。江苏武进良渚文化遗址出土了多支方柱和圆柱形的玉笄。江苏新沂花厅遗址出土一支良渚文化时期的玉笄，位于女性头部，长 35.5 厘米，为方柱形，头作尖锥状，尾有柱形榫头，上有套管，笄身则有八节纹饰，作简单的兽面纹，应该是地位非同一般的首领才能有的。

山东临朐的西朱封大墓曾出土一件龙山文化时期的冠饰，上边遍插绿松石薄片。还出土了一支玉雕笄，由乳白色蟠螭纹笄冠和墨绿色竹节纹笄杆组成。笄冠采用了阴刻、浮雕、镂空等技法，形如扇面，两面都嵌小圆粒绿松石。笄冠周边还镂雕出花牙形，与山东日照两城镇发现的玉锛上的神祖纹相似。

（图 1-8）还出土了一支浮雕人面的玉笄。这是笄与经过演化后的精美冠饰的组合，是后世冠的起源。工艺甚为精巧，隐隐含有王者之风。

山东泗水尹家城遗址出土有龙山文化时期的象牙笄，是用光滑的象牙片雕刻成的。

广东清远的滘江河支流出土了一支绿松石笄，虽然已经残断，但还是看得出来是用闪光的绿松石雕成，柄部还有一个三角形托。

梳篦是梳头用的实用品，原初文明时期就发明了，人们再不必只用手指来梳理发丝了。女子用梳子梳头发，也喜欢把它插在头上作为装饰。当时梳篦已经制作得很精美，有骨梳、象牙梳等，如山东大汶口文化遗址一座墓中出土有一枚距今约 6500 年的象牙梳，上边刻着“8”字形镂空花纹，下边是梳齿。（图 1-9）

山西陶寺遗址出土有玉梳、石梳等，距今 4000 多年，大约相当于传说中的尧帝时期。

距今 5400 年至 4400 年的山东泰安大汶口墓地十号墓的墓主人，头部有一支绿玉笄、一枚象牙梳，脑后又有两支玉笄，额部还有一串石珠。这些饰物佩戴在身上，肯定会十分动人。

图 1-8　西朱封大墓玉笄

图 1-9　大汶口“8”字形象牙梳

玉束发器，在辽宁东山嘴红山文化遗址墓地中有发现，共十多个，位于尸骨头部，呈马蹄形，上粗下细，钻有双孔。山东宁阳大汶口文化遗址出土有额箍，由上宽下窄的岩片和牙形片组成。这都是后来束发用的发箍、冠的起源。

也有在头上束带的，如仰韶文化墓葬中一位墓主为成年女子，额上有灰黑色印痕，宽约三厘米，绕到枕骨后，显然是用来束头发的带子。她的头上还有一支横插的骨笄。

原初文明时期人们还发明了帽子，本来是为了御寒，在风雪呼啸的时候，用一块毛皮包在头上，后来就制成和今天的式样相差无几的帽子。仰韶文化时期的人面鱼纹彩陶盆上，就有在尖发髻上戴三角形帽子的形象。甘肃礼县高寺头村也出土了一件齐家文化时期的红陶人头像，头戴小圆顶帽，帽檐似还有一圈装饰。陕西临潼邓家庄出土的一个头像，戴高圆顶帽，两鬓还有垂发。辽宁牛河梁红山文化遗址也出土有距今5000多年的戴三角形尖顶帽子的女神像，帽上有卷曲花纹。湖北天门石家河文化遗址出土的陶塑女像，头戴有平顶圆筒高帽。这些都说明当时人们应已注意到了帽和头发的搭配是否美观的问题。

先祖们过着狩猎、采集生活，产生了动植物崇拜、祖先崇拜，这些对原初文明时期的发饰是很有影响的。如人们为了狩猎方便，把弓箭插在发髻上，后人在发髻上插多支笄簪，就是沿袭这种做法。这也成为后来以兵器为簪佩的起源。常州圩墩马家浜文化墓葬中发现的一位青年女子尸骨，距今约6000年，头上并饰五笄，而且都插在头部的一侧。或许她是梳着偏髻，然后把多支发笄簪在髻上，显得美观大方。

直到今天，贵州黄平的僅家人还喜欢在头上插一支锋利的银簪，加上额前弯弓状的银片，就形似弓箭，隐含着对远古的记忆。

以兽角为发饰，远古十分盛行。人们曾头戴羊角起舞，我们看商代甲骨文的“美”字，就像是一个戴羊角的舞蹈的人。在远古墓葬中也有以羊角随葬的，考古学家夏鼐就发掘过。这是因为羊给人们以裘衣与食物，获得人们的喜爱。

陕西出土的仰韶文化人面鱼纹彩陶盆上有人头像，佩戴着一对牛角，脸上还画着鱼。别看这么简单，这可是当时最时髦的发型与发饰，今天看来也很奇丽。这是当时图腾崇拜、祖先崇拜的象征。我们的远祖炎帝，在神话中既是太阳神，又是农耕之祖，传说他是牛头人身。人们为了表达对他的崇拜，就戴起牛角。这个习俗的影响十分深远。山东大汶口遗址墓葬中出土有一种用两只獠牙制作的角形头饰，和象牙梳一起，男女皆装点在头上，应该也是表示牛角的发饰。河北平山发掘的战国时期的中山国王墓中还发现有戴牛角的玉雕女子像。（图 1–10）

图 1–10　戴牛角的玉雕女子像

今天，在少数民族同胞中，还能看见类似的头饰。如苗族奉头生牛角的蚩尤为祖先，所以直到 1911 年，贵州镇宁的苗族男子还戴牛角木梳。而贵州六枝地区的长角苗女子，头上至今还戴一对木质长角，缠在假发之中。贵州黔东南地区的苗族女子则戴牛角形银头饰，高高立于头顶。

台湾少数民族至今仍以兽牙为种种冠饰，有的把兽牙在帽子上围绕一圈，成为太阳形，或将两颗兽牙对插成角形。云南景颇族也有以兽牙为帽饰的。这些都隐含着对祖先的追忆。

先祖们还喜欢以羽毛为饰，把彩色鸟羽制成头冠与衣裳，实际上是和凤凰、鸟类的崇拜有关。在古人的心目中，太阳怎么能够在天上飞旋、东升西坠呢？那是鸟儿背负着太阳在天上飞翔，后来就干脆称太阳为金乌。所以鸟儿的羽毛缤纷多彩，象征着七彩的阳光，隐含着对太阳神的崇拜。在原初文明时期，羽毛装饰被很普遍地使用着。如山东一带的东夷被称为鸟夷，喜爱羽毛，孔颖达疏《礼记·王制》，有虞氏在祭礼上戴羽毛冠。在太湖流域距今约5000年的良渚文化玉器上刻有酋长的形象，头上有羽毛冠作为装饰，我们可以设想一下，那应该是五彩的羽毛，像彩虹一样。（图1–11）虽然这是一个男性酋长，但当时有地位的女性应该也戴这样的羽冠。因为周代铜器中就有戴羽冠的女子形象。在汉代铜鼓上边还能看见戴羽冠或插一支羽毛的羽人纹样，和远古人的装扮是一致的。（图1–12）

图1–11　良渚文化玉琮的羽毛冠

图1–12　汉代铜鼓羽人纹

图 1-13　良渚文化三叉器

直到今天，在戏曲舞台上、少数民族发饰中，还能看见羽毛装饰。

良渚文化遗址浙江余杭反山出土有一种三叉器，三个叉均有孔上下贯通，和一支长玉笄相接。背面有三个钻有竖孔的凸块。有学者指出这是可以插羽毛的装饰。又一处良渚文化遗址瑶山也出土了三叉器，出土时位于主人头部，青白色，上分三股，高五厘米许，正面饰精美的兽面图纹，两眼圆睁，口有獠牙，三叉各饰三组羽毛纹。（图 1-13）这种三叉器也是羽冠，到后世它就成了武将专用的冠饰。戏曲中的武将就有三叉冠，在冠上或插以雉鸟翎毛，如大将军吕布那样，这就是从远古沿袭而来的吧。

在辽宁红山文化遗址中还出土了一种马蹄形玉箍，为扁圆筒状，一端作平口，一端为斜口，平口两侧各有一个小孔，斜口外敞，开口为刀刃状，出土时横置在头骨下部。学者李文信先生认为这是一种发箍，先束长发在筒内，再用发簪别住，立在头上。

盛开的鲜花也是常见的发饰。女郎们在头上簪花，人与花相媲美，是多么相宜。一般认为，簪花的风俗起源于秦汉时代，有不少出土的汉代女陶俑头上都簪有花。但实际上，头上簪花一事起源应该更早。花不仅美丽，还可以结出果实，所以人们把花作为生殖、丰收、欣欣向荣、生命力强盛的象征、美丽的代表，中华的华字由此而来。正如《后汉书·舆服志》记载，圣人观“荣华之色”，“乃染帛以效之”，将其作为给丝绸染色的色彩标准。

山西西南、陕西西安等地发现的仰韶文化彩陶盆上，就画有五瓣花、四瓣

图 1-14　仰韶文化花瓣纹彩陶盆

花花纹。（图 1-14）女郎们应该在这时就有了插花满头的习惯。她们在头上插满鲜花，然后翩翩起舞，祈求谷物、果实丰收，寻觅自己心爱的人。战国时屈原的《九歌·山鬼》写一位山中的女神等待爱人："若有人兮山之阿，被薜荔兮带女萝。""被石兰兮带杜衡，折芳馨兮遗所思。"这就是原始时代的女神形象，她应该是头上身上都饰满鲜花，香风馥郁，五彩斑斓，浑身洋溢着爱和美的气息。

台湾少数民族自古喜爱鲜花，以鲜花和羽毛为饰，清代描写他们风俗的诗歌中常有吟咏这种爱花之风习。晚清连横编的《台湾诗乘》中，收有乾隆时的诗人吴廷华作的《社寮杂诗》，其中一首说："搜罗采色次浮夸，点缀都凭草木华。天为痴顽偏爱护，一年无日不开花。"注释说："土番喜花，遇花则采，垂垂满身，如璎珞然。地暖，四时花不绝。"这种风习实际上也和仰韶文化的先民喜欢鲜花一样，她们就是花的精灵，就是美丽的花神。后来因而出现了华胜等花朵形之首饰，隋唐宋明清时又有珠翠金玉制作的花钿、花钗，也无不是做成花朵的形状，是爱花之心的体现。

还有一种胜，也很受女子喜爱。相传大名鼎鼎的主管天下的女神西王母就喜爱戴它，《山海经·西山经》就记载西王母“蓬发戴胜”。

胜本是古代纺织技术的产物。早在原初文明时期，我国就有了简单的织机，由妇女操作，经线和纬线交叉，纺织出精美的丝绸和麻布。按照沈从文先生的解释，胜由织机上的卷经轴部件发展而来，可以把经线卷紧或放松，两头有十字或八角星形。由于妇女主持纺织，胜自然就是妇女的首饰了。在江苏邳州大墩子遗址就有距今约6000年的陶制八角星胜纹陶轮出土。直到清代，四川蜀锦织机的经轴上还能看见胜这类部件。这是妇女的光荣，证明着妇女劳作的功绩。从古代天文历法来看，八角星纹代表着一年的四时八节，也就是太阳的运动轨迹，所以它又代表着太阳。（图1–15）

图 1–15　八角星纹

女子戴胜很普遍，在四川成都汉墓、江苏徐州汉画像石上都能看见戴胜的西王母形象。徐州汉画像石艺术馆有一块画像石，西王母庄重地坐着，头上戴着一根横插的棒，两边各有一枚胜，作圆形，上下各附一个梯形。（图1–16）这两枚胜把西王母衬托得多么端庄啊。山东大郭村画像石上也有类似的西王母戴胜形象。原初文明时期主管氏族事务的女酋长，每日严肃地发号施令时应该就是这样戴着胜的。汉代也有各种胜的实物。河北定州东汉中山穆王刘畅墓出土有一枚金胜，上錾花纹。同时出土的有一件玉雕座屏，上刻东王公、西王母，也在头上戴胜。

文明初辟时的女子是千姿百态的。她们是追求情爱的女儿家，和爱人相见

图 1-16　徐州西王母画像石

时，用梳子、鲜花装饰如云的黑发，娇媚可喜。她们还可以是女巫，是威严的酋长，更是劳作不息的劳动者。她们或团团作舞，向上苍祈求雨水充足、谷物丰收；或盛装打扮，戴着笄簪或束发玉箍，佩戴角、蛇、牙齿、羽毛冠、胜，点燃祭祀的火焰缅怀先祖。这些正是我们所追寻、所崇敬的原始文化。

第二章

君子偕老簪笄珈：夏商周时期的发型、发饰

夏商周三代，比原初文明时期的文化水平又有了进步。人们使用青铜和玉做的礼器，穿丝绸的衣裳。人们梳的发型也已经很多样，广泛使用玉、石、铜、贝壳、羽毛等为装饰。玉石的光华，金、铜的精粹，贝壳上闪动的光彩，羽毛的五彩缤纷，都彰显出青铜时代的中华女性独具的庄重而又秀丽的气质。

夏代的发型、发饰资料较少，但也有实物出土。如在距今 4300 年至 3800 年的陕西神木石峁城址，发现有一些石雕人面像，有的雕刻出头冠，有的雕出人头顶上的整齐头发。距今 3800 年至 3500 年的河南偃师二里头遗址出土一支玉笄，圆柱形，磨光，长 10.4 厘米，位于头骨上。

商代的发型、发饰可考证的多一些。我们首先要提到商代的一位著名女性——妇好，她是商王武丁的妻子，又是一位女元帅，率领商朝军队冲锋陷阵。1976 年河南安阳殷墟发现了她的保存完好的墓地，墓中出土的发笄竟达 400 多件，有骨笄，有玉笄，形制按学者归纳有夔龙、鸟雀、圆盖、方牌、屋顶等类型，还有嵌绿松石的。（图 2-1）这位女将虽然英姿飒爽，却也是一位喜爱发饰、喜欢装扮的女人！

在妇好墓中出土了几件玉人，提供了珍贵的发型、发饰资料。有一件玉

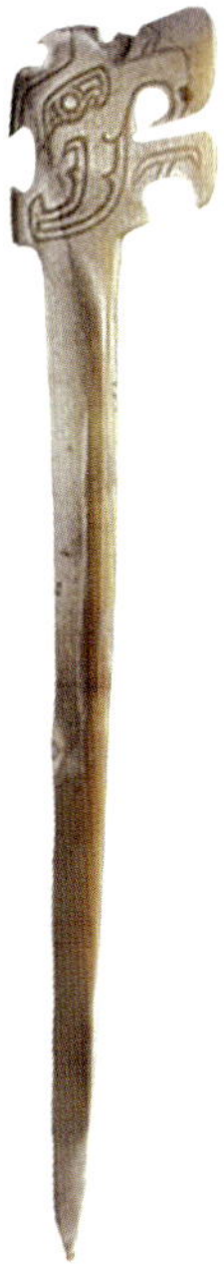
图 2-1　妇好墓玉笄

雕妇人，身穿长袍，头上盘长辫，辫根从右耳后盘到头顶，又绕到左耳右侧，再伸到右耳和辫根相接，然后戴上一个冠，冠前有卷筒状装束。冠左右有小孔，靠前也有小孔，以插笄固定，这样的发式显得利落庄重。（图 2-2）由于她身上配着长剑，还穿着华贵的龙蛇纹长袍，有人认为她就是妇好本人的形象。就算不是，她也肯定是一位很有地位的贵族，那么这类发型、发饰也是当时贵族的时髦装束了。

还有一件孔雀石妇人像，脑后有下垂发髻，上面装饰了一个半圆饰物。发髻上有小孔，似为插笄所用。还有一件蹲踞人形玉饰，发髻作高耸的尖状，和江苏昆山良渚文化遗址出土的玉人发髻相似，可见这种发髻相沿已久。

图 2-2　妇好墓玉雕妇人

原初文明时期至商周时，发型都崇尚卷曲，即卷如虿尾之状。这是古风，也体现了爱美之心，头发不那么平直，卷出曲线来，显得婀娜招展。商代有很多雕像的发型是在头上留上冲的短发，束一个帽箍，脑后长发披肩，朝外上卷，这继承了龙山文化的发式。

另外还有一种发式，商代妇好墓出土了一件双面玉人像，玉人一面为男，一面为女。服饰已经变形，但是头上的发式很写实，戴帽箍（古代叫頍，音 kuǐ，《诗经 · 頍弁》说“有頍者弁”），头发向后梳，并梳两个发束如蝶状，上有线条表现束发的绳子、布条之类。（图 2–3）这就叫作总角，是幼年男女的发式，即《诗经·氓》“总角之宴，言笑晏晏”诗句所写。

图 2–3　妇好墓双面玉人像

故宫博物院藏的一件玉雕女子佩，身体下部与兽面相合，头戴平而圆的冠，上有双鸟，面向而立。两边鬓发下垂而发尾卷曲，如同虿尾一般，这正是《诗经·都人士》“彼君子女，卷发如虿”句子的如实描写。这位女子的脸容被这卷曲的发缕衬得更加秀丽可爱，而相对的鸟儿似还含着爱情的美好寓意，直接启迪了后世在发饰上装饰双鸟的做法。（图 2–4）又据唐代宇文氏的《妆台记》载：“周文王于髻上加珠翠、翘花，傅之铅粉，其髻高，名曰凤髻。”明代徐士俊的《十髻谣》咏这种凤髻说：“有发卷然，倒挂么凤。依欲吹箫，凌风飞动。”美丽的凤髻应该是在头上饰玉雕凤凰，脸部两边的长发飘然下垂，发梢卷曲，样式也和这件玉佩人像相似。

图 2–4　商代玉雕女子佩

另外也有把头发盘成一个或两个发髻的。如傅熹年先生编著《古玉掇英》收录的一件玉人，将发盘成前后双髻，前髻高而后卷，后髻略小而突起。

也有梳披肩发的。1996 年山东青州出土了八个商代玉立人，其中四名女子均梳披肩发，垂于后背，显得十分飘逸，或许这就是《诗经·都人士》里说的

“绸直如发”的发型。

还有梳辫子的。四川三星堆遗址出土有一件商代残铜人像，脑后刻画出辫子形。

在考古中发现的商代头饰也是纷繁多样的，笄、钗、梳、箍等时有出土。

学者石璋如先生在《殷代头饰举例》中，总结出十多种考古发现的商代发型、发饰，有椎髻、额箍、髻箍、双髻、多笄、玉冠、编石、雀屏冠、编珠鹰鱼饰、织贝鱼尾饰、耳饰、鬓饰、髻饰等，繁复多样。当然，这些不一定都是女性所戴，但有很多种应该是女子日常所用的，也有一些是被迫殉葬的女奴们所佩戴的，还有些是在歌舞宴乐时供奴隶主赏玩的。从玉石贝螺等盈盈闪光的饰品中，我们也能看出当时社会的残酷。

商代有金质发饰，考古实物也有出土。黄金是从夏代开始冶炼的，金灿灿的光芒实在引人喜爱，当然要把它装饰在发髻上了。北京平谷刘家河商墓出土了一支金笄，呈三角形，一面有脊，一面光平。

商代已经出现了发钗，即双股的簪子，它是固定发髻必不可少的东西，和今天的发夹功能一样。河南郑州商代遗址出土了一件骨质发钗，钗柄刻网纹。另外在商代玉人上还发现了在脑后插翘起的发笄的，或许就是后世所说的翠翘之类的早期形态。

商代使用的梳有玉梳、铜梳等。殷墟妇好墓出土了两件玉梳，一件梳背刻鹦鹉纹，另一件刻兽面纹。还出土了骨梳，也很精美。山西石楼的义牒遗址出土了一件云雷纹的铜质梳。

商人十分崇拜鸟图腾，喜爱羽毛之色。商代甲骨文中有凤字，如孔雀垂着斑斓翎毛，即表达了人们对于羽毛的喜爱。《诗经·玄鸟》中有“天命玄鸟，降而生商”的句子，说的是商人的始祖契的母亲简狄，因为吞下玄鸟的卵而生下了他。玄鸟即燕子，是凤凰的原型之一。所以商代有很多戴羽毛冠和穿羽衣

图 2-5　玉雕鹦鹉（左）和戴羽冠玉人（右）

的形象。

如商代晚期的一件玉雕人，就戴着羽冠；一件玉雕鹦鹉，有夸张的鸟喙和羽冠，二者形象相似，人与鸟可谓相融不分。（图 2-5）

明代罗颀编《物原》也说商末纣王时，“纣作翠翘、金钿、步摇”。商代用翠羽作为发饰，也当是对鸟图腾的崇拜。只是可能还没有后来的点翠技艺，即把翠羽贴在饰物上，只能直接插羽毛为饰。

商代鸟形发饰也有很多，如前述的饰双鸟之冠。在殷墟的妇好墓等遗址中出土了许多鸟雀形的发笄，常雕刻成鸡冠形、鸡雏形等。沈从文先生还指出当时妇女成对插发笄时，笄的一端常雕刻上耸羽毛的水鸟，有的还镶嵌两粒绿松石做眼睛，形似鸳鸯之类。这或许有比喻男女成双成对的含义，鸟儿形态虽小，却很生动，是后世凤钗的雏形。

这类对鸟儿的崇拜在民间流行了几千年，近代民间还有抓髻娃娃剪纸，头饰双鸟或手抓双鸟，鸟形或似双鸡（如安塞地区的抓髻娃娃头上饰双鸡），隐含着对爱情的美好憧憬。商代的饰鸟之冠和鸟雀形的发笄也正是后世凤冠和金爵钗的起源。

商人也崇拜龙，妇好墓中有夔龙形发笄出土。有一件龙凤形冠饰玉人，制作非常精美。龙的原型为蛇，它是雨神、水神，有着神异的力量。而凤鸟和风有关，凤字在甲骨文中就借为风字。蛇和凤鸟并列，是龙凤崇拜的起源，是后世凤冠上装饰龙凤的滥觞，也隐含着阴阳、男女结合与风雨协和的寓意。

图 2–6　商代玉兽首纹佩

商人还崇拜鱼，故宫博物院藏有一件玉兽首纹佩，高冠透雕镂空，上饰玉石，脑后发髻如虿尾卷曲，冠上饰一件倒立的鱼龙形饰物。（图 2–6）

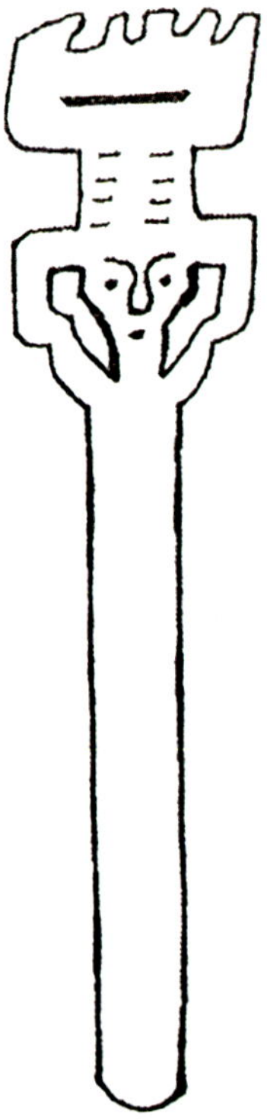

图 2–7　商代人首蛙身铜笄（绘）

青蛙也是远古的图腾之一。蛙的繁殖力很强，和蛇、鸟一样代表着生殖、性爱。远古的仰韶文化彩陶上就有蛙纹。神话中有女娲造人的记述，女娲就是以蛙为图腾的女性先祖。所以至今陕西民间制作的肚兜上还有蛙纹，代表着对先祖的追忆。而山西忻州连寺沟商墓出土有一件铜笄，柄上饰有一个人首蛙身的形象。这正是可以追溯到神话时期的纹饰。人和蛙结合在一起，代表着一片淳朴而神奇的心意，既是纪念先祖，又含生殖崇拜的意味。（图 2–7）

图 2-8　商代戴帽玉雕人正面

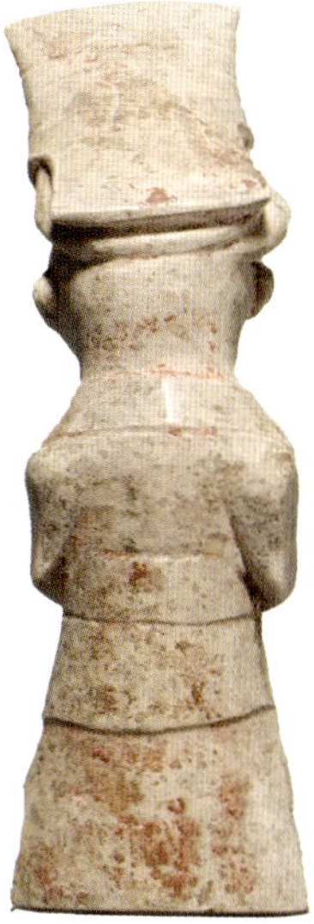

图 2-9　商代戴帽玉雕人背面

商代帽子也有一些资料可循。如殷墟出土的一个玉人就戴着很高的扁平帽子，似用布层层缝成。（图 2-8、2-9）

殷墟还出土了一些青铜胄，是将帅出征时所戴，我们是否能联想到妇好戴上它出征的飒爽英姿？

在四川三星堆遗址中，出土了一些古蜀王国的青铜塑像，其中有的戴伸着两条尖尖羽翎的羽冠，有的戴制成大象形、伸出长鼻子的冠，有的戴莲花瓣状的冠。还有一件持龙杖形器立人像，戴着有带状条纹、分成两瓣的冠，上边又伸出分叉的鹿角。这些塑像都是首领兼巫师的男性，可以推测，当时的女子也有同类的头冠。这些冠代表着他们的威赫权力，也隐含着太阳崇拜、动物崇拜、莲花崇拜。莲花是象征生殖、生育的花朵，在当时就已经受到重视，影响是很深远的。后代的莲花冠也许就是它的遗存。

商代是青铜时代，青铜器上狞厉的纹饰和这时候发型、发饰的风格是相合的。我们远远地瞻望历史烟尘中这些身佩长剑、绾着高髻的女子身影，她们也爱美，头上饰品繁复多变，闪耀着玉光翠彩，层层叠叠不怕繁缛，更加彰显出大气之美。她们翩翩歌舞，纵马驰骋，有妩媚之态，有飒爽英姿，如绮丽的画卷。在这些发型、发饰之中，有多少是属于奴隶主的威严装扮？又有多少是身世悲惨的奴隶们为了供主子玩赏而加上去的装饰？

周代的发型、发饰也有一些记载。西周初年的周公制定了礼乐制度，包括头饰在内的服饰之制正式形成，等级分明，内涵繁复。

周代王后有六衣，即六种不同的礼服，佩戴不同的头饰，复杂繁丽。《周礼·天官》记载："追师，掌王后之首服，为副、编、次，追衡、笄。"按汉代郑玄注，副即覆，是在头发上戴假髻，再插全套的类似于后世步摇的发饰，覆盖头部，穿有翟纹的最高等级的袆衣、褕翟、阙翟三种礼衣（也称翟衣，合称三翟）时配用。编也戴假发，梳高发髻，加一些首饰，穿鞠衣、展衣时配用。次是以假发和真发混合编为发髻，加首饰，穿褖衣时配用。编、次的饰物稍微减少。追是雕琢。衡是悬于副两旁当耳处，垂下两瑱（玉制的耳饰），穿祭服（三翟）时使用。笄用玉制，贯于发髻中。

南宋马端临《文献通考·王礼考六》："郑康成（郑玄）曰：'王后之衡笄，皆玉为之，惟祭服有衡，垂于副之两旁当耳，其下以纨垂瑱。'"山西襄汾陶寺遗址出土有一支玉笄，在骨制笄首上嵌玉，饰稍小的绿松石，下悬一长条玉瑱，这就是一件衡笄。（图 2-10）

周代的笄已经开始称为簪，簪含有赞的意思，是古人身份的象征。我们看古人发髻上的簪、礼冠上的簪，在殿堂中出现，配以衣裙重叠，雍容华贵，是多么端庄。

衡笄后来发展为簪珥，簪上悬挂精美的珥于当耳处。《汉书·东方朔传》即载汉武帝之姑母馆陶公主，因谢罪于武帝而去掉簪珥："主乃下殿，去簪珥，

图 2-10 山西陶寺遗址出土玉笄

徒跣，顿首谢。”

各个等级的贵族女性也有不同的礼服和头饰，只是比王后的简单一些。当时假发已经广泛使用于贵族之中，说明头发浓密是尊贵的象征。

在中国最早的诗歌总集《诗经·君子偕老》篇里，则写卫宣公的夫人宣姜的装扮：“君子偕老，副笄六珈。……玼兮玼兮，其之翟也。鬒发如云，不屑髢也。玉之瑱也，象之揥也。”这位华贵的女子，穿着翟衣，在髻上加副，插六支玉笄，和爱人白头偕老。珈是笄头上的玉饰，据汉代郑玄注，如后世步摇之状。因为满头乌发特别浓密，所以不屑用假发来加进发髻去。女子还戴有美玉之瑱、象牙之揥。《毛传》：“揥，所以摘发也。”《释名》：“揥，摘也，所以摘发也。”摘，同“擿（zhì）”，类似于篦子，有密齿，可以搔首。这诗中插满金玉头饰的美丽，是和君子偕老的象征。宣姜是宣公夫人，用六珈，推想最尊贵的王后应用十二珈，和后世皇后相似，但比商代发现的个别头插一百多支笄的女子还是少的。

平时王后闲居，只梳三种发式：“纚（xǐ）”，就是用六尺长布裹髻；“笄”，在发髻上插发笄为饰；“总”，把练缯撕开，束发根，将其余的练缯飘垂于发髻后为饰。这也是当时常见的女子的发型、发饰。唐代礼书《通典》追溯说：“王后之燕居，亦缅、笄、总而已。”

我们看战国时的一件玉雕贵妇人像，即穿“垂胡袖”长袍，额发齐平，脑后垂一发束，以一段帛缯约束，清晰地刻画出“总”的形状。（图 2–11、2–12）

士昏礼（婚礼）仪式上也有规定的礼服。男子是爵弁、玄端，女子是纯衣（黑色），领和袖用纁色（浅红色）缘边，头戴“次”，用六尺布包头，使帛带在发髻边飞扬，再插发笄。新郎要亲自往新娘家迎亲，新娘乘上马车，身上穿一件幧衣，遮挡尘土。后来或许就发展为障纱，又逐渐演变为今天说的红盖头。

在河南淮阳的伏羲陵附近流传着一种草帽猴，头上戴着草帽，据说是当年

图 2–11 战国玉雕贵妇正面

图 2–12 战国玉雕贵妇背面

伏羲和女娲兄妹成亲，用草帽遮羞。古代新娘的障纱、红盖头说不定与之有关系。

图 2-13　章丘女郎山舞蹈女郎（绘）

当时女子发式，也有梳高而圆的高髻，如山东章丘女郎山齐国墓出土的舞女陶俑，身上都穿彩衣，长袖，梳着高髻，或直耸，或偏向一旁。这是表演舞蹈的女郎，高耸的发髻更显得她们的仪态优美。梳法是把头发分作两束，右侧一束较多，绾作圆髻，左侧一束较少，绾作略翘起的小发髻。这样的发髻既显得丰满，又有活跃的变化，正是演出时的盛装。（图 2-13）唐代《髻鬟品》追溯说秦时有凌云髻，或许就是这样的。这对后世影响巨大。

《诗经·小雅·都人士》一诗中记载了当年周代都城贵族男女的仪表服饰，表达追思之情，其中写贵族女子的发型："彼君子女，绸直如发。""绸"通"稠"，她们的长发又稠密又直，可能就是我们今天所说的披肩发。还有"彼君子女，卷发如虿"，就是两边垂发如虿尾之形的发型，在周代流行很广。

洛阳金村出土的一件战国双人连体玉舞人像，发型经过精心修理，鬓发剪得较短，说明当时女子已经注重鬓发的修饰。把鬓发修剪，在古文字里有一个专门的字眼，叫作"鬋"。额前短发齐平呈倒凹状。脑后的一束头发卷曲扬起，两鬓发尾也卷曲如蝎子尾，在舞蹈时会飘然晃动，更显风情。（图 2-14）江西南昌汉代海昏侯墓出土的一件战国时的玉舞人，发饰也类似于此。

出土的楚国的女陶俑也有鬓发修剪齐平，长发披垂于脑后的，披垂的长发中间结出双鬟或单鬟，或呈圆锤的形状，增加变化。正如周锡保先生所说，这

图 2-14　洛阳金村双人连体玉舞人像

些应该就是《髻鬟品》里追溯的秦汉时所称的垂云髻，云一样的黑发垂在脑后，使女郎们更加柔美动人。

今天我们看着这些出土的周代的玉人、陶俑，留着长发鬋鬓，对楚国大诗人屈原《楚辞》里所描写的情景就会有深入的了解。《楚辞》中的《招魂》，为了召唤君王的灵魂回来而描写楚宫中的千百种美好事物，其中有诗句："长发曼鬋，艳陆离些"，写的是楚国宫廷里的女子都留着长发，鬓发下部剪平，仪貌艳美陆离；"激楚之结，独秀先些"，写的是少女们跳舞，随着舞步跳跃发结（发髻）激烈地抖动起来，比以前的舞人更加秀丽；"盛鬋不同制，实满宫些"，写的是女郎们住满宫内，长发和鬓发的修剪形态各个不同。这些深宫里被禁锢的生灵，装扮如此美丽也只是供君王玩赏而已。

只有女神们才能自由游玩于天地之间。楚国大诗人屈原《九歌》中《少司命》一诗，描写那主管人间子嗣的女神在云端飞翔，"与女沐兮咸池，晞女发兮阳之阿"，女神在天池中和女伴一起沐浴，洗涤自己的头发，然后把长发在阳光下晾干，好一幅美好的图画。

《招魂》和《少司命》里所述宫中的女郎、天上的女神形象，虽然命运不同，却应该都是描写楚国女郎的实际装扮。长发鬋鬓的宫中女子持了小剪刀，精心修剪自己的长发，并梳理干净整齐，茸茸鬓发要剪平，要利落地露出光洁的额头，不能是乱蓬蓬的。当她一回眸，长发就在君王眼前掠过；当她一起舞，长发就不断飞动，令君王眼花缭乱，心中生出无限倾慕。让头发更加黑亮，让自己成为后宫中的奇妆丽景，她才能获得青睐，不再整日寂寞孤独。不要说头上黑发，连她自己也不过是君王眼中的一道风景而已。

也许，让自己走出幽暗的深宫，飞翔起来，让头发无拘无束地飞散开来，在暖暖的阳光下晾晒，才是女儿的心愿。但这也只是在梦中出现的幻想而已。

在甘肃灵台白草坡西周墓出土有一件玉人像，头上发髻是由发股盘绕而成的，发股顶端还制成蛇首或龙首之状，似和龙蛇、雨水崇拜有关。它的盘绕之法类似于汉代的缕鹿髻，可见这种髻式很早就有了。而且它和魏晋时期佛教造像中的螺髻也略有相似之处，螺髻是受佛教影响而出现的，但也可能有受中国传统发式影响的一面。

长沙陈家大山楚墓出土《人物龙凤帛画图》，画的是一位楚国贵妇人在一龙一凤下合掌祈祷，企盼灵魂升天；她的头上绾着椎髻，还系结着帛带，这也是"总"的发式。（图 2-15）

图 2-15　楚国《人物龙凤帛画图》

这种发髻，后来还传到了云

南等地。战国末年，楚国大将庄蹻率楚军进入云南，后来和当地人民融合，带去楚国的文化。在汉代的古滇王国出土的青铜雕塑上，就有女性梳着类似于楚国椎髻的发型。

周代梳辫子的女性也很多，如在湖南长沙树木岭出土的一件战国铜匕首上，有一女性雕像，发型是先把头发绾到头顶呈圆髻，余发再梳一条长辫作为装饰。

故宫博物院藏的一件战国时的燕乐渔猎纹铜壶上，女性的发型更是多变。古代的女子在春风里采桑，也兼有游艺活动，或和男子相对歌舞，十分欢乐。所以女郎们梳妆打扮是很认真的，铜壶上的女子虽只是一个剪影，但也能窥见她们活跃的身影。有的女子梳一条长辫，有的还在辫子上加一段假发，好让辫子更长。有一位持弓女子，把头发梳成双鬟，是较早的鬟髻。也有梳高而圆的发髻的，在发髻上还垂下一缕余发或布帛，类似于汉代的余髾。（图 2–16）这恰似一幅楚国宋玉《登徒子好色赋》所说的“群女出桑”图。

图 2–16　战国燕乐渔猎纹铜壶女子发型

周代也有梳双辫的，如洛阳金村出土的战国时的一件戏鸟女童俑，就是把两条发辫垂在身后。

周代的发笄，据《仪礼》说，王和王后用玉制的，大夫和大夫的妻子用象牙制的，都雕刻有美丽的花纹。凶事则选择不同的发笄，如用竹枝，或者把原用的折去有花纹的一段，这是礼制所规定的。

周代发笄实物发现得不少，一般长十余厘米，其中玉笄制作得最出色。如河南淅川下寺出土的一件春秋时的淡青色玉笄，呈圆柱状，一端为喇叭形笄首，刻有云雷纹、蟠螭纹、棱纹，制作精美。（图 2-17）山西长治分水岭的一座女性墓中出土一件战国时的玉笄，用白玉制成，柄首嵌青玉透雕的蟠螭图案。

图 2-17　淅川下寺淡青色玉笄

也有一端雕刻成鸟儿状的发笄。如陕西西安西周丰镐遗址出土的骨笄，笄首有高冠长尾的凤凰为饰。在西安沣西还出土了一支西周时的骨笄，上边有大鸟背上又立小鸟的雕刻。

周代使用木笄十分普遍。如河南光山的一座春秋时期的墓葬，墓主孟姬是一位约 40 岁的女性，头上长发绾成的高髻还保存着，髻间插着两支木笄，皆有圆头，其中一支柄上还嵌着小块玉石，为我们研究当时的发型和发饰情况提供了宝贵的资料。

竹笄也有出土。如四川夹江的古墓中出土有多支竹笄，削成三棱、圆柱、

图 2-18　淅川下寺云雷纹玉梳

一头尖一头圆等形状。

周代梳子，有玉梳、牙梳、骨梳、漆彩木梳等。如河南淅川下寺出土有一件刻云雷纹的楚国玉梳，属于春秋时期。（图 2-18）

战国时梳子多为马蹄形，上圆下方。四川青川出土有木制梳，上绘云纹和龙凤纹。湖北江陵出土的两件木梳，彩绘卷云纹和双鸟相对纹，都显得典雅不俗。

春秋时也出现了篦子，篦齿极为细密。山东莱芜西上崮地区出土的两件象牙篦，高仅十厘米许，制作极为精良。篦身上宽下窄，篦齿极密，篦的柄部刻有左右相对的两只凤凰形，上加朱绘，凤的尾羽也刻成细密的篦齿，构思精妙。篦身、柄部和两只凤凰都是分别制作，然后用榫卯连接为一体。

步摇是古代重要的发饰，最初是用珍珠之类制作，垂挂在簪子上，人们行走时会随步伐姗姗摇动，故而得名。马缟《中华古今注》说商代王后已经有“盘龙步摇”，饰以流苏珠翠：“殷后服盘龙步摇，梳流苏，珠翠三服，服龙盘步摇，若侍，去梳苏。以其步步而摇，故曰步摇。”《诗经》的“副笄六珈”也有说是类似于步摇，汉郑玄笺：“副，既笄而加饰，如今步摇上饰。”不过难以证实。战国时宋玉的《讽赋》中有“主人之女……垂珠步摇”之句，比较可信。

《讽赋》还记载“主人有女”，饰以“翡翠之钗”。当时的钗饰以翠羽，制作应很精致。山西侯马烧陶窑遗址出土有一件春秋时期的骨钗，上有网纹图案。

羽毛饰也有很多。上海博物馆藏的战国铜器上刻着女巫挥袖起舞，头上戴着羽毛冠，羽翎在风中摇曳，透着神秘。这是女巫起舞、向神灵祈祷时的装束。

在湖北江陵马山一号楚墓出土的一件精美的衣裳上，我们可以见到一只绣上去的凤凰，形似孔雀，展开双翅起舞，头上有长长的翎羽，对称披下，有如流苏，就似女子在花丛中起舞，招摇着羽翎的美丽。这应该是战国时的艺术家根据当时的一种以孔雀羽毛制作的头饰描绘而成。凤字，在商代甲骨文中就是孔雀的模样，袁珂《中国神话传说》中有述及。它的形状直接影响到后世的凤冠。

周代青铜器上已经刻有花朵纹，旗帜上也有贝壳拼成的花朵，可见代表华美、欣欣向荣、生机勃勃的花朵继续受到人们的喜爱。女子头上身上也饰花，楚国大诗人屈原写的《九歌·山鬼》诗中就有详细描写。在近代民间的巫女舞蹈之中，也有戴花冠和穿花裙起舞的，仍然保留了古韵。还有华（花）胜，是花形头饰物，最早的实物是西汉马王堆出土的，起源当很早。在周代就出现了戴花的文字记载，宋玉《讽赋》记女郎“翳承日之华”，说女郎头上布满日光之华（花）。

还有制成花朵状的冠，如贵族所戴的皮弁冠就是花朵形的，或许和四川三星堆的莲花冠一样有着相同的文化内涵。

楚人喜欢追求神仙境界，屈原的诗中就有神奇的描绘。这花朵和羽毛、凤凰、云纹的装饰正是表现神仙之境，是和屈原诗中的云中君、山鬼、少司命等女神（女巫）相契合的。

兽角形饰，在河北平山战国中山国王墓出土的一件玉雕女子像上就能看见，头上有形如双牛弯角的装饰。（见前章图 1-10）陕西茹家庄西周墓出土一件持环铜人，头戴山字形冠，似从牛角或羊角变化而来。这是远古图腾崇拜的遗留。有一种山形冠，也是由角形饰变化而来的，似和良渚文化的玉雕三叉器有关，这种冠主要是男子戴，女子也有戴的。故宫博物院藏青铜壶上的采桑女，也戴着三角形冠。（图 2-19）

古人也喜欢戴鹿角。鹿的角每年春天都要脱落，然后长出新角，所以鹿角有春回大地、万象更新的意义。战国时一件宴乐画像铜器上，有一位长袖衣裳的女子就戴着鹿角。（图 2-20）

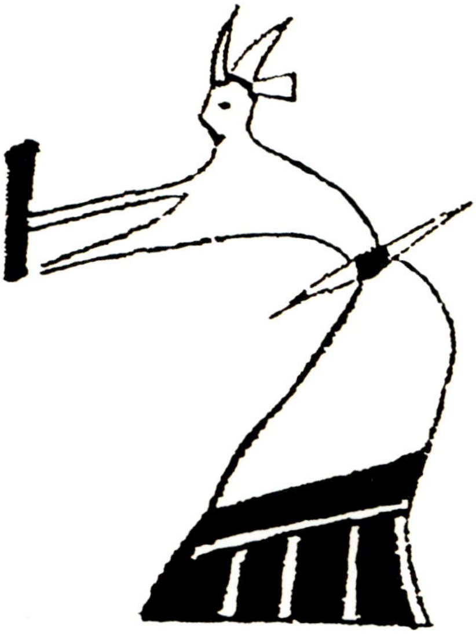

图 2-19　戴三角形冠的采桑女

图 2-20　宴乐画像铜器上戴鹿角的女子

有一件周代玉人像，头上戴的就是鹿角，盘曲重叠，比较夸张，应该是表示吉祥之意，也可以和这位戴鹿角的女子相印证。（图 2-21）

江苏苏州严山出土有一件春秋时吴国宫廷所用的玉雕鹦鹉首拱形玉饰，弧长 8.4 厘米，宽 3 厘米，淡绿色，呈瓦筒拱形，两端雕刻有对称的鹦鹉，头上

图 2-21　周代玉人像

图 2-22　玉雕鹦鹉首拱形玉饰

有高高的羽冠，圆目钩喙，极为传神。（图 2-22）这应该是由史前的玉束发器发展而来的，只是制作更精美了。

蛇饰在这时候也有痕迹。江苏淮安高庄战国墓中出土了一批刻纹青铜礼器，有许多珥蛇、操蛇的巫师，头上也有左右分饰蛇的，还有戴蛇形珥饰、头上饰两只飞鸟的。当时的女巫应该也有这样把蛇作为装饰的。《山海经》中的雨师，是个黑肤色的神，手中操蛇，左耳悬青蛇，右耳悬赤蛇，显然龙蛇和雨水有关。故宫博物院中珍藏的一件玉雕人，耳旁和手臂处有龙纹，和白草坡出土的把头发盘绕如龙蛇形的玉人一样，显然也是雨师之类的神。这些神或巫师都和雨水有关，有着神异的力量。

在一件西周玉雕妇人像上，戴有精美的平顶帽子，上刻多层纹样，每一层由三角纹组成，应是用锦制作的。

在一件故宫博物院藏白玉雕妇人像上，我们可见到她头上束冠，冠上有一个尖耸的角。辫发藏入冠内，冠缨束于下颔。这可能是一种束发冠。

先秦时已经出现了面衣，妇女出行时拥蔽其面，是后世帷帽等的起源。

《诗经》里多处写到斗笠，如《无羊》篇有“尔牧来思，何蓑何笠”之句。周代的女子在劳作时也应该戴着斗笠。

第三章

峨峨一尺金步摇：秦汉时期的发型、发饰

秦汉时代，是崇尚神仙境界的时代，是豪放、雄伟的时代，汉画像石、雕塑、园林、辞赋等，都充溢着一股豪气。连发型、发饰也是高大的风格，盈满吉祥、长生的仙家气息。

秦代，秦始皇曾派徐福出海，寻找蓬莱仙岛；还崇尚凤凰，丞相李斯《谏逐客书》有“建翠凤之旗”一语；并继承了对花的崇拜，出土了含“与花无极”的吉祥文字的瓦当，意思是和花朵一样生生不息。这些观念也影响了宫中妇女的服饰，《妆台记》说：“始皇宫中悉好神仙之术，乃梳神仙髻，皆红妆翠眉。汉宫尚之。”这些神仙所梳的发髻是什么样子呢？《髻鬟品》说秦时有凌云髻、望仙髻、参鸾髻。《中华古今注》说得更详细：“始皇诏后梳凌云髻，三妃梳望仙九鬟髻，九嫔梳参鸾髻。”凌云髻，应该是比较高的发髻，以表现神仙之意态。望仙九鬟髻是多鬟的发髻。参鸾髻是否是如翼分开的鸾鸟之状？或和唐代惊鹄髻类似。

明代徐士俊《十髻谣》记载秦始皇时的“近香髻”：“香之馥馥，云之乌乌。自然天生，膏沐何须。”这应该是一种高髻，如同乌云般的天然柔爽的黑发，隐隐散出发香，不需要什么洗发的香油，是多么迷人！

在出土的大批秦始皇陵兵马俑中，男子士兵的发髻有圆髻、扁髻，梳理出波浪、螺旋、篦纹等形状，还有梳着椎状层叠圆髻的，仅从男子的发型中就可见秦代发髻之美。

《中华古今注》记秦始皇时女子头插凤钗："始皇又金银作凤头，以玳瑁为脚，号曰凤钗。"这种凤钗应该是由商代饰鸟雀的发笄发展而来的，配以高髻，还要穿五色花罗裙、浅黄丛罗衫等。和望仙九鬟髻等搭配，也有把女郎们打扮成仙子的意思。

秦宫中也珍爱花，插花为饰，如冠子、朵子，是花形装饰，大概即类似于汉代女俑在帽上插花之制。《中华古今注》记载秦始皇时命妃子暑天戴芙蓉冠子，以碧罗为之，插五色通草苏朵子，持云母扇子；宫人为黄罗髻，戴蝉冠子，插五花朵子，持五色罗扇子。芙蓉冠子应该是以碧罗制作成荷叶舒卷之形，再加以粉色荷花瓣，以及五色通草花朵，以使人在夏天感受到荷花芬芳之趣，或许和商代的莲花形头冠饰有相似之处。蝉冠子应该是用薄纱制成的轻若蝉翼的冠子，模仿蝉儿，再插花朵，也是暑热之天所宜。

五色花，是生机的象征。蝉，可以蜕壳，古代也将其视为吉祥之物，有蝉联、连绵不断、蜕化为仙的意义，在辽宁丹东的后洼遗址中就有石雕蝉出土。这些包含着凤、莲花、五色花、蝉的头饰实在是追求长生和爱情、子嗣的反映。

到汉代，汉宫中也崇尚神仙，在发髻、发饰上也有反映。凤钗、花更成为汉代女性的高贵装饰。蝉纹则常见于男子冠上装饰的金珰（金珰，置于冠前的饰片，也就是金博山、山题）上，贵妇也有类似之饰。甘肃敦煌前凉张弘妻汜心容墓，发现有蝉纹金珰置于墓主头部。山东博兴龙华寺遗址还发现有蝉冠菩萨像，在宝冠上装饰浮雕的蝉纹。从这些后来的装饰上可以推论秦宫之风情。

汉代，人们随身份不同而加佩饰。贵族女性的礼服和发饰规定都很细致，以显示自己的身份。如《后汉书》记载太皇太后、皇太后的入庙服、蚕服，皆深衣制，头上的发饰尤其复杂："翦氂蔮（帼），簪珥。珥，耳珰垂珠也。簪以玳瑁为擿，长一尺，端为华胜，上为凤皇爵，以翡翠为毛羽，下有白珠，垂黄金镊。左右一横簪之，以安蔮结。诸簪珥皆同制，其擿有等级焉。"太皇太后、皇太后头上戴的"帼"，是一种头圈，或圆形，或花瓣形，戴到发髻上，加一支一尺长的横簪固定。簪的一头为玳瑁擿（玳瑁是一种海龟科海生动物，甲壳为黄褐色，光润而质硬，适宜雕刻）；另一头加"华胜"，即花朵形的胜；上还有以翡翠为毛羽的凤凰爵（雀），口衔白珠。这种凤凰爵类纹饰显然是由商周、秦代的凤钗发展而来的。簪上又垂下金镊子。镊子古代用来镊去白发，后来也垂挂于头上为装饰。耳戴垂珠的珰。

皇后"假结，步摇，簪珥。步摇以黄金为山题，贯白珠为桂枝相缪，一爵九华，熊、虎、赤罴、天鹿、辟邪、南山丰大特六兽，《诗》所谓'副笄六珈'者。诸爵兽皆以翡翠为毛羽。金题，白珠珰绕，以翡翠为华云"（有的版本"一爵九华"作"八爵九华"），就是戴假发结、步摇、玳瑁凤凰簪、珥。步摇以黄金为金博山（山形底座），贯白珠如桂花枝，又相连一只（或八只）爵，九朵华胜，以及熊、虎、赤罴、天鹿、辟邪、南山丰大特六种兽。爵和兽都以翡翠为羽，以金为底座，饰白珠珰，以翡翠为花，真是金碧富丽到了极点。

各级贵妇、公主发饰则按级别减少一些。戴较矮的假发髻（叫作大手结）、黑色玳瑁凤凰簪、珥。长公主加步摇。公、卿、列侯、中二千石、二千石高官的夫人，戴绀缯制的帼，一尺长的簪上有鱼须擿。鱼须即鲨鱼皮，古代称鲨鱼为鲛鱼，可以雕刻，《礼记·玉藻》说古代有鱼须竹笏，按《礼记正义》，鱼须就是鲛鱼须。簪子另一头为黄金龙首衔白珠，佩珠珰。庙服为皂色深衣，蚕服为淡青色。

王先谦《后汉书集解》引陈祥道的话说："汉之步摇，以金为凤，下有邸（底），前有笄，缀五采玉以垂下，行则动摇。"认为步摇不是饰白珠，是饰五色玉珠，稍有差异。

太皇太后、皇太后戴的是帼，帼上应插多支簪笄，再加横簪和珥。皇后的假结应也似帼，再加横簪和珥，还加制作复杂的步摇。其他贵妇人也是戴假髻或帼，再戴簪珥，只是形制和材质不同而已。长公主是皇帝的姐妹，也戴步摇。由于太皇太后、皇太后比皇后辈分高，所以她们应该也戴步摇，《后汉书》或漏载。

上述的簪、珥、步摇等毕竟只是文字记载，考究实物，可以长沙马王堆一号汉墓出土文物为例。一号汉墓内棺上的锦饰已贴着羽毛，同时出土的还有贴羽绣。这是直到明代凤冠还在运用的贴翠工艺的前身。一号汉墓墓主的发式，是用真发接上假发，绾成盘髻，垂在脑后，属于《周礼·天官》所载王后使用的“副”一类（同时发现有盛放在漆圆盒中的“副”，为丝质假发）；上插三支一头为篦形的发笄，包括左右分插的长 24 厘米的玳瑁笄和长 25 厘米的角笄（这两支为长板形，两侧都有三个小孔），还有用 20 支竹签以丝线缠绕成的竹笄，插于发髻正中。三支笄都有篦齿，也就是擿。笄的另一头有朱画花纹，颇似汉末诗人繁钦《定情诗》之句“何以结相于？金薄画搔头”所述。墓中又有染红色花瓣形木饰七件，三叉形、梯形、半弧形木饰各一件，上贴有金叶。又有 19 件均作截锥状且长不到一厘米似为花饰上的蒂饰的木饰件。同时发现有金线。当时应是将这些木饰联编如花朵，放在发笄无擿的一端（玳瑁笄、角笄无擿的一端有小孔可以连接），作为发髻上的装饰品。这正是古代模仿花朵制作而成的华胜。（图 3−1）

图 3−1　马王堆出土染红色花瓣形木饰（华胜）

图 3-2　马王堆汉墓帛画（局部）

东汉刘熙《释名·释首饰》：“华胜：华，象草木华也；胜，言人形容正等，一人著之则胜也。蔽发前为饰也。”黄能馥等学者即持此说。当时的皇后发髻上应也饰这类首饰。

在一号墓还出土了帛画，画上有墓主的像，梳着垂髻，侧面画有擿，额前也伸出擿，并可见由白点、红点组成的花形饰物，应是白色珍珠与华胜组成的步摇一类。（图 3-2）

甘肃武威红花村出土有“一爵七花”造型的东汉晚期的金步摇，金质，底部有四枚花瓣舒展开来，又伸出八根细枝花蕊，上缀有花朵或花蕾，四朵花下还垂着金片，中间的一根花蕊上又立一只小鸟，口衔小环，环中又垂下圆形金叶，行则动摇，制作得极为精美。（图 3-3）

图 3-3　武威红花村“一爵七花”金步摇

河北定州东汉中山穆王刘畅墓出土精巧绝伦的二角金辟邪、一角金天禄、在一片錾流云纹的金片

图 3-4　中山穆王刘畅墓出土的二角金辟邪

上站立的四只金绵羊、腹部镂空为鳞片的筒状双角金龙首。（图 3-4）这些兽形的表面皆有掐丝，还遍布金粟粒，镶嵌绿松石，或加红玛瑙。还有盾形、鱼形、三齿形、龙形、凤形等形状的金饰片，类似于步摇上摇动的金叶。另有金花瓣 24 枚，当是华胜。

时间再往后，安徽当涂“天子坟”孙吴墓出土金天禄等数件瑞兽、金花瓣、金龙首。内蒙古凉城小坝子滩窖藏还发现西晋时的金熊饰。甘肃高台县地埂坡魏晋四号墓发现有一件步摇金花，造型近似武威发现的步摇金花。同时发现了金珰，还有黄金龙首，龙形作飞驰状，工艺精细。这些当都是贵妇的发饰。

汉代贵妇的发型、发饰，也可参考山东沂南画像石上的妇人像，头上戴帼，插多支簪，再加一支步摇。由于是简单的描绘，细节很不清晰。河南新密打虎亭汉墓壁画里的女子，与之大致相似。

皇后步摇上复杂的爵和花、六兽等装饰，应该是汉代吸收各地文化包括西域文化后发展而来的。六兽，都是汉代常见于雕像、壁画里的，或奔走，或昂首展翅，生机勃勃，都有吉祥、驱邪的意义。熊、虎、赤罴（棕熊）是实有的兽；天禄（或作天鹿）、辟邪是狮子类的猛兽，长尾而又有鹿角，一角为天禄，二角为辟邪；南山丰大特为神异的野牛。如熊、虎、赤罴是中原原有的驱邪兽，其他是从外域输入的。孙机先生《步摇、步摇冠与摇叶饰片》一文说，六兽步摇可能类似于南北朝时出土的步摇冠和牛面、马面形基座的金步摇实物（见后文），也类似于国外1864年在顿河下游出土的金冠，这件金冠上有能摇动的金树，两旁站立着鹿和羊，还有禽鸟。还有1979年在阿富汗北部的席巴尔甘出土的一件大月氏人的金冠，下部有横带，上装有五簇树木形步摇，树上还有鸟儿和花朵、叶片，垂下许多小牌饰在脸庞两边。

当然，此类头饰不必一定是由西域传入的。国内原有珍珠、翠羽、驱邪兽、鸟爵（商代就已经出现在发饰上）、步摇、华胜饰件与工艺，或是受到随着丝绸之路传入的西域风情的影响，发展出了更为复杂的六兽步摇。到了后世，爵和珍珠、翠羽等更是被装点在富于民族特色的凤冠上。

《西京杂记》记载汉末赵飞燕被封为皇后，她的妹妹赵合德赠送的礼物就有黄金步摇，或就是这类形态。这时，汉代宫中充溢着生气的、大胆开放的氛围。我们从这些历史记述、考古发现中，能看见那在长安的恢宏宫苑里，华贵的皇后姗姗行来，如云的宫女簇拥着她。她头上戴的奇形怪状的兽形和珍珠翠羽相纠结的首饰，随脚步摇动而发出细碎的声响，浮现着金翠和珠光。

帼后来也叫巾帼，在《四川彭山汉代崖墓》一书中就举有一些汉画像石上的女子戴巾帼的样子，如高髻式、双髻式等。或用丝帛、毛织物等制作，女子广泛佩戴，后来就以巾帼代指女子了。有的巾帼上还配以花朵，十分俏丽。如重庆忠县涂井汉墓出土的一件陶俑就是这样。（图3–5）

秦汉时代的神仙崇拜不断发展，对发型、发饰影响深远。秦始皇好神仙之术，当时有反映神仙思想的发髻。汉代也普遍追求长生、长寿，崇拜西王

图 3-5　忠县戴花女俑

图 3-6　汉画像石太华髻

母，西王母就是道教至高无上的女神王母娘娘。汉武帝也和秦始皇一样，追求长生不老，派方士寻找海外蓬莱。所以汉代有的发饰和王母有关。《汉武帝内传》描写武帝和王母娘娘会面，王母身穿金色袍，系灵飞绶，腰佩剑，脚踏凤履，"头上太华髻，戴太真晨婴之冠"，一本作"头上大华结，戴太真晨婴之冠"（如清代《守山阁丛书》本）。周锡保先生《中国古代服饰史》认为太华髻就是在汉代画像石中常见的戴于西王母头上的髻饰，为形似数瓣莲花之冠，也可能就是《中华古今注》说的秦始皇时妃嫔当暑戴的芙蓉冠子，芙蓉就是荷花，切合此冠饰之形制。（图 3-6）这类冠饰在清代《金石索》等著作中又被称为五梁冠，显然不对。而此发饰上又加太真晨婴冠，更难以考证。或太真晨婴冠较小，加在花瓣形之上。

汉代画像石上有头戴太华髻的女子持剑和男子格斗的场面，见山东莒县出土“七女”画像石。(图 3-7)和其内容一致的有山东嘉祥武氏祠前石室“七女为父报仇”画像石等。这反映了女子勇武的一面。

图 3-7　山东莒县出土“七女”画像石

《汉武帝内传》还记载了一位华贵的女神上元夫人，身穿赤霜袍，头作三角髻，余发散垂腰。三角髻就是呈三角形的高髻。这一描写对后世影响巨大。唐代李白作诗说：“上元谁夫人，偏得王母娇。嵯峨三角髻，余发散垂腰。裘披青毛锦，身著赤霜袍。手提嬴女儿，闲与凤吹箫。眉语两自笑，忽然随风飘。”这位美丽的女神，应该是有一头长长的秀发，把秀发绾成了三角髻之后还有余，散垂至腰，随风飘荡。她的头发是多么健康、多么茂密，让她的身上充满了魅力！

三角髻的发型广泛流传。魏晋、唐代壁画中都能看见。佛教传入后，菩萨头上也多作三角髻，髻根围以珠宝，十分精美。如甘肃马蹄寺石窟千佛洞第 8

窟的菩萨立像就梳着三角髻，上似饰以银质花钿。

上元夫人披垂的余发，或许也是作垂髾装扮。垂髾就是把一小束头发留出，待梳成髻后就披在髻边，用发胶之类固定为三角形状，轻盈翘起。这是把长垂的余发作为发髻的装饰。汉代傅毅《舞赋》说“华袿飞髾而杂纤罗”，即说袿衣的衣带或衣裾宛如发髾垂飞。这样飞飘的发缕不用说更为女郎增添了招展飘然的仪态之美。

图 3–8　广州凤凰岗出土南越国玉雕舞人

广州凤凰岗曾发现西汉初期南越国的玉雕舞人，两鬓卷发若虿，脑后垂发用帛巾约束，为“总”的发式，这也是先秦发式的流风。（图 3–8）

汉代女性的发髻样式还有很多，也注重发饰，丰富多彩。唐代《髻鬟品》说：“汉有迎春髻、垂云髻。王母降武帝宫，从者有飞仙髻、九鬟髻。汉元帝宫中有百合分髾髻、同心髻。……合德（赵飞燕之妹）有欣愁髻。”《中华古今注》说：“至汉高祖，又令宫人梳奉圣髻，武帝又令梳十二鬟髻，又梳堕马髻，灵帝又令梳瑶台髻。”这些记载基本都是可信的。除了迎春髻、奉圣髻、欣愁髻难以考证，其他发式都还可以考证。

垂云髻属于垂髻类，在汉代很常见，一般是妇女把头发分成两半向后梳，发尾绾成束，再接假发作为装饰（这一缕发也叫作髾），长长地直垂至腰际。如马王堆出土的多个侍女木俑就是这样的，显得端庄可爱。有的还把长发卷成圆圈；或把梳到脑后的头发分成小绺，再绾成结，如山东济南无影山出土的西汉乐舞杂技女俑。

垂髻也有梳成银锭形的，如云南石寨山出土的青铜贮贝器上的女子就梳的这种发髻。湖北江陵凤凰山西汉墓出土的女俑也有梳类似发髻的。在一件舞女俑上可见到这种银锭式垂髻上还插着一朵花胜作为装饰。

这些女郎梳的垂云髻，都是继承了战国时的样式而又加以创新，如同黑云沉沉下垂，如同银锭稍稍卷起，其上还加以圆鬟和发结，髻尾或还加以长髾或长辫，使得发式更加多变。女郎们在深院中走动起来，或跳起舞蹈来，这样的垂云髻会飘拂不止，令人目眩。

飞仙髻也叫飞天髻，又叫“飞天紒（jì）”，是一种高耸的发髻，在河南邓州南北朝贵妇出游画像砖上可见到。（图 3–9）制法是把头发绾到头顶，分成数

图 3–9　河南邓州出土贵妇出游画像砖

股，绾成数个弯曲的鬟，直耸向上。飞仙髻其实在汉代就有了。明代徐士俊的《十髻谣》说飞仙髻："飞仙飞仙，降于帝前。回首髻光，为雾为烟"，就是写的汉武帝和王母相会的故事，王母身边有梳飞仙髻的侍女。梳飞仙髻时，应在脑后披垂长发，如烟雾般飞荡。

九鬟髻、十二鬟髻，都是鬟髻类，把发束梳成多个圆鬟，显得玲珑俏丽，于是就成为少女们的最爱。道教仙女们不过是现实中少女的化身，当然也爱梳这种鬟髻。所以才有王母身边的侍女梳九鬟髻和武帝要求宫女梳十二鬟髻的记述。不过汉代虽然记载鬟髻的鬟数多达九鬟和十二鬟，我们在周代、汉代文物上却只见到了双鬟。四川大邑安仁出土的汉代丸剑宴舞画像砖，其中的舞女就梳双鬟髻。（图 3–10）它最初可能是女孩们为了使舞姿更优美而创造的，在东晋《洛神赋图》和唐代女子陶俑中都能看见类似的发型，都是表现仙女、舞女一类的人物，所以这种发髻也叫作双鬟望仙髻。两个黑发绾成的圆鬟是高耸在头顶的，格外窈窕，和后来所说的丫鬟（垂在脸两边）不同。

图 3–10　四川大邑出土丸剑宴舞画像砖

百合分髾髻按照画家黄均的解释，是平髻类，长发在头顶分成数股，向前后分梳，发尾掩藏起来，于是，黑色的长发便宛如一朵盛开的百合花。唐代周

图 3-11　周昉《调琴啜茗图》（局部）

昉的仕女画《调琴啜茗图》里，一位正在弹古琴的仕女就梳着百合分髾髻，显得雍容富丽。（图 3-11）

瑶台髻，似应是一种平髻。

唐人李贤注《后汉书·明德马皇后传》引《东观记》记载："明帝马皇后美发，为四起大髻，但以发成，尚有余，绕髻三匝。"马皇后的头发极长，不须假发，而只用自己的发绾成四起大发髻，之后还有余，再盘绕三匝。她的这头美发的确是健康的、密集的。另外，新密打虎亭出土的汉画中也有女子梳四起大髻。

“城中好高髻，四方高一尺”，这是《后汉书·马廖传》中的谚语，说明当时妇女以盘绕高髻为美。

女子梳高耸的圆髻时，上边也可以垂下一缕髾，有轻灵之美。如陕西西安岳家寨村出土的西汉晚期壁画中有一幅宴乐图，绘女主人和女性宾客观赏乐舞，其中几位女子就梳着圆髻，垂下轻盈的发髾。(图 3-12）将这一头乌云般的长发梳到脑后，然后顺势打个圆髻，再拈出一缕余发，飘荡下来，使其在心爱的人眼前摇曳，在步履匆匆时飞扬，发型便不再板滞，古井水般的心绪荡起涟漪。

图 3-12　西安岳家寨村西汉壁画之宴乐图

汉代高髻还有缕鹿髻。《后汉书集解》说汉代妇人的这种发髻，逐层如轮，上轮小下轮大，髻中有一柱，是多个圆鬟相叠之状。相传东晋顾恺之作的《女史箴图》中就有一位女子梳的是缕鹿髻。

也有一种三圆髻，在山东微山汉画像石上能看到。这是一幅有厅堂、人物、瑞兽的画，厅堂上有青鸟、羽人飞翔，堂上坐着西王母、东王公两位神祇，东王公头戴冠，西王母头发中间绾一圆髻，两边绾两个较矮的小圆髻。厅外两名神女也是梳这种发髻。女子梳三圆髻显得美观大方，所以这种发型一直流传到五代之后。它也是后世梳的高低起伏的丛髻、芙蓉髻等的起源。

倭堕髻，或称为堕马髻，是一种偏髻，《中华古今注》说是汉武帝时命女子梳的，和十二鬟髻同时出现。《后汉书·五行志》又传是汉桓帝法办东汉权臣梁冀时，梁妻孙寿十分悲伤，"令髻倾邪（斜）"，把发髻梳得歪到一边，显得头发凌乱、内心凄楚。所以这种发髻也叫梁家髻、不聊生髻。由于式样新奇，妇女们就争相仿效。其实这只是附会之词。汉代乐府诗歌《陌上桑》，描写一位美丽的女郎秦罗敷说："秦氏有好女，自名为罗敷。……头上倭堕髻，耳中明月珠。"可见倭堕髻是可爱的女郎的象征了。晋代崔豹《古今注》说："堕马髻今无复作者。倭堕髻，一云堕马之余形也。"南朝陈时文士徐陵编了一部诗歌集《玉台新咏》，他在序中说妃嫔们"妆鸣蝉之薄鬓，照堕马之垂鬟"，梳着蝉鬓和堕马髻的美人仪态婀娜，和梁冀的妻子有什么关系？唐代李贤注《后汉书》引用《风俗通》说："堕马髻者，侧在一边。"河南洛阳汉魏古城永宁寺遗址出土的北魏女陶俑，头上有一个偏侧的发鬟，正是"照堕马之垂鬟"的样子。（图 3-13）

图 3-13　永宁寺女俑头像

丫髻，是少女在头两边梳两个小髻，显得活泼可爱。这在汉代也有踪迹可寻。四川崇州的一件画像砖上有女娲和伏羲图像，蛇身的女娲头上就梳着双丫髻。

当时的妇女或者如长沙楚国帛画中描绘的那样，把头发在头顶盘成发结，这就是椎髻，是最常见的发髻。《后汉书·逸民传》记载了著名的“举案齐眉”的爱情故事，讲的是汉代学者梁鸿和妻子孟光互相尊敬，梁鸿不愿为官，孟光便把头发绾成普通的椎髻，和他一起隐居，每天都把食案举到眉际和他一起用餐。这普通的椎髻没有华美的装饰，可是在爱人眼里会特别美观吧。

椎髻和垂髻一样，也可以梳理出缕缕垂髾作为轻盈的装饰。河北满城出土的长信宫灯，是一位宫女的形象，头上就梳着椎髻，再加上垂髾，也可以叫作垂髾髻；她的鬓发是修剪整齐的鬌形。这样的发髻显得她整齐利落，又因为这缕垂发而增加了活跃的动感。这种垂髾髻在东汉画像石、壁画上也很常见。

图 3–14　山东东平物资局一号墓壁画之舞姬

山东东平物资局一号墓壁画上，就有舞姬头梳高髻，垂下一缕发髾，随着舞步飘扬。（图 3–14）

女子鬓角的头发也会精心修剪。河南洛阳市郊烧沟村 61 号西汉墓壁画中画有一位女剑士，头梳双圆髻，鬓角垂下长长发缕，身

图 3–15　洛阳烧沟村 61 号汉墓壁画中的女剑士

穿紫袍白裤，黑靴。她双手拱于胸前，拄着长剑，利落中透出女儿家的妩媚。（图 3–15）

汉代也有旋螺髻，是象形髻，把头发如同旋螺般梳理。据东晋时人撰的《汉宫春色》所说，鲁元公主的长女孝惠皇后的头发很长，不须假发，常盘发髻如旋螺。我们看汉代的文物，也确实是有这类发型。

西汉成帝的皇后赵飞燕及其妹妹赵合德，是著名的美人，善于歌舞。伶玄《飞燕外传》说赵合德被选入宫，“新沐，膏九曲沉水香，为卷发，号新髻”。前文说过原初文化时期就有卷发，合德的卷发应该是由《诗经》所记“卷发如虿”发展而来，也不能算是完全创新。当然，她的卷曲黑发会比前人的更长一些，显得更为娇媚。

而且作为美丽的女子，赵家姊妹的发髻不会是固定的、单一的，满头乌发应该会不断变化出新奇样式：或者梳一个大髻，两边脸颊垂下长发，发梢卷曲如商周时候的虿尾；或者梳远古玉饰上的发型，短发拢到头上，长发披在脑后，发梢卷曲起来；或梳一个大发髻，上边戴小冠，然后垂下缕缕余发，微带卷曲，如波浪般垂于脑后、披在肩上，长垂至腰际；或把头发修剪得错落有致，然后卷曲起来，满头发卷如云朵一般。她们的鬓发说不定还卷曲如钩，如汉代漆箧画中的皇后那样。这几种发型也是中国古代基本的卷发式样。芳香散逸的卷曲的黑发，既有古典的韵味，又新颖娇媚，令人迷醉。

历代史书对飞燕姐妹俩的评价是不好的，可是大家可曾想过，在深宫中女子依附于男子，唯有以梳妆为日常的工作，唯有梳理满头黑发，让它如云一般卷曲在男子眼前，才能使自己的命运有所改变。人们可曾看见黑发中蕴含的无限忧伤？可曾看见新式发型中内藏着的巨大焦虑？只有今天，女性的命运才不会只萦系在一头青丝之上，各式新样才能随心所欲地盛放。

图 3-16　漆箧画皇后的曲鬓

女子也会修剪鬓发，除了修剪平整，还会修剪出长发缕，或为弯钩状，垂在两侧脸边，更具风情。如东汉乐浪郡墓中出土的彩绘漆箧，上边漆绘皇后像，戴着冠，鬓发就作长垂的弯钩状，应用发胶固定而成。（图3-16）这叫作曲鬓，画家们时有描画。南北朝诗人王融《古意诗》其二也有咏及，诗中女子因千里相思，寸心郁闷，不再用“膏沐”梳理、粘连曲鬓：“霜气下孟津，秋风度函谷。念君凄已寒，当轩卷罗縠。纤手废裁缝，曲鬓罢膏沐。千里不相闻，寸心郁纷蕴。况复飞萤夜，木叶乱纷纷。”

汉代妇女发饰有很多，有步摇、羽毛、鲜花、钿、华胜、簪、珥、钗、彩画梳篦、镊子、冠、帽之类，展现着繁丽的美。

图 3-17　汉代铜鼓上戴羽冠的羽人纹

“错翡翠之葳蕤”，这是司马相如《子虚赋》里描写“郑女曼姬”的语句。美丽的郑国女郎，曼妙的女子，以翡翠羽毛为头饰。翡翠羽毛在阳光下闪烁着迷人的光彩。以羽为饰，也是由远古传承下来的。在汉代铜鼓上也仍能看见戴着羽毛冠的羽人纹。（图 3-17）

花卉插饰在汉代比较常见，妇女头上常装饰各色花朵，可能是鲜花或绢、通草制作的花，唐代《事始》引用《汉武内传》说武帝时宫人戴碧芙蓉冠子、绯芙蓉冠子。重庆化龙桥发现有戴花的女俑，大小花朵参差插在发髻上，真个是满头春色。重庆忠县出土的一件女俑，戴着巾帼，额正中簪一朵大花，两边饰着小朵花，很是美观。（图见前）在四川博物院也陈列着多件类似的陶俑。

花钿和华胜饰物在汉代也有使用。《说文》：“钿，金华也。”而《释名·饰首饰》说华胜：“华，象草木华也。胜，言人形容正等，一人著之则胜。蔽发前为饰也。”也就是说花钿和华胜（花胜）同出一源，是由簪戴鲜花发展来的。但二者又有所区别。马王堆一号汉墓出土的花钿较薄，用木雕刻后贴金箔；华胜则连缀在长簪上，用朱绘成。洛阳八里台汉墓壁画绘有“姜后脱簪”图，里面有簪华胜的妇女形象。

汉代的胜已经不再是远古时的陶胜，朴素简单，而是金玉制成的珍贵之物，深受人们的珍爱。胜如不作花朵形，便多是圆形加双梯形。如江苏邗江甘泉镇出土的金胜，为圆形加双梯形，圆形刻有四瓣花纹，圆心中间嵌有绿松石。在朝鲜乐浪古墓中也有玉胜出土，圆形中刻着柿蒂纹，两边梯形饰三角纹，圆心中还有方孔以供簪戴。

由于汉代西王母崇拜盛行，西王母戴胜的形象也广泛流传，胜也成为祥瑞的象征。如四川合江东汉墓中就刻有胜纹。

胜的簪戴之法，是在发髻上横插一根杖，左右各插一枚胜，即《山海经·海内北经》所谓“西王母梯几而戴胜杖”。山东沂南汉代画像石、刘畅墓出土玉座屏风上就有西王母戴胜图。（图 3–18）另外还有宝石制的宝胜、丝织物制的织胜、银质的银胜、硬帛或硬纸剪成的彩胜。高春明先生对这些有详细的解释。

各种钗、簪、篦在汉代盛行，花样渐多。据《妆台记》说汉武帝时王母下降，侍女们的飞仙髻、九鬟髻上都贯着“凤头钗、孔雀搔头、云头篦，以玳瑁

图 3–18 刘畅墓出土玉座屏风

为之”。凤头钗是刻着凤凰的钗，旧题宋代龙大渊撰《古玉图谱》，书中即有一幅玉雕凤头钗图，钗头刻成凤凰状。孔雀搔头是刻着孔雀的簪子（目前未发现汉代孔雀搔头，不过曾出土宋代雕成孔雀形的玉簪）。云头篦是有云朵的篦子。洛阳西汉卜千秋墓壁画中的女娲，人首蛇尾，头梳双角髻，上插云头簪，云头当大略相似。（图 3–19）

图 3–19　洛阳卜千秋墓壁画之女娲

人们也喜欢用玳瑁制作梳篦或簪，虽不如皇家的华贵，但也有天然美。长沙马王堆一号汉墓出土有玳瑁梳子、篦子各一件。玳瑁饰物还有镶嵌珠玑宝石的。汉乐府诗《有所思》说：“双珠玳瑁簪，用玉绍缭之。”

汉代也有金簪、玉簪、犀簪等。犀簪用犀牛角制作，相传可以辟尘。有文理的犀簪最贵重。《飞燕外传》记载“帝以文犀簪击玉瓯”，汉成帝见到美丽的赵飞燕歌舞起来，陶醉得忍不住用文犀簪敲击着玉瓯，打出节拍，一旁还有人在吹笙，一起为她伴奏。

钗在汉代诗文之中时有述及。汉代诗人秦嘉、徐淑是一对爱侣，秦嘉《与妇徐淑书》说：“今致宝钗一双，价值千金，可以耀首。”宝钗是珍贵材料制作的钗的统称。汉代也有金钗、银钗、铜钗之类。铜钗是民间妇人所用。有一种铜质同心钗，以铜为心，外边镏金，由于含有爱人同心、爱情美满的寓意而深受人们喜爱。《西京杂记》记载，汉成帝册封赵飞燕为皇后，她的妹妹送的贺礼中就有“同心七宝钗”，应该是铜质镏金，再镶嵌各色金银宝石。“七宝”，按照佛经的记载是指金、银、琉璃、车渠（亦作“砗磲”，为一种大型贝类动物的壳）、玛瑙、珊瑚、琥珀。这种钗流传很久，直到明代，定陵中出土的皇后使用的簪钗还有铜质镏金的。贵为皇后当然不至于用不起金首饰，只不过是喜欢戴这样有美好寓意的钗而已。

荆树枝做的荆钗则是民间妇女使用的。《太平御览》卷七一八引《列女传》：“梁鸿妻孟光，荆钗布裙。”学者梁鸿娶妻孟光，孟光一开始进门是戴着比较华丽的首饰的，梁鸿不以为然，于是孟光换上朴素的“荆钗布裙”，他这才高兴，夫妻俩一起隐居起来。所以，男子谦称自己的妻子也叫山荆、荆妇、拙荆。

玉钗又叫玉燕钗。《太平御览》引《洞冥记》说，汉武帝时“有神女留一玉钗与帝，帝以赐赵婕妤。至昭帝元凤中，宫人犹见此钗，共谋欲碎之。明旦视之匣，惟见白燕升天去。故宫人作玉钗，因改名玉燕钗，言其吉祥”。后来钗也有作燕子之形的。龙大渊《古玉图谱》中即有一幅汉代的紫玉燕钗图，钗头雕成燕子形，可以参考。

晋代崔豹《古今注》则记述：“蟠龙钗，梁冀妻所制。”蟠龙钗为梁冀妻子所设计制作，自然象征权贵。唐代卢照邻的《长安古意》有“娼妇盘龙金屈膝”的句子，写的是盘龙金钗，上有铰链，或与汉代的龙钗差不多。

汉末王粲《神女赋》描写一位神女，有“结羽钗”的句子，似就是魏晋时的金爵钗。

山东新密打虎亭画像石上有插花钗的妇女，一般是头插六花钗。

也有各种弯曲的发钗，用细铁丝缠绕，用以固定假发髻。有一种三子钗，也叫三珠钗、三点钗，东汉崔瑗《三子钗铭》说：“元正上日，百福孔灵。鬒发如云，乃象众星。三珠横钗，摄发钻莹。”这是一种两头有三叉的发钗，上嵌珠宝，到魏晋南北朝时还有使用，如北京顺义大营村西晋墓出土有银三子钗。高春明先生对此论述甚详细。

汉代也有精致的梳篦实物出土。如马王堆汉墓出土的马蹄形云纹梳子等。

镊子，插于发髻上为饰，用金属或角制作。马王堆一号汉墓有一件牛角镊子出土，上刻几何纹，盛于妆奁中。妇女用的镊子还缀以珍珠，用链子连在簪股上。

汉代宫廷侍女也有戴冠的。有一种长冠，汉高祖刘邦规定地位不高的不能戴，冠式呈木板翘起之状。出土的女俑头上就有戴这种冠的，作为固定发髻之用，也可能是表示自己的显要身份，西安窦太后墓中的女俑就是如此。

汉代舞女也戴花冠，如广州东汉墓出土的陶舞女俑，戴高冠，上插数支笄，还有花朵为饰，有点像西王母的太华髻。

汉代也有帽子，如《西京杂记》记载赵合德送给飞燕的礼物有金华紫轮帽。帽子在先秦时只有幼儿才戴，成年人是不戴的，但是到了汉代成年人也有戴的了。还有赵合德献上的金华紫轮面衣，形制是否大致如后世的帷帽？轮通“纶”，似当是纶巾一类。

汉代辛延年《羽林郎》赞美一位不畏权势的少女：“昔有霍家奴，姓冯名子都。倚仗将军势，调笑酒家胡。胡姬年十五，春日独当垆。长裾连理带，广袖合欢襦。头上蓝田玉，耳后大秦珠。两鬟何窈窕，一世良所无。一鬟五百万，两鬟千万余……”这位勇于反抗的少女头戴的是用蓝田美玉制作的玉饰，那这玉饰是什么呢？画家黄均认为是一种玉冠，用重叠如千瓣莲花的玉块垒成，形似唐代周昉《纨扇仕女图》中一位仕女所戴的头饰。如果确实，则这种玉冠应当是由商代玉冠发展来的，只是汉代制作得更为精美。作为女郎头上的装饰，玉气珠光和女郎的姣好脸容相映照，该是多么俊美！当然，她所戴的也可能是蓝田玉雕刻的钗簪之类。因为她梳的是双鬟髻，两个发鬟的首饰就价值千万，似乎不用再戴冠。

汉代也有在头上围一条布帛的，类似于后世的抹额，可以固定发髻。汉代武士多勒朱帛，女子也有勒的。如广东佛山澜石东汉墓出土的一件舞女俑，头上围着一条帛巾，上边还饰着几片圆形装饰。

汉代女子也有戴巾的，类似于今天的头巾。有一件汉代女俑，穿着喇叭状的裙子，头上系一条头巾，遮着头部，只露出一张脸，显得温柔大方，与今天的女子在冬天系头巾也是差不多的。

第四章

春山削出间钗朵：魏晋六朝时期的发型、发饰

魏晋六朝时期，指的是三国魏、吴、蜀汉至于两晋（西晋、东晋）、南北朝时期。此时贵妇的发型、发饰多沿袭汉制，而有少许变化。发饰还是按等级不同而依次减少。如《文献通考》记载："魏制，贵人、夫人以下助蚕，皆大手髻，七鏌蔽髻。黑玳瑁，又加簪珥。九嫔以下五鏌，世妇三鏌。诸王妃、长公主，大手髻，七鏌蔽髻。"蔽髻也是假髻之类，应类似于帼。鏌就是花钿，是汉代贵妇已经使用的。皇后、长公主、公侯夫人应皆如汉制。《晋书》记载皇后"首饰则假髻，步摇，俗谓之珠松是也，簪珥"，除了步摇上的爵和九华，并加十二花钿。此后，南北朝时各朝均相沿袭，变化不大。北周时皇后首饰则有十二支花钗，贵妇依次减少。这对隋唐皇后等贵妇的影响巨大。

汉晋时都颇流行假发髻，妇女如果嫌头发不够浓密，就可以戴假发髻。长沙马王堆一号汉墓就出土了一件以黑色蚕丝制作的假发髻，是墓中那位老夫人所戴。因为老夫人头上有一处秃发的地方，需要用假发遮掩。假发用真发来制作当然更好，但古代女子一般不会剪下自己的头发，除非家境贫寒等特殊情况才不得已为之。晋代著名将领陶侃的母亲，因为家贫，无法招待宾客，只好剪下自己的头发出售。这成为著名的典故，陶母也因此成为古代的贤母之一。

贵妇、仕女们的发髻也很讲究，如马缟《中华古今注》载：“魏宫人好画长眉，令作蛾眉、惊鹤髻。”惊鹤髻也作惊鹄髻，形态就像是飞鸟展翅欲飞，甘肃麦积山北魏壁画上的乐伎就梳有这种发髻。新疆库木吐喇石窟第45窟壁画中的散花飞天也作这样的发髻，大概是象征着人们如鸟儿般飞向天空的美好心愿。（图4–1）

魏文帝曹丕的甄皇后，是著名的美人，文帝的弟弟曹植对她一往情深。曹植因为不能与她相见，为抒发惆怅而作名篇《洛神赋》。作品描写了一位美丽无双的洛水女神，据说就是甄皇后的化身。传宋人撰的《采兰杂志》记她在皇宫中设计、制作了一种灵蛇髻，如蛇形盘曲一般千变万化：“甄后既入魏宫，宫廷有一绿蛇，口中恒吐赤珠，若梧子大，不伤人，人欲害之则不见矣。每日后梳妆，则盘结一髻形于后前，后异之，因效而为髻，巧夺天工。故后髻每日

图4–1　新疆库木吐喇石窟第45窟中散花飞天的惊鹄髻

不同，号为灵蛇髻。宫人拟之，十不得一二也。”元代卫九鼎《洛神图》依据这记载，画的洛神头上的发髻就是灵蛇髻。（图 4-2）

历代仕女画家不断描绘灵蛇髻，出现很多图样，如唐代《八十七神仙卷》等古画中都有。明代徐士俊《十髻谣》赞美灵蛇髻说：“春蛇学书，灵蛇学髻。洛浦凌波，如龙飞去。”这灵蛇髻就像龙一般飞舞，直欲飞上天去，正和洛神的仙姿相合。

《洛神赋》中说曹植在水边见到的洛神“云髻峨峨，修眉联娟”，也可见她的发髻之美，是她仪容华美的组成部分。云髻在杨子华《北齐校书图》中有图像，几位红衣侍女头上高耸着椎状双髻，髻顶上各加一朵花钿，额鬓处梳理得如卷曲的云朵，别具风情。（图 4-3）洛神的云髻似应该和她相同。

马缟《中华古今注》又记述：“魏文帝令宫人梳百花髻、芙蓉归云髻。”这芙蓉归云髻也是云髻，南朝无名氏《读曲歌》云：“花钗芙蓉髻，双鬓如浮云。”这种发髻也叫随云髻，唐代《髻鬟品》说：

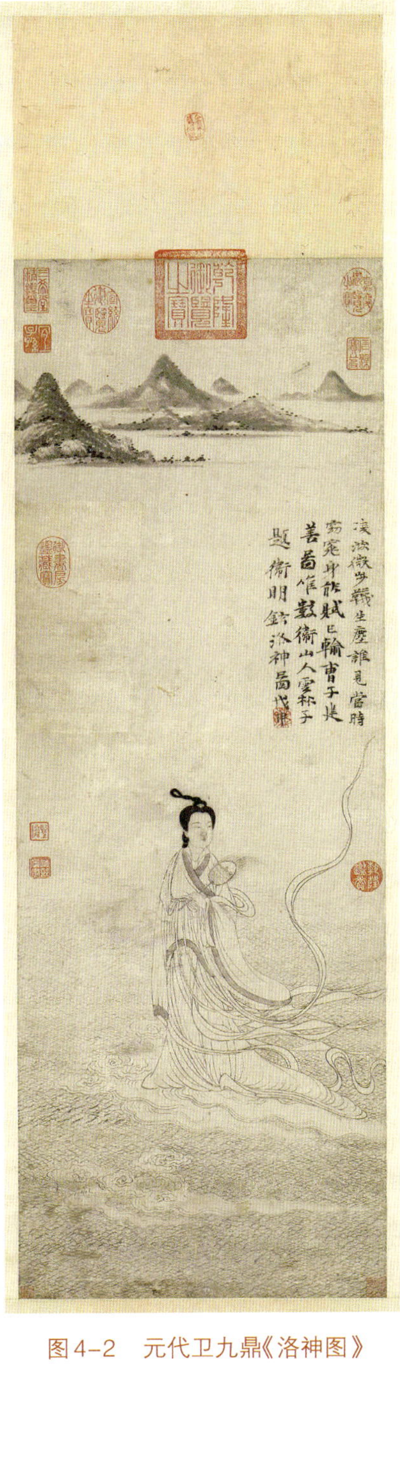

图 4-2　元代卫九鼎《洛神图》

图 4-3 《北齐校书图》之云髻

“陈宫有随云髻。”

传后唐冯贽撰《南部烟花记 · 桂宫》载：“丽华被素袿裳，梳凌云髻。”说南朝陈后主的宠妃张丽华梳的是凌云髻，应也是此类云髻。《南史》记载这位张贵妃是位长发美人：“发长七尺，鬒黑如漆，其光可鉴。”她所梳的云髻应该是很高、很黑亮的，宛如乌云盘曲在头顶上，简直有凌空之势。

类似于汉代缕鹿髻的高髻在东晋顾恺之《女史箴图》中也有呈现。

又有芭蕉髻，六朝时，有女俑头上的发髻作直耸的蕉叶状。

图 4–4　麦积山第 78 窟伎乐天

百花髻，或如百合分翳髻，宛如花朵。唐人宇文士及辑的《妆台记》说魏武帝令宫人梳百花髻，晋惠帝令梳芙蓉髻，插通草五色花。徐士俊《十髻谣》赞美芙蓉髻说：“春山削出，明镜看来。一道行光，花房乍开。”他心中的芙蓉髻，正像是一朵光润的繁花舒开了蕊瓣。当时人们说的芙蓉，也就是荷花。那黑发绾成花朵之形，花和女郎相比衬。我们看麦积山北魏第 78 窟的一位伎乐天，头上梳花瓣状发髻，似是把发分股扎成。（图 4–4）与之相似的是唐代《簪花仕女图》中一位持长柄纨扇的女子，头上梳高圆髻，微加曲线变化。这两种发髻都可能是由汉代的三圆髻变化来的，像是开放的芙蓉花，或就是芙蓉髻了。后来在明清时期流行的牡丹头、荷花头也与之相似。

佛教于汉末传入，其思想对妇女发型也有影响。如有一种螺髻，崔豹《古今注》说：“童子结发，亦谓螺结，亦谓其形似螺壳。”最初的螺髻是童子所梳。西安长安区张家坡 157 号墓出土的一件西周时的双人首龙凤纹玉佩上，即有梳螺髻的人物。后来佛教说佛祖是螺发，人们也就加以模仿。于是在甘肃麦积山、河南龙门石窟之中有留着螺发的女郎塑像，头发层层扎起如螺状。也有一种把头发分成两股，每股盘成螺旋之形然后扎在一起，形成高发髻，或也是螺髻。

《妆台记》载：“魏武帝令宫人梳反绾髻，插云头篦。”反绾髻就是把头发由后向前绾，饶有风致。

图 4–5 冬寿妻子图

撷子髻，是晋惠帝的皇后贾南风所创。《晋书·五行志》说：“惠帝元康中……妇人结发者既成，以缯急束其环，名曰撷子紒。始自中宫，天下化之。”其特点是梳一个椎状倾斜的高髻，再梳一个大鬟，并垂下两缕发髾，实际上是椎髻和鬟髻、垂髾髻综合而成。它流传很广，新疆阿斯塔那晋墓的一幅纸画上，女主人就是作撷子髻。十六国时期前燕的将领冬寿墓壁画中，冬寿妻子也作此髻，用红色帛束发髻，帛上垂下细小的带子与珠子，垂在脸颊两旁作为装饰，似为簪珥一类。鬓角还插着步摇。（图 4–5）

北周时庾信《春赋》云：“钗朵多而讶重，髻鬟高而畏风。”可见当时高鬟髻也很盛行。

《晋书·五行志》载：“太元中，公主妇女必缓鬓倾髻，以为盛饰。用髲既多，不可恒戴，乃先于木及笼上装之，名曰假髻，或名假头。至于贫家，不能自办，自号无头，就人借头。”两晋时仕女喜梳十字式高髻，也就是这类缓鬓倾髻，北魏时也有，如西安草场坡出土的彩绘女俑，两边鬓发蓬松，把耳朵都盖住了，正是缓鬓，也是后世掩鬓发式的肇始；头上则有高髻倾斜，可能是假

髻。山西大同司马金龙墓漆画屏风中的娥皇、女英等也梳着十字式缓鬓倾髻，还簪上花钗等。（图 4-6）

还有一类特别的危髻。《北齐书·幼主纪》载：“妇人皆剪剔以着假髻，而危邪之状如飞鸟，至于南面，则髻心正西。始自宫内为之，被于四远。”发髻有凌空如飞、倾斜、危邪欲堕等形状，髻心倾斜，别出心裁，似乎也代表着不安分的心事。甘肃酒泉丁家闸晋墓壁画上的妇人之髻就有这类形状。（图 4-7）北齐即承其余风而已。

《宋书·五行志》记载一种飞天髻：“宋文帝元嘉六年，民间妇人结发者，三分发，抽其鬟直向上，谓之‘飞天紒’。”

图 4-6　司马金龙墓漆画屏风（局部）

图 4-7　丁家闸晋墓壁画之危髻

这是一种高耸的发髻。河南邓州南北朝画像砖上就有这种发髻。

平髻类有著名的盘桓髻。晋代崔豹《古今注》云："长安妇人好为盘桓髻，到于今其法不绝。"就是把长发缠绕在头顶，顶部为平形。甘肃炳灵寺石窟第169窟西秦壁画中手持莲花的女供养人就作平髻。这种发型直到隋唐还很盛行。如莫高窟第390窟隋代壁画中的女供养人也是这种发髻。

《中华古今注》载梁武帝的时候，宫人梳回心髻，这是一种回旋的发髻，象征着美好的情绪在心田间回旋盘绕，寓意美好，所以流传久远。清代雍正年间《深柳读书堂十二美人图》中《烛下缝衣》一幅，以及清末《三希堂画宝》中还有仕女梳这种发髻，在头上正中把发绺盘绕，高而上耸，婉转生动。

东晋顾恺之《洛神赋图》里的美丽洛神梳着高耸于头顶的双鬟髻，系以粉红色的"总"。（图4-8）这是继承了先秦和汉代的发式。

图4-8 《洛神赋图》中的双鬟髻

《太平广记》卷一百一十四记载在南朝元徽年间有妇人梳偏鬟髻，应是梳一个大发鬟偏于一侧，又是鬟髻的一种新变化了。

两丸髻是童男童女梳的发髻。清代沈自南《艺林汇考·服饰篇》卷七引述，刘宋时的王昙首，年十四五便歌，“时作两丸髻，著袴褶，骑马”，为谢灵运唱歌。在敦煌莫高窟第 285 窟西魏古壁画中也能看见一个女童（一说为男童）梳着两丸髻，伶俐可爱。

在唐代阎立本《历代帝王图》中，陈文帝旁边站着的侍女都是梳双丫髻，再垂挂下圆形发鬟，显得活泼俏丽。（图 4–9）可能这种垂鬟在陈代就流行了。南京雨花台出土的南朝画像砖上也有女子梳类似的发髻。扬州出土的南朝画像砖上的童女也是梳发鬟。后世所称的丫鬟，或由此而来。

图 4–9 《历代帝王图》中的双丫髻

龙门石窟北魏《帝后礼佛图》中帝后身旁的侍女，也是梳这一类双丫髻。麦积山第 123 窟的一个女童像，则是把头发分成两股，再束成两个小鬟贴在两侧头上，也显得很活泼。

女子也注重鬓发、额发的修饰。鬓式有缓鬓，还有蝉鬓。马缟记述魏文帝的宫人莫琼树“始制为蝉鬓，望之缥缈如蝉翼”，即把鬓角处的头发梳得很薄，如云如雾，别具飘逸之美。这种鬓式对后世影响很大，历代仕女都好将其和高髻配用。因为它本身的特点，又叫它云鬓、轻鬓、雾鬓。“当窗理云鬓，对镜帖花黄”是《木兰诗》里著名的句子，在外征战的木兰一回到家，恢复女儿的

图 4-10　南京西善桥南朝女俑

妆容，就要梳这娇媚的发式。

东晋顾恺之《女史箴图》中有位仕女就是梳的蝉鬓，鬓发一直垂到颌下。东晋时，蝉鬓变得更为宽大，如出土的一件东晋女陶俑，两边的蝉翼舒张得很宽，头上裹着巾子，脸上微微含笑，显得十分雅致。

鬓式还有鸦鬓，是把鬓发用油脂、发胶类梳成薄片之状，展开来，两头高翘而向里弯曲，发髻尖而高耸，宛如鸦翅和鸦首，显得特别新奇。南京西善桥出土的一件南朝女俑，就是作鸦鬓打扮。（图 4-10）这似乎和古代以兽角为饰有关。

也有曲鬓，是把鬓发梳理成蝎子尾那样的卷曲之状。南朝画家谢赫就喜欢画梳着这类曲鬓的女子形象，姚最《续画品录》称其写貌人物“丽服靓妆，随时变改。直眉曲鬓，与世事新”。北朝的敦煌壁画也常见这类形象。

还有把鬓发梳理成分叉状的。如敦煌莫高窟第 285 窟西魏壁画中的女供养人，梳平髻，上饰如意形发饰，两边鬓发各分两缕轻盈飘垂，这种长鬓是别有风致的。（图 4-11）

当时女子的额发一般是梳理整齐而覆额，如西晋诗人左思《娇女诗》：“吾家有娇女，皎皎颇白皙。……鬓发覆广额，双耳似连璧。”左思的两个小女儿就是把鬓发覆在额头上，类似于后世的刘海了。

图 4-11　敦煌莫高窟第 285 窟壁画中的女供养人

北齐时，后宫女官八品梳偏髾髻，额发覆至眉。明代杨慎《丹铅录》解释：“其四垂短发，仅覆眉目，而顶心长发，绕为卧髻。宋词所谓‘鬓辮偏荷叶’也。今世犹有之。”可见它直到明代还在流传。洛阳唐墓石刻画中有这种发髻，头上有一个卷起如筒状的卧髻，鬓发和额发都垂下。（图 4-12）

图 4-12　偏髾髻（绘）

垂髾髻一类，在魏晋时有很多样式。如东晋顾恺之《列女仁智图》中的贵妇，高耸的圆髻后垂一缕髾。有的还有双缕、多缕垂髾，或上翘，或下垂，活泼多变。如在西晋画像砖上一幅《贵妇对坐图》中也能看见梳圆髻、垂髾的贵妇人。

（图 4-13）

嘉峪关新城魏晋 7 号墓中画像砖《采桑图》中的女子，正伸手在桑树上采桑，她头梳双圆髻，垂髾，扎发带。（图 4-14）

图 4-13　西晋画像砖《贵妇对座图》

图 4-14　魏晋画像砖《采桑图》

垂云髻，在魏晋时还有流传。如顾恺之《女史箴图》中的一位女子，脑后垂髻，绾一个发结。

当时的男子平时喜欢把头发散开，显得放逸，这大概是《诗经》中“绸直

图 4–15　邓州画像砖中的弄玉

如发”发型的延续。妇女也有梳这样的披肩发的。如河南邓州一件彩绘画像砖上，描绘的是“吹箫引凤”的神话故事：秦穆公的女儿弄玉和爱人萧史都喜欢吹箫，引得龙和凤凰飞来，于是萧史骑着龙，弄玉骑着凤凰，成仙而去。在这件画像砖上，弄玉站在一边，长长的黑发披在脑后，下垂至腰际，配上宽大衣裙，显得十分飘逸。（图 4–15）她的爱人正在画面另一边吹箫，凤凰已经飞来，听得入神。她会在高天上骑着凤凰飞翔，这发缕也就会迎着天风飞扬，像翅膀一样协助飞翔。在汉代画像石和漆画上，也能看见披发的仙人，洒脱自若。所以弄玉梳这样的发型，正和屈原《楚辞·少司命》写的在阳光下晾晒长发的楚地的少司命女神一样，和上元夫人梳三角髻余发披肩一样，和观音菩萨缕缕披散的长发一样，更显青葱、潇洒，无拘无束。

魏晋南北朝时的发饰也很繁复，包括簪、钗、步摇、花钿、梳篦、镊子、玉珑璁等，有不少花样；也簪戴鲜花，甚至在鬓角贴金箔。北魏高阳王“元雍姬艳姿，以金箔点鬓，谓之‘飞黄鬓’”（元代龙辅《女红余志》），后来的女郎也加以模仿。

笄即簪，或叫搔头，三国繁钦《定情诗》有云：“何以结相于，金薄画搔头。何以慰别离，耳后玳瑁钗。”写的是有彩画的搔头，上加金箔纹饰，还有玳瑁制作的钗子，极为精美，于是成为爱人之间美好的礼物。南朝鲍照诗《拟行路难》句："还君金钗玳瑁簪，不忍见之益愁思。"金钗、玳瑁簪都是珍贵的礼物和装饰。

梁武帝《河中之水歌》描写洛阳女儿莫愁的故事："河中之水向东流，洛阳女儿名莫愁。……头上金钗十二行，足下丝履五文章。"那美人莫愁头上插满金钗，竟然达十二行之多，这也许不是夸饰之词，就像商代的雀屏冠饰那样不也是密密插满发笄吗？她嫁入豪门，是富贵无比的了，可是"人生富贵何所望，恨不早嫁东家王！"在金光闪耀之中，她心中始终惦记着那一份珍贵的恋情。

魏晋时的簪钗实物，在湖北鄂州西山吴国墓中出土有金钗、银钗。南京象山东晋王丹虎墓也有金钗、金簪等。在贵州平坝马场的一座东晋墓中，墓主人有二十余支簪钗，出土时全都参差插在主人头上。南京江宁上湖窑场出土一件素净无花纹的金钗。

辽宁锦州晋墓出土一件银耳挖簪，这种附有耳挖的簪子后来称为一丈青。江苏宜兴晋墓出土的一件金钗头，为圆球形，上镂三层花纹，还留下小孔，以嵌宝石。

当时还有一种五兵佩，沈约《宋书》记载，晋惠帝时妇人之饰有五兵佩，又以金银玳瑁之属制作斧、钺、戈、戟作为发笄。1980 年内蒙古西河子出土一件金龙头项链，上缀盾牌、戟、斧等小型兵器作装饰，正是五兵佩的遗存。南京东晋王丹虎墓出土的一件金笄，就作斧钺之形。（图 4–16）

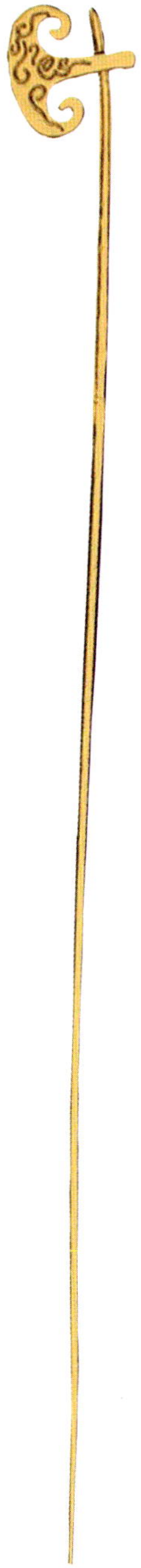
图 4–16 斧钺形金笄

繁杂的发饰看多了，魏文帝时的宫女段巧笑别出心裁，绾好髻后，用一支金质圆顶簪插之。文帝见而曰："元云黯蔼兮，金星出。"（见《女红余志》）圆顶簪就像黑云里的一颗闪烁的金星，这就是简洁美了。

为了支撑发髻，当时出现了很多奇特的发钗，或形如叉，或弯曲。有叫盘桓钗的，钗身盘绕；有叫环钗的，以金银条为圆环，竖于头顶，外编头发，贵州平坝马场南朝墓有出土。

有一件金雁钗，为辽宁北票喇嘛洞三燕墓地出土。钗首上缀一只小巧的大雁。（图 4-17）大雁是佳禽，古代用来象征男女婚约之信，举行婚礼时男家要赠大雁给女方。

图 4-17　金雁钗

花钗在当时很流行。梁代沈约的《少年新婚为之咏》写道："罗襦金薄厕，云鬓花钗举。"新娘子头上也少不了花钗。梁代费昶《华光省中夜闻城外捣衣》说："鬓插九枝花。"山西大同出土的司马金龙墓漆画屏风上，娥皇、女英梳十字形缓鬓倾髻，插一圈花钗。

凤钗在当时也很受珍视，并发展为凤冠。晋代王嘉《拾遗记》说石季伦有宠婢翔风，善于鉴别玉石，石季伦命她"调玉以付工人，为倒龙之佩，萦金为凤冠之钗"，就是在玉上刻倒龙，用黄金铸成凤钗，制成凤凰之冠。这是凤冠的最早记载。

女子还戴金爵钗等首饰。顾恺之《女史箴图》中仕女头上成对插的钗子，就有小小的弯钩，恰如一只只写意的小鸟雀，还在上边粘着羽毛，这就是制成爵（雀）形、以翠羽为羽毛的金爵钗，其实也似步摇。（图 4-18）这成对的鸟儿是爱情的象征，是对商周时代笄簪的继承。才高八斗的诗人曹植作《美女篇》，描写一位采桑的美女“头上金爵钗，腰佩翠琅玕”，金爵钗和翠玉佩一起装点着美丽的女郎。诗人傅玄《有女篇》诗句则说：“头安金步摇，耳系明月珰。珠环约素腕，翠爵垂鲜光。”这位美女的首饰可谓极盛，既有黄金步摇，又有披垂着翠羽的金爵钗，互相错落。

图 4-18 《女史箴图》中的金爵钗与垂云髻、椭圆高髻垂髾

步摇在魏晋时仍是与汉代一样连缀着花叶之类。沈约的孙女范靖妻《咏步摇花》诗道：“珠华萦翡翠，宝叶间金琼。剪荷不似制，为花如自生。低枝拂绣领，微步动瑶瑛。但令云髻插，蛾眉本易成。”在步摇上饰以翡翠羽、珍珠花、金玉制的宝叶，或剪成荷花缀于枝上。与甘肃武威、高台发现的两件东汉、魏晋时的金步摇大略相似，整体宛如一朵鲜花。这种步摇花，类似于后世的珠花之类。

辽宁朝阳田草沟发现有西晋步摇，缀金叶于上，戴在头上作冠饰。（图 4-19）

辽宁北票的北燕冯素弗墓也出土有金步摇，用两块金片交叉绕成头冠之梁架，缀一个黄金镂空蝉纹牌饰（即金珰。原物并不相连在金片上，属于想象复原），上有金质小扁球、小碗，伸出六根枝条，上缀可以摇动的金叶，通高约25厘米。（图4-20）

北票房身2号前燕墓也出土有两件步摇，大件的高28厘米，在金质镂空牌饰（金博山）上饰以十多条枝丫，上缀许多片金叶。小件的也基本与之相同。它们与冠一样，可戴在头上，或就是后世说的步摇冠。

内蒙古达茂旗西河子北朝墓也出土有多件步摇，基座作牛头、马头形，上伸出分叉鹿角，缀以多片金叶。（图4-21）这是天鹿之类的神兽，可能和汉代皇后的六兽步摇有关。

图4-19　朝阳田草沟出土花树状步摇

图4-20　北燕冯素弗墓金步摇

图4-21　西河子北朝墓鹿角形金步摇

图 4-22 金透雕镶嵌花蔓飞天饰片

东魏茹茹公主墓出土有冠饰，包括几十件心形小摇叶。还出土了金透雕镶嵌花蔓飞天饰片（北朝考古博物馆藏），饰片仅仅十厘米宽，以金框花朵、花蔓镶嵌各色宝石、珍珠、琥珀等，配以飞天、莲花童子形象。（图 4-22）莲花童子即莲花化生童子。随后隋代萧皇后冠上有小童子，唐代李倕冠上有小舞人和小摩睺罗，裴氏冠和金乡县主冠在花朵间也装饰小人形，皆由莲花化生童子发展而来，为祈求子嗣繁衍之意。一直到后世还有的冠上装饰童子之形，如清代林苏门《邗江三百吟》中有说及。

也有簪珥的图像，如北魏司马金龙墓的漆画屏风上周太姜、大舜后母像就是。

妇女们也戴胜，或把纸帛剪成人形，叫作人胜，纪念正月初七女娲造人的日子。后来也有在立春日戴剪彩燕子，象征春天到来。南朝梁宗懔的《荆楚岁时记》载人日："剪彩为人，或镂金薄为人，以贴屏风，亦戴之头鬓。又造华胜以相遗。……立春之日，悉剪彩为燕以戴之……帖'宜春'二字。"后来立春也戴纸、绢、银等制的春胜，有旗幡、春燕、春鸡等状。

花钿，制成花瓣或花朵之形。梁代何逊《咏照镜》："羽钗如可间，金钿畏相逼。"女郎头上满插钗和花钿，金光灿烂，在镜子中交映，是那么美好。南京东晋墓出土有金钿，为六瓣形金花，花瓣上还布满了细小金粟。

镊子也有金镊、花镊、宝镊等，可见当时镊子上的装饰花样很多。王粲

《七释》说："戴明中之羽雀，杂华镊之葳蕤。"写的是布满花纹的镊和雀钗一起成为装饰。梁代江洪《咏歌姬》也说："宝镊间珠花。"

南北朝时有一种玉珑璁，是以金银制成的头箍，上面插饰珠玉花朵。太原北齐娄睿墓出土有金片框成的饰片，或即玉珑璁，上嵌珍珠、蚌壳、琉璃、玛瑙、蓝宝石、绿松石等组成的花卉，极臻精致。（图 4–23）珑本是古代的玉名，可能此器和珑相似，所以用此命名。

图 4–23　北齐娄睿墓中的玉珑璁

《妆台记》记载梁简文帝有"同安鬟里拨"的诗句，并解释说："妇女理鬟用拨，以木为之，形如枣核，两头尖，尖可二寸长，以漆光泽，用以松鬓，名曰鬓枣。"这也是簪的一种，和传冯贽撰《南部烟花记》所载隋炀帝时的歌女朱贵儿"插昆山润毛之玉拨，不用兰膏而鬓鬟鲜润"相合，可见还有玉拨。

妇女簪戴的鲜花种类很多，南朝鲍令晖《石城乐》有诗句："阳春百花生，摘插环髻前。"梁代张隐《素馨诗》有句："细花穿弱缕，盘向绿云鬟。"南方盛产茉莉花、素馨花，把它们用丝线穿起来，盘绕在发髻上，直到今天还受到女子们的喜爱。《中华古今注》记载北周时已经有了通草朵子，就是用通草制作的假花，也叫作鬟花，也有用布帛制作的。晋惠帝时有通草五色花。

图 4-24 龙门石窟《帝后礼佛图》（局部）

历代妇女喜欢戴的莲花冠，在洛阳龙门石窟宾阳中洞的大型石浮雕图像《帝后礼佛图》中已经出现。图中反映了北魏皇室礼佛的情景，其中，雍容华贵的皇后、贵妇在仕女们的簇拥下前进，衣衫飘飘，仪态婀娜。最吸引我们的自然还是皇后和贵妇头上戴着的莲花冠，用多重花瓣缀成，恰似一朵荷花苞蕾初绽，清新优美。（图 4-24）还有下垂的卷翘起来的装饰置于脸部两边，这就是后世说的博鬓，隋代萧皇后冠也有类似的装饰。这种莲花冠，就是先秦、秦汉时代芙蓉冠子的留存，是由三星堆青铜塑像所戴的莲花冠、先秦贵族所戴的花形皮弁演化而来的，当佛教传入后，又受到佛教视莲花为圣洁之花的影响。所以它深受人们喜爱，在中华大地上流传了一千多年，直到明清还出现在仕女画里。

魏晋六朝时有一些女冠，如如意冠，敦煌莫高窟第 285 窟西魏壁画的女供养人就有戴的，在束发箍上加一个上耸的如意形发饰，也许用金属制作而成。

佛教传入中国后，佛经中记载的菩萨的发型、发饰也随之传来。敦煌莫高窟中有戴日月冠的菩萨，冠上饰新月，月中托圆日，这是由波斯萨珊王朝传来的装饰。直到元代永乐宫壁画中的仙人还有在冠上饰新月形的。萨珊王朝年代相当于我国两晋到唐初，对菩萨的冠式有一定影响。

菩萨头上多戴着精美的头冠，《华严经》有“菩萨天冠宝璎珞”的描述。天冠制作精美，冠两侧垂下的丝带叫作宝缯，也是菩萨冠常用的美好装饰。据《观无量寿佛经》描述，观音菩萨头上戴的天冠使用摩尼宝（直译为如意宝珠）制作，天冠中有一立化佛。还有七宝冠和百宝冠的说法，都是形容冠上的宝饰之多。

大势至菩萨的天冠，据《观无量寿佛经》记载：“此菩萨天冠有五百宝花……顶上肉髻如钵头摩花，于肉髻上有一宝瓶。”她的画像多作头戴五朵莲花冠代表五百宝花，其中两朵为花蕾，两朵花蕊伸出花外，垂于两耳，犹如流苏。肉髻上则画一只宝瓶。

其他菩萨的天冠形制不太一样，花纹多变。但早期的天冠多是环状，上加花纹装饰。在北魏时开凿的大同云冈石窟中的文殊菩萨就戴着天冠。第 18 窟中石雕菩萨的天冠最精美，正侧各镶三个圆形，圆圈之中刻着一圈圈连珠纹，或是表示宝珠。圆圈之间刻着花瓣纹，正中圆圈中还刻着一尊小佛像。

云冈石窟中的菩萨冠上装饰花朵、线条、三角纹等很常见。也有戴花鬘冠的，以多朵小花串成。据唐代慧琳《一切经音义》载：“五天俗法，取草木时花，晕澹成彩，以线贯穿，结为花鬘。”在敦煌莫高窟早期壁画中，菩萨多以鲜花编结成冠。洛阳龙门石窟古阳洞正壁左侧的一尊菩萨也是戴花鬘冠。

山东青州龙兴寺的一件石雕菩萨像，头绾发髻，戴发箍，垂下蓓蕾形饰物，两侧有宝缯垂到耳际，比较朴素。

南京石子岗出土有南朝的女俑，用头巾包着发髻，似是宽大的帽子，可见当时用巾包头很流行。山西大同北魏宋绍祖墓出土的一件女俑，梳着高髻，扎着包巾，额间有扎带，巾子垂到肩部，也是一例。

女子也有戴男子的笼冠的。笼冠用漆纱制成，是侍臣和武官所戴。北魏时期的一件戴高高的笼冠的女俑，别具风姿。

魏晋时的女帽和男子的差不多，如风帽，男女都戴。合欢帽，陆翙《邺中记》载后赵皇帝石虎出猎喜欢戴金缕织成的合欢帽。这是一种以两片或四片锦制成的帽子，后有帽裙，是风帽之制，女子也有戴的。

魏晋女子的发型、发饰，在大画家顾恺之的《女史箴图》中有很好的体现。图中有一位女郎，正坐在榻上，披下一头青丝，由梳垂髾髻的女伴给她梳理发髻，这是仕女画中最早的梳发情景的描绘。旁边一位女郎揽镜自照，梳如盘轮一般的发髻，类似于汉代缕鹿髻。（图 4–25）图中的女郎们还有梳垂云髻的，垂在脑后，加两个圆鬟；还有在头上插金爵钗以为装饰的，都显得仪容俊逸。

图 4–25　《女史箴图》（局部）

第五章

鬟云高耸缀花钿：隋唐五代时期的发型、发饰

隋唐时期国家强盛，文化发达，风气开放，隋唐仕女们是美艳的、充满自信的，发型、发饰也是千变万化的，就像坦荡无羁的女儿的心，发型喜欢高大，发饰喜欢繁丽，以此来抒发自己关于爱情、春天和天堂的幸福梦想，还有难以言说的一丝丝惆怅。所以这一时期有无数样式的发髻，无数神仙瑞兽、奇花异草的纹饰，奇光闪烁的珠宝，装点在发髻上。佛教、道教的思想都有所体现，拥有华丽妆容的佛教菩萨、道教玉女都是盛装的现实女郎所幻化。少数民族和外国的发型、发饰也都被她们大胆吸收。在继承汉晋的基础上融合了外来文明，展示了博大的风范。这是元气充沛的年代，只有这样的放纵才能拥有这么多的美，只有这样才令后代无数的女子艳羡。

到五代之时，仍然有这种余风，只是南唐等小朝廷统治下的发型、发饰已无法与盛唐风范相比了。

隋代皇后，《隋书》载“首饰花十二钿，小花毦十二树，并两博鬓”，皇后首饰花为十二钿、花毦十二树，以合天子的冕旒十二之数，并配礼服袆衣。隋炀帝的萧皇后，葬于扬州曹庄，其墓中发现一顶礼冠，上缀花树、宝钿、博鬓。花树有十三组，与文献记载的十二树相差不大，都有螺旋的弹簧状柄，缀十三朵镏金铜箔花朵，还饰以小人形、叶子；可如步摇般摇动，也是模拟汉代步摇之意，但制作的技巧更高一筹。又有十二枚水滴形宝钿，上嵌玉、螺钿嵌成的花朵，周绕以珍珠。两件博鬓也有类似之饰。此冠经过学者们复原，光彩夺目，满头花树摇曳。

唐朝皇后，《旧唐书》载其礼服袆衣也是配首饰花十二树、两博鬓。皇后亲蚕的礼服为黄罗制的鞠衣，会客的礼服为杂色制的钿钗礼衣，配十二钿。皇太子妃也是三衣，配首饰花九树、九钿。《新唐书》又载，亲王妃的婚服叫花钗礼衣，当亦如此制。妃子、命妇等发饰则按照等级依次减少。《唐六典》又载，六品官以下娶妻嫁女也用花钗礼衣："其钗覆笄而已，其两博鬓任以金、银、杂宝为饰。"民间婚嫁也用花钗礼衣："庶人女嫁则服之。钗以金、银涂，琉璃等饰。"

这样，女子头上就簪满金质花树、钿、博鬓。连两边鬓发也精心梳理，包住耳朵。这是贵妇的象征，是盛唐的风范。

类似于萧后冠的唐代礼冠实物，已经发现的有湖北郧阳李泰（唐太宗之子，封濮王）的王妃阎婉墓中冠、陕西咸阳蜀国公夫人贺若氏墓中冠、西安阎识微夫人裴氏墓中冠、西安金乡县主墓中冠，都饰有花朵、珠子、叶子之类，虽都已散落，也可见略似花树、花钿之形。裴氏冠上还有类似的博鬓。裴氏冠、金乡县主冠还在花朵上缀小人，当有祈求子嗣繁衍之含义。

这类冠或加上凤鸟形饰件、凤钗，也就成了凤冠。

到中唐后，这类花树或代以花叶状的钗。《唐六典》载，六品官以下娶妻嫁女用花钗礼衣，这里的花钗当即此类。直到五代时期，敦煌壁画中的贵妇人头上还能看见这些头饰。如敦煌莫高窟第 9 窟的女供养人，头上饰梳子、花钿，发髻上插着多支簪子、八支花叶状的钗。

第 61 窟的贵妇曹氏，两鬓抱面，戴着桃形冠，插着花叶状金钗与镶嵌宝珠的如意簪多支。（图 5-1）贵妇宋氏像也有类似头饰，其中四支金钗还垂下金玉和珠宝步摇。敦煌藏经洞发现的绢画中的女供养人也有这类头饰。

图 5-1　敦煌莫高窟第 61 窟曹氏像

第 108 窟的女性贵族供养人，头上也装饰着多支簪、钗、梳子，金碧辉煌。第 156 窟的《张议潮夫人出行图》，夫人头上饰钗九支，等级又更高一些。

《髻鬟品》记述“隋文宫有九贞髻”，此发髻是什么样子已经难以考证。又记：“炀帝宫有迎唐八寰髻，又梳翻荷髻、坐愁髻。”前者指发髻上有八鬟。翻荷髻则指一种卷曲的发髻，形如翻开的两片荷叶，西安市郊发现的一件隋代女俑头上就是这种发髻。

还有坐愁髻，徐士俊《十髻谣》说它是“江北花荣，江南花歇。发薄难梳，愁多易结”，似是多个结状的发髻，反映了哀愁的姿态。

《续髻鬟品》则记述当时有朝云近香髻。周锡保先生认为这是三重发髻，如湖北武汉周家大湾出土的一件女俑，头梳三重云髻，额发剪平，可能便是此类。同墓还有一件女俑，发式是把发股穿插，形成发鬟垂挂在脑后。

也有把发股回旋盘绕在头顶的，如安阳发现的隋代张盛墓的几件弹奏琵琶等乐器的女俑，就是如此。（图 5-2）

图 5-2　隋代弹奏琵琶的女佣

隋代宫人的头饰，如《中华古今注》载隋炀帝令宫人当暑戴通天百叶冠子，插瑟瑟钿朵，皆垂珠翠，配紫罗帔等，叫作仙飞。这百叶冠子或许就是由重重叠叠的花叶制作的；瑟瑟，有说是宝石（或说即绿松石，有碧蓝、碧绿色），有说是代指碧蓝或碧绿色，都可通。在花冠上插着宝石花钿，还装饰着累累珍珠、翠羽，再配上紫罗帔带，多么华丽，真的就像是人间的仙女翩翩若飞，这倒也是崇尚奢华的隋炀帝宫中所应有的。

敦煌莫高窟第 276 窟隋代壁画中的一位飞天，头上以帛巾扎出四个花瓣展开之状，颇具仙气。（图 5-3）

图 5-3　隋代壁画中的飞天

唐代妇女的发髻则更繁丽，会用假发搭配出各种样式，配上各类首饰。敦煌发现的记录唐代日常生活事物的字书《俗务要名林·女服部》即载假髻、髲（假发）

与鋜（小钗）、步摇；同类字书《杂集时用要字》则载有栊头花、旋风花、两支花、钿掌、月掌、牙梳花、扇等。

唐代女子既继承了前代的高髻、灵蛇髻、盘桓髻、云髻、鬟髻、蝉鬓等，也创制了不少新样式。她们以头发浓密、发髻高耸为美，让人把注意力集中到头上，梳出各种高髻。这样的风气，连唐高祖李渊也感到奇怪。《旧唐书·令狐德棻传》记载他曾向令狐德棻询问“妇人髻竟为高大，何也？”令狐认为人的头部最重要，把发髻梳得高大也有道理。后来的皇帝也曾下令禁止高髻，如文宗时下令“禁高髻、险妆、去眉、开额”等，高髻流行却依然如故。著名的周昉的仕女画《簪花仕女图》上，几名穿着纱衣的仕女都是梳着高髻，这种高髻在唐代叫作峨髻，高可达一尺以上，还配以牡丹、莲花等鲜花或绢花，尽显女郎们的雍容华贵，还带着一丝慵倦之态。（图 5-4）

图 5-4　周昉《簪花仕女图》中的峨髻

有时峨髻还要配上发鬟，显得更有变化。唐代康骈《剧谈录》的《玉蕊院真人降》记述长安城中的唐昌观，玉蕊花开，洁白如雪（玉蕊花大概是今天的白玉兰），引得仙人出现："有女子年可十七八，衣绿绣衣，乘马，峨髻双鬟，无簪珥之饰，容色婉约，迥出于众。"这位仙女没有佩戴首饰，只是穿绿色绣花衣，梳着高高的峨髻，脸颊两边还垂下两个发鬟，是纯净的素雅之美。她身边跟随的侍女都是草髻黄衫（草髻大概是草草绾成的不很整齐的发髻）。女仙下了马，用白角扇遮着脸，赏花、折花，然后纵马飞天而去。

到了晚唐，诗人元稹有"髻鬟峨峨高一尺，门前立地看春风"之句，写的则是女伎们在门前展现自己发鬟的情景了。

唐代时椎髻还在使用，或梳在头顶，直耸而上，由发股缠绕而成。在洛阳关林唐墓中出土的一个女陶俑就是这类发式，似乎是乌蛮发髻的变形。

图 5-5　李宪墓壁画上的椎髻

有一种圆鬟椎髻，是从西域传来的，中唐时非常流行。白居易《时世妆》诗有句云："圆鬟无鬓椎髻样。"《新唐书·五行志》载："元和末，妇人为圆鬟椎髻，不设鬓饰，不施朱粉，惟以乌膏注唇，状似悲啼者。"这是椎髻而又加圆鬟的样式。还有椎髻而加双垂鬟的，是少女的发型。

也有把椎髻前倾在额前的，如唐代李宪墓的一幅壁画上就是，椎髻以红帛带系结。（图 5-5）也有绾在脑后的，随意变化。如敦煌藏经洞出土的一幅女供养人像，尖状椎髻梳在脑后，头上插一枚半月形梳子，两边各插一支长簪为饰，十分简洁。同时出土的五代绢画《千手千眼观音图》上的一位女供养人，梳一个绾在脑后的椎髻，配插花钿、花叶形钗、白角梳，左右各插两支长簪，显得更加华丽。（图 5-6）

图 5-6　敦煌藏经洞女供养人像

唐代有半翻髻，《髻鬟品》载："高祖宫中有半翻髻。"这是一种把头发向上梳再倒卷下来的高髻。西安长安区南里王村的唐墓壁画中有梳这类发髻的仕女。（图 5-7）西安博物院藏女陶俑也有此类发型。梳理时是把头发集在头顶，用帛带束住发束，再朝前或朝后翻绾。有的还梳成双髻后翻之形，又叫双刀半翻髻。有的头发很长的女子，还会梳理成半翻髻后再把长长的余发垂挂在脑后。这种发髻很有高耸峻伟的气概。

图 5-7　唐墓壁画中的半翻髻

还有交心髻，《杨太真外传》记载唐玄宗梦见了一位龙女，请她演奏音乐，龙女"容貌艳异，梳交心髻，大袖宽衣"。交心髻的梳法是把头发分为两股，交叉盘绕而成。如永泰公主墓壁画的一位女郎就是梳

图 5-8 永泰公主墓石椁线刻画交心髻（绘）

交心髻。（图 5-8）

上元夫人梳的三角髻，在唐代也很流行。李宪墓壁画中有一位女官，呈侧面姿态，可见到她头梳三角髻，背后有余发散垂，用帛带系着。李贤墓壁画中的女官也有梳高耸的三角髻的，但是发髻式样微有扭转。敦煌藏经洞的绢画中也有菩萨梳三角髻，再用珠宝围饰。

也有一种三角髻，类似于宋代苏汉臣《冬日婴戏图》里女孩子梳的发型。女子把头发分为四组，一组任其下垂于脑后，一组编髻后垂于额前，其余两组编髻后垂于耳边。洛阳涧西谷水唐墓出土一件女陶俑，就是这样梳髻的。

唐代仕女还喜欢吸收少数民族文化来创新发髻形状。除了前述的圆鬟椎髻，还有回鹘髻，吸收的是回鹘妇女的发髻式样。按照《新五代史·回鹘传》记载："妇人总发为髻，高五六寸，以红绢囊之；既嫁，则加毡帽。"在敦煌榆林窟五代壁画上有《回鹘国圣天公主曹夫人》画像，夫人头戴桃形金冠，冠下露出红绢。一旁的一位侍女未戴冠，露出以绢系束的回鹘髻来。这种发髻在西域流行已久，最早在北魏时的佛教绘画上就有，进入唐代，它更是受到中原女子的欢迎。李贤墓壁画《观鸟捕蝉图》中的两位宫女，头上梳的正是回鹘髻的式样。（图 5-9）李宪墓中的女陶俑，也有的梳两个高耸的圆髻，下以缯束，似是由回鹘髻变化而来。

高而尖的乌蛮髻，是唐代仕女吸收南方少数民族女子发型创造的。清代方

图 5-9　李贤墓壁画《观鸟捕蝉图》

亨咸《苗俗纪闻》载：“妇人髻高一尺，膏以脂，光可鉴人，婀娜及额，类叠而锐，倘所谓乌蛮邪。”《太平广记》引唐代袁郊撰传奇小说《红线》，写英姿飒爽的女侠红线，“梳乌蛮髻，贯金雀钗”。乌蛮髻高而尖锐如剑，比较利落，符合红线作为剑侠的性格。她再插上一支金雀钗，又别具女儿家的娇媚。

有一种发髻，把头发聚在脑后，梳成一个心形发结搭在额前，两鬓抱面，

图 5-10　中堡村墓唐三彩俑

图 5-11　榆林窟水月观音图（局部）

显得特别俏丽，今人称为心字形髻。唐代李宪墓石椁上就刻着梳这种发髻的少女，头上还戴着花。西安中堡村唐墓出土的两件少女三彩俑也梳这类髻。（图 5-10）它或许就是同心髻，和少女的身份相称，借以表达美好的愿望。《十髻谣》中说同心髻："桃叶连根，发亦如是。苏小西陵，歌声相似。"引用晋代王献之和爱姬桃叶相亲相爱，以及西泠桥畔的女郎苏小小追求爱情这两个典故，述说同心髻的含义。

唐代有一种危髻，唐代苏鹗《杜阳杂编》记载："大中（唐宣宗年号）初，女蛮国贡双龙犀……其国人危髻金冠，璎珞被体，故谓之'菩萨蛮'。当时倡优遂制《菩萨蛮》曲。"女蛮国的女子们梳危髻，戴金冠，危髻可能是一种高而倾斜的大发髻。

唐五代的观音等菩萨图像，多作高发髻，戴天冠。天冠大小、花饰各异，还总能看见菩萨的脑后有长长的余发缕缕披下，微带卷曲，既像飘洒的细雨，又像柔媚的云浪。如敦煌莫高窟第 71 窟的思维菩萨、榆林窟的水月观音就是如此。（图 5-11）从五台山佛光寺的唐代菩萨彩塑像，到山西洪洞广胜寺的元代菩萨塑像、北京法海寺明代壁画中的水月观音，再到清代女画家金礼嬴绘的《观音像》(图5-12)、现代张大千所绘的观音等，也无不是把微微卷曲的一头秀发披在肩上。她的容貌是那么美丽，更因为有了这一肩秀发，她看上去就像是人间的可爱少女一般。

图5-12　金礼嬴《观音像》

有时候，画中人还飘然起舞，让缕缕发丝随着舞步飞扬。如敦煌莫高窟第220窟的壁画，两位舞女戴着宝冠，手持飘带起舞，她们的披肩长发也随着回旋的舞步旋荡。

唐代女子为了使发髻更加高大，还制造了假发髻，叫作义髻。这是由汉代的帼发展而来的，用木或纸制作，用时往头上一戴就行。如新疆吐鲁番阿斯塔那墓出土了一顶糊纸且加以彩漆绘画的假髻，类似于峨髻。阿斯塔那张雄墓也出土了一顶类似于半翻髻的假髻，

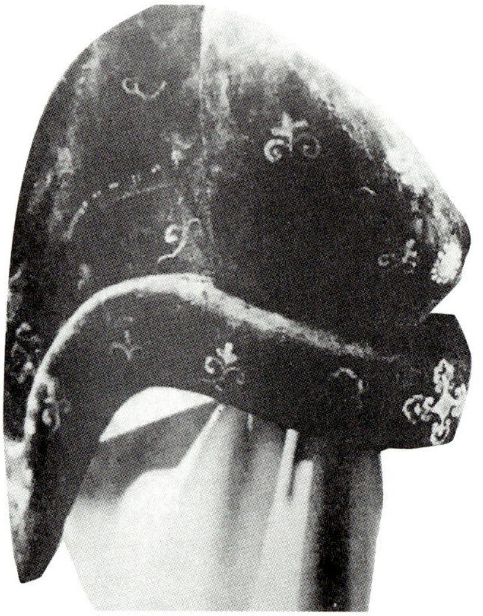
图 5-13 张雄墓假髻

以木为骨，外加黑漆，再绘白色忍冬花纹，底部有小孔，孔内还有铜锈，显然是张雄的妻子生前使用的，以铜钗固定。（图 5-13）同墓还出土了一件女陶俑，头上戴类似于三角髻的尖状假髻，也绘有花纹。洛阳金村出土的盛装打扮的女陶俑，也是戴着义髻，上边画着金色花纹。

据北宋初乐史撰的小说《杨太真外传》载，唐明皇的宠妃杨贵妃就爱戴这种义髻，"常以假髻为首饰"。李宪墓石椁上刻着一位女官，头上戴着高耸的尖形假髻，边沿缀以密密的宝珠，还画着小花朵，用发簪和小髻连接在一起，再加插一把半圆形小梳。余发散垂而下，向内卷曲，丝丝不乱。西安韦顼墓石椁线刻画上的仕女，也戴有缀宝珠、花叶的类似半翻髻的义髻。唐代的婀娜风流，唐代的隆盛声势，通过这些女郎头上的风光，也宛然出现在眼前！

《髻鬟品》记载贞元间有闹扫妆髻，明代《夜航船》载："唐末宫中髻号闹扫妆，形如焱风散鬈，盖盘鸦、堕马之类。"唐代张氏女有"鬟梳闹扫学宫妆"之句。明代胡应麟《少室山房笔丛》卷二一说它是"合众宝杂缀而成"。孙机先生指出唐宋时闹扫妆有用杂宝装饰、喧闹炫耀之意。这类发髻应是随意盘绕成小发髻，发鬟作重叠向上、侧横之状，发上又加宝石、珍珠之类装饰，看似凌乱，却别具亲切的韵味。徐士俊《十髻谣》说它是"随意妆成，是名闹扫。枕畔钗横，任君颠倒"。这也是闺房中的女子梳的不很正式的发型。

又有盘鸦髻，是把头发盘起来，比较蓬松，显得慵懒。

丛髻，是在头上梳许多小发髻的发式，类似于闹扫妆髻。王谠《唐语林》载："唐末妇人梳髻，谓'拔丛'。以乱发为胎，垂障于目。"诗人王建的《宫词》云："玉蝉金雀三层插，翠髻高丛绿鬓虚。"这种髻丛丛叠起，又重重簪插，展现了层层金玉映衬的华丽光彩。这不是春日里的花丛，这是灵巧的女儿头上盛开的花瓣，是女儿的心花怒放。唐代周昉《内人双陆图》中绘几位进行双陆游戏的仕女，其中两位就是梳高高的丛髻，错落有致，上面插着几枚梳栉，正是王建诗意的写照。（图 5–14）

图 5–14 《内人双陆图》（局部）

百叶髻，元稹《梦游春七十韵》诗有句“丛梳百叶髻”，是一种分出很多小发髻的发式，有丛髻的特点，但又与丛髻分出层次不同。如西安郭家滩张堪贡墓出土的一件女陶俑，是把黑发分作数股，由头顶向周围散射开来，确实像一丛叶片。

女童梳的双丫髻，在唐代也有变化。如武昌出土的一个女童像，从脑门上向两边伸出双丫。西安长安区韦兆村出土的女童俑，从头顶向两边伸出双丫。厦门大学人类学博物馆的一件唐俑，双丫如银锭之形状，分列在脑袋两边。

图 5–15　李爽墓壁画中的双鬟望仙髻

唐代鬟髻很流行。李贺的诗《美人梳头歌》写到美人的发型竟有十八鬟之多。少女常梳双鬟髻，出嫁后才梳高发髻。白居易《井底引银屏》诗有“婵娟两鬓秋蝉翼”“暗合双鬟逐君去”的句子，写那情窦未开的女孩，梳着双鬟蝉翼；一旦遇到令她倾心的少年，就把双鬟合拢，梳成一个发髻，和爱人一起，走向新的生活。在古代的壁画上也能看见梳双鬟的少女。

少女也有作高髻而两边梳双鬟的，叫作双鬟望仙髻，可能是从《洛神赋图》中那一类双鬟发展而来的，但此种双鬟更圆一些，是表示仙女身份的髻，也是舞姬比较喜欢梳的。未婚少女也梳这种双鬟，更显得活泼伶俐。《妆台记》载：“开元中梳双鬟望仙髻。”其实这种发髻在隋代就已经出现。西安唐代李爽墓壁画绘的一名少女，也是梳这种发髻。（图 5–15）湖北武昌 114 号唐墓出土的一件女陶俑梳的是双鬟髻。它的式样是高鬟顶于头上，双鬟垂于脸两边，也有把双鬟垂在脑后的。

也有低鬟髻。王建《白纻歌》诗："低鬟转面掩双袖，玉钗浮动秋风生。"少女在王宫中起舞，她低垂的双鬟随着舞步转动，发际间簪插的玉钗也隐约闪现着光彩。

还有梳四鬟髻的，是在两个大鬟中又梳两个小鬟，套在一起。唐代女俑有此类髻。

一般在鬟髻上都要加饰物。"丽人绮阁情飘飖，头上鸳钗双翠翘。低鬟曳袖回春雪，聚黛一声愁碧霄。"这是韦应物《长安道》诗中描写的盛唐佳人。她行走在华丽的闺阁里，心旌摇荡，她是思念远方的爱人，还是悲叹自己青春不再而爱人未曾出现？她把象征爱情的鸳鸯钗和双翠翘插上鬟髻，来表述自己的心事。这里边诉说的心事是美好的，又是令她哀愁的。

还有的把假发充进大鬟，鬟中有金属丝骨架支撑，叫作梁，并插上花钿、簪钗等，极为华贵。诗人段成式作的诗《柔卿解籍戏呈飞卿》就咏及这种发型。柔卿原是一位歌伎，和段成式的好友温庭筠（字飞卿）相恋，但是好事多磨，柔卿身份特殊，无法和温庭筠相聚。经过一番努力，柔卿才得以脱离歌伎之籍，和温庭筠长相厮守。所以段成式写诗祝贺。诗里描述柔卿的发式和装扮说："出意挑鬟一尺长，金为钿鸟簇钗梁。郁金种得花茸细，添入春衫领里香。"这位美丽的女子，头上有一尺多宽的大鬟，戴金质的花钿和鸟雀形钗，柔薄的春衫中又透出融融馨香……

这么大的发鬟，也不是诗人的夸张。西安鲜于庭诲墓、长武张臣合墓等处出土的穿古式袿衣的唐三彩女俑，头上就梳双鬟髻，大鬟宽达一尺多，我们可以从中想见千百年前那位歌伎柔卿的魅力，感受到唐代女子不凡的胸襟。（图5-16）

图 5-16　长武张臣合墓女舞俑

图 5-17　唐代女舞俑

唐代女俑中，还有在大发鬟上装饰大鸟雀的，别具风采。（图 5-17）

“双鸾开镜秋水光，解鬟临镜立象床。一编香丝云撒地，玉钗落处无声腻。纤手却盘老鸦色，翠滑宝钗簪不得。春风烂漫恼娇慵，十八鬟多无气力。”这是李贺写的《美人梳头歌》的句子，描写慵懒的少妇在镜前解开黑鸦色的头发，浓密的黑发带着发香撒垂下来，直落到地上。她的纤纤素手梳理黑发，缓缓盘结成鬟，那发鬟竟有十八鬟之多。

反绾乐游髻是唐高祖时所流行的，乐游原是唐代的风景胜地。徐士俊《十髻谣》说它是“乐游原上，草软如绵。婀娜鬟多，春风醉眠”，可能是多个反绾的鬟髻。顾况《险竿歌》：“宛陵女儿擎飞手，长竿横空上下走。……翻身挂影恣腾蹋，反绾头髻盘旋风。”这种头髻要集发为一股，由下到上反绾，再用头绳固定起来，以便于激烈的运动。如湖南长沙唐墓的一件女陶俑就梳此类发髻，和宫廷中的反绾乐游髻似乎不同。

低髻、小髻，唐代还在流行，少女们都爱梳。温庭筠《郭处士击瓯歌》有“侍女低鬟落翠花”之句。罗虬《比红儿诗》说：“轻梳小髻号慵来。”各种小髻有小而圆的，有平卷的，有梳成两个稍高的小鬏再合并的。

隋唐的偏髻也叫侧髻，如隋代卢思道《后园宴诗》咏舞姬：“纤腰如欲断，侧髻似能飞。”唐代岑参《敦煌太守后庭歌》：“美人红妆色正鲜，侧垂高髻插金钿。”偏髻也是堕马髻之类的高髻，侧向一边，似如飞动，如唐人《纨扇仕女图》中一位仕女所梳。在唐代女俑头上也可见到。《中华古今注》载“太真偏梳朵子”，也指侧偏的发型。

堕马髻则梳成似堕不堕、向一边伸出的模样，和前代的堕马髻有所不同，唐代仕女们骑马时最喜欢梳此种发型。描绘杨贵妃的姐姐虢国夫人、韩国夫人和侍女们出行游玩的《虢国夫人游春图》，里边的虢国夫人与韩国夫人梳的就是这种堕马髻，可以想象她们穿着绮罗衣裳，骑着骏马前进时，这发髻摇摇而颤不尽的风流。（图 5-18）

图 5-18　张萱《虢国夫人游春图》（局部）

唐代《宫乐图》中女子所梳的堕马髻有所变化，是绾一个高髻，然后垂向一边，再加上小梳和珠饰，显得慵懒可爱。（图 5-19）李颀《缓歌行》中有“二八蛾眉梳堕马”之句。由于有秦罗敷梳倭堕髻的诗句，所以诗人韦庄《晚春》诗又称它为秦氏髻，有诗句说：“峨峨秦氏髻，皎皎洛川神。”和它类似的是抛家髻，把发髻向前抛出。

唐代垂髻多为少女所梳，耳边垂下两个辫髻，扎以红绳。唐代《内人双陆图》中一个扶着贵妇人的侍女（图 5-20）和《调琴啜茗图》中的侍女（图 5-21）都是梳的这种发髻。

敦煌莫高窟第 17 窟壁画中有一幅近事女像，画的是侍奉高僧的侍女，发型则作两边的鬓发垂下而翘起之状，更显得活泼。（图 5-22）吴道子的《送子天王图》中，一位小侍女的发髻向后翘起。张萱《捣练图》中画有一位扇火的少女，两边耳侧垂下两个圆形小发球。（图 5-23）而那钻在练下做游戏的一个

图 5-19 《宫乐图》中的堕马髻

图 5-20 《内人双陆图》中的垂髻

图 5-21 《调琴啜茗图》中的垂髻

图 5-22 敦煌壁画中的近事女

图 5-23 张萱《捣练图》（局部）

幼小的女童，则是在头顶上梳一个发球，两边耳侧垂下两个小发球。这些虽都同属垂髫一类，但也有所变化。

螺髻在唐代也很盛行，唐代壁画、帛画和陶俑中多见。如永泰公主墓中的壁画、石椁线刻画上都绘有宫中女郎梳高耸的螺髻。有一幅宫女的像可清楚地看见螺髻的盘叠穿插。（图 5–24）也有相对来说较低小的尖螺髻。

图 5–24　石椁线刻画中的螺髻

由于螺髻和佛教有关，所以唐代菩萨多梳这种发髻。唐人苏鹗的《杜阳杂编》记载唐文宗食蛤蜊，为了警示他不要多杀生，有一只蛤蜊自己裂开，中间出现菩萨像："中有二人，形眉端秀，体质悉备，螺髻璎珞。"在唐宋造像艺术中也能看见菩萨梳螺髻，如一件白石雕刻的菩萨头像，脸颊丰肥，头上梳着螺状发髻，前面并加弯钩状发饰。唐代菩萨也有梳双螺髻的。

云髻在当时仍流行，《敦煌曲子词集》有"珠含碎玉，云髻婆娑"的唱词。阎立本《步辇图》上给唐太宗抬步辇的宫女，头发向两边分开，成波浪状，额发也修成云状。

（图 5-25）李寿墓壁画中的乐伎也梳类似的发型。白居易有“行摇云髻花钿节”的诗句，描写当时梳云髻的女子，这时的云髻和晋代的又有差别。

图 5-25 阎立本《步辇图》（局部）

永泰公主墓石椁线刻画上的宫女，梳着惊鹄髻，形状和魏晋时微有改变。敦煌莫高窟第 66 窟壁画上的妇人像，梳的也是此类发髻，但也有所不同。这大概就是形如飞动的飞髻。

凤髻，五代冯延巳有词句：“凤髻不堪重整。”或是指插凤钗的发髻，或就是凤形的发髻。五代时，前蜀高祖王建墓出土的石棺床上有女乐伎俑，头上有梳鸾凤髻的，是把头发编成鸾凤的首、翅膀、身子和尾翎。自然，梳时应很费功夫，要利用细铁丝来绕缚，并用细绳和发胶之类粘连。或直接就是事先制好的假发髻。

唐代孟简有一首诗《咏欧阳行周事》，写的是一对恋人恩爱相聚，后来却因为关山阻隔，无法相会，女郎相思成疾，不幸去世，男子知道消息后，无限悲哀，不饮不食，也随之而去。女郎在病中时，把发髻剪下，托侍女带给远方的爱人：“高髻若黄鹂，危鬟如玉蝉。纤手自整理，剪刀断其根。柔情托侍儿，为我遗所欢。”这如黄鹂般的高髻，柔薄的蝉鬓，表达着一腔深挚的爱。在新疆阿斯塔那墓发现的一幅《树下人物图》中仕女的发髻就是如此，似一只黄莺

图 5-26 《树下人物图》

伸出了脖颈，高翘起娇丽的姿影。（图 5-26）在敦煌壁画、唐三彩女俑上也有类似形象。

敦煌唐代壁画中，也有梳着满头短短卷发的飞天，身姿是极为曼妙的。如张大千所临摹的一幅唐代飞天图就是如此。当然，这些卷发可能是照着西域胡女天然的卷发绘画而成的。不过，也许唐代中原女子也流行过这样的卷发，使用油膏之类黏结而成。

额发留得较长，覆在前额的，都是小女孩。如李白《长干行》“妾发初覆额，折花门前剧。郎骑竹马来，绕床弄青梅”之句，渲染幼年的小男孩和小女孩一片天真烂漫、青梅竹马的情韵。

鬓饰则很是讲究，轻薄的蝉鬓比较常见，配合头上的高髻，更加美丽。周昉《纨扇仕女图》中画有一位仕女，就是在梳理蝉鬓。白居易的一首《长相思》有“蝉鬓鬅鬙云满衣”，写的是闺房中女郎的蝉鬓柔薄而长，如云一般垂下。鬅鬙，形容头发蓬松、凌乱的样子。

还有掩鬓，是两边包住耳朵的厚厚的鬓发，也叫博鬓，上边还可以垂挂金叶饰，和轻盈的蝉鬓有所不同。在掩鬓的基础上又发展出抛家髻，在唐末流行，《新唐书·五行志》说它是以两鬓抱面，状如椎髻。在《纨扇仕女图》中就能看见那抱琴囊女郎、持壶女郎都是这种发髻。（图 5-27）

图 5-27　周昉《纨扇仕女图》之抛家髻

诗文中还有圆鬟、丛鬟、小鬟、松鬟等名，或圆，或成丛，或疏松，或大或小，各个不同。

当然唐代也有病态的发型，如唐末僖宗时宫人束发很紧，僖宗带宫人到了成都后民间妇人们纷纷仿效，时称囚髻，也并不美观。

五代时期，各个地方小国都延续盛唐余风。前蜀王建墓中出土的石棺上有乐伎的浮雕，乐伎都梳各式高髻，配穿宽袖襦、长裙。有的在高髻上加双丫，有的绾成椎髻状，有的在头顶分出三小丫。后蜀后主孟昶宫中女子用很多假发梳高髻，叫作朝天髻。

南唐是建都于南京的地方政权，宫廷中流行唐风。在南京的南唐前两代君主陵中也出土了一些女陶俑，多穿大衫、长裙，有的梳高发髻，有的梳掩鬓的发式，再戴高高的义髻，上边有孔，似乎是留着簪花或镶嵌珠宝用，是唐时就流行的。南唐后主李煜的周后，多才多艺，《南唐书·后妃传》记载她“创为高髻纤裳及首翘鬓朵之妆，人皆效之”。这位皇后正是一位衣裙和发型、发饰设计师。

南唐乐伎舞女的发髻，在一幅名画中有集中展现。这是历史上著名的典故：南唐李后主对臣子们十分猜忌，当时的大臣韩熙载经常在家中举行宴会，纵情声色，后主心里仍然疑忌，就派画家周文矩和顾闳中前去观看，绘成长卷图画，以向后主报告宴会的情况。不过周文矩的绘画已经失传，只有顾氏的画保留下来，即《韩熙载夜宴图》。这是奢华的夜宴，许多乐伎盛装出现，她们的发髻十分华丽，有抛家髻、三圆髻、高圆髻，上边都缀满细小的珠玑花钿，或有勾云形花钿，或用金翠凤凰簪钗，还有红帛头须（头绳）飘坠，上边饰以小珍珠。（图 5–28）这些盛饰，这些奢华的暧昧的挥洒，在深夜的煌煌烛光里浮现浓得化不开的华彩。

周文矩另外传有《玉步摇仕女图》，画中的女子头梳高发髻，簪着花朵和

图 5–28　顾闳中《韩熙载夜宴图》（局部）

图 5-29　周文矩《宫中图》（局部）

步摇，穿罗衫、长裙，是晚唐五代仕女的装束。还有他的《宫中图》，画宫廷中的妃子、宫女，或濯足，或对镜梳妆，或侧身侍立，除了幼女梳垂髻，其他多是高髻，如乌云一般堆在她们的头上，类似于芙蓉髻、牡丹髻，用发带约束，或加用布帛裹成的莲花形冠子，风情绰约。（图 5-29）

在这两位著名画家的作品中，在一些梳高发髻、戴义髻的南唐女俑头上，我们或许能见到周后创制的高髻之状。

唐代女性的发饰，独异他朝，显得富丽大方。

在凤钗的基础上发展而来的凤冠，从唐代文物中已经可考证其形象。如唐代懿德太子李重润墓石椁上的线刻画，表现一位女官头戴高冠，冠正中嵌一朵珠花钿，两边各插一支凤钗，凤凰口中各衔一件玉佩、珍珠串成的挑牌，类似于步摇。（图 5-30）此冠形制已经和宋代凤冠有些相似。这种凤凰口衔珠滴、挑牌的装饰，直到

图 5-30　李重润墓石椁线刻画中的女官

明清时的凤冠上还在使用。

敦煌莫高窟第98窟壁画中于阗国王李圣天的王后曹氏，梳两鬓抱面，戴凤冠，冠作莲花形，左右对插如意状金簪、金步摇，长短不一，步摇上垂挂下累累绿松石流苏，犹如一只巨大的凤凰展开双翅，凤凰有着弧形长尾，立在冠上。曹氏的两鬓、额前、莲花冠、凤凰，都嵌满绿松石为饰。额上和鬓上还贴着花形、菱形花钿。（图5–31）

莫高窟第61窟壁画上瓜州节度使曹元忠的姐姐也戴有一个巨大的凤凰冠，饰满绿松石，左右两边各插一支如意簪，又各插一支步摇，饰以小凤鸟，口衔小叶片状流苏，垂挂而下。（图5–32）同一窟壁画中于阗公主戴的凤冠与之基本一致。

图5–31　王后曹氏所戴凤凰冠

图5–32　曹元忠姐姐所戴凤凰冠

还有一件故宫博物院藏的唐代女陶俑，头戴高冠，上有凤凰展开翅膀，虽无彩绘、步摇流苏衬托，也可算为凤冠。在敦煌莫高窟第12窟晚唐壁画中，还可见到新娘头戴凤冠，头上有很大的凤凰。

另有一种凤凰冠，如王建《宫词》所说："玉蝉金雀三层插，翠髻高丛绿鬓虚。舞处春风吹落地，归来别赐一头梳"，是在冠上缀各种鸟雀、虫蝶形簪钗、梳子等。唐代宗室女李倕墓出土有一顶类似的凤冠，以黄金打造冠底边框与层层花叶、凤凰尾翎、方胜、双鸳鸯等花纹、饰件，再嵌以绿松石、琥珀、珍珠、螺钿、白玉形花朵、红宝石、玛瑙、金粟（细金粒）等。有的金饰件还衬有翠鸟的翠蓝羽毛，恰可和文献记载以翡翠鸟羽为饰相印证。头冠上的金框凤凰尾翎纹还嵌有绿松石，似凤凰（原型为孔雀）尾翎上的翠绿圆斑。冠上还有两支垂珠金凤钗，尾翎也嵌有绿松石。另外冠上有小舞人和小摩睺罗的饰件，含求子嗣之意。

西安金乡县主墓中的冠，既有金铜花、琉璃珠子，又有蝴蝶形、凤鸟形"金筐宝钿"花饰，花叶以金条为框，嵌以宝石。也为此类冠。

唐代吴道子《送子天王图》中所绘的佛祖母亲摩耶夫人，是一个大唐贵妇人的形象，头上戴着饰满珠玑、花朵的义髻，正中插一支凤钗，两边各插两扇博鬓，博鬓上垂下珠滴，也很像凤冠。（图5–33）

图5–33 《送子天王图》（局部）

在金乡县主墓中还出土了一件骑马女俑，头上戴着一顶孔雀冠，孔雀之形俨然逼真，伸展着羽翎。洛阳博物馆藏的一件三彩女坐俑头戴一顶鹦鹉冠。这些是鸟冠一类。《旧唐书》记唐代的宫廷乐《天授乐》《鸟歌万岁乐》皆为女皇武则天时所作，表演时舞者头戴凤冠或鸟冠：“《天授乐》，武太后天授年所造也。舞四人，画衣五采，凤冠。《鸟歌万岁乐》，武太后所造也。武太后时，宫中养鸟能人言，又常称万岁，为乐以象之。舞三人，绯大袖，并画鸜鹆，冠作鸟像。”陕西唐三彩艺术博物馆藏有一组八件女俑，分为乐伎、舞伎两部分。其中乐伎四人，奏琵琶、竽、觱篥、排箫。舞姬四人，戴孔雀类鸟冠，挥袖作舞。（图 5-34）学者推测这些女俑即在表演唐代《鸟歌万岁乐》或《天授乐》。

图 5-34　陕西唐三彩艺术博物馆藏女俑

法国吉美博物馆藏有一件唐代舞姬俑，穿着华丽的舞衣，发髻上戴着一只鸟冠。也是此类形象。

花冠在唐代是很流行的，是仙女所喜欢的装饰，可展现华美的仙姿。在唐代《宫乐图》上能见到两位戴花冠的女子，花冠用圆花瓣累叠而成，每一片花瓣上都有红绿色的彩绘。（图 5–35）具体制法，似乎是用薄木片或通草、绢、硬纸片雕刻成花瓣，再彩绘，然后连缀起来。

图 5–35　唐代《宫乐图》（局部）

唐代有《女冠子》词牌名，多咏女道士，也说明冠在唐时是女道士常用的。当时高道喜欢戴黄冠，女道士也有戴的，女黄冠这个词也就专指女道士。黄冠似是用一块头巾系结而成，形如大朵花的样子。诗人李涉咏《黄葵花》诗说："好逐秋风上天去，紫阳宫女要头冠。"鹅黄色的葵花正好似女仙、女道士所戴的头冠。在吴道子画的《送子天王图》中就有戴头巾的侍女，《内人双陆图》中也有，都类似于葵花形头冠。还有碧罗冠子之类，也是同类小冠。

唐代女子也戴莲花冠，李宪墓壁画中手持笏的女官就有戴用，是形如未开的莲花蕾而舒展开一两片花瓣的小冠。

由此我们联想到写唐明皇和杨贵妃故事的《长恨歌传》《杨太真外传》两篇传奇，书中都提到杨贵妃在兵乱后出现于蓬莱岛上，戴金莲冠，穿紫绡衣，带红玉佩，俨然是一位女仙或女道士。金莲冠也就是《长恨歌》中“云鬓半偏新睡觉，花冠不整下堂来”的句子里写的花冠。这种冠当是李宪墓壁画里的莲花冠造型，因为李宪就是唐明皇的哥哥，二人生活在同一年代。莲花和佛教、道教都有关，道教也称它为神仙之花。《八十七神仙卷》中的仙女也有戴这种莲花冠的。杨贵妃信奉道教，号太真，戴莲花冠也符合她的身份。戴一顶金质莲花冠，和乌发相衬，该是多么富丽。她的缥缈仙姿，被这金莲的光辉衬托出来。直到明代，云南沐氏家族还有金质的莲花冠，用金片连缀成莲花状，极为富丽，这也是沿袭了唐代的金莲冠。

五代时，占据今天四川的前蜀后主王衍信奉道教，他的妃子也戴莲花冠，《旧五代史》载宫人随驾出游，“皆衣道服，顶金莲花冠，衣画云霞，望之若神仙”。明代唐寅据而画《王蜀宫妓图》，图中共四个宫女，其中一个戴莲花形小冠，另一个戴的则是较小的方形冠。（图 5–36）

玉冠，是用美玉嵌成的冠子，唐代屡见于记载。晚唐时传牛僧孺作的传奇《周秦行记》中就写他巧遇杨贵妃，贵妃“纤腰修眸，容甚丽，衣黄衣，冠玉冠”，真是美丽无匹。

玉冠中也有叫瑶碧冠的，《太平广记》载唐传奇《陆颙》一篇云：“俄有一仙人戴瑶碧冠，帔霞衣。”也有叫玉叶冠的，晚唐尹鹗的《女冠子》词云：“双成伴侣，去去不知何处。有佳期，霞帔金丝薄，花冠玉叶危。”这两种冠都是配合如云如霞的薄衣裳来戴的，表现仙子之姿影。李群玉的《玉真观》也说：“高情帝女慕乘鸾，绀发初簪玉叶冠。”写的是武则天的女儿太平公主的一件珍

图 5-36　唐寅《王蜀宫妓图》

图 5-37　周昉《纨扇仕女图》中的玉冠

贵无比的玉叶冠。诗人罗虬《比红儿诗》也有句：“知有持盈玉叶冠，剪云裁月照人寒。”

那么玉叶冠究竟是什么样的呢？我们看后蜀孟昶的妃子花蕊夫人《宫词》说：“六宫一例罗冠子，新样交镌白玉花。”这样的玉冠是用碧玉或白玉雕成一片片叶子，晶莹闪光，再拼成玉冠，也可以称为花冠，既华美又清丽。周昉《纨扇仕女图》中就有一位仕女，坐在椅子上，身形斜倚，头戴玉冠，玉冠是用片片玉叶组成的，宛如莲花开放。（图 5-37）晚唐诗人曹唐的《小游仙诗》写道：“红云塞路东风紧，吹破芙蓉碧玉冠。”这种芙蓉碧玉冠或许是以碧玉制成荷叶或荷花瓣的样子，应该和《纨扇仕女图》中女子所戴的玉冠类似。

冠子也有用结条工艺制作的。本来使用彩色丝线编结各种花纹作为装饰早已有之，如古代的组带、绦带等，都是很精美的。北周庾信《题结线袋子诗》写道：“交丝结龙凤，镂彩织云霞。一寸同心缕，千年长命花。”写的是用彩色丝线结成带花纹的袋子。后来就有用金属丝编结花纹的工艺，即结条工艺，如陕西法门寺塔地宫发现有用结条工艺制作的银笼子，用极细的银丝编成。唐代诗人徐夤《银结条冠子》诗云：“日下征良匠，宫中赠阿娇。瑞莲开二孕，琼缕织千条。蝉翼轻轻结，花纹细细挑。舞时红袖举，纤影透龙绡。”这是戴在舞女头上的银冠，用结条工艺制作，千万缕银丝编成了二层莲花，轻薄宛如蝉翼，每一瓣上边还缀着细巧的花纹。还有轻金冠，唐代苏鹗的《杜阳杂编》写到了两位舞女：飞鸾、轻凤，她们头上戴着轻金冠，“以金丝结之为鸾鹤状，仍饰以五彩细珠，玲珑相续，可高一尺，秤之无二三分”，这仍是结条工艺制作的冠子。

这么精美的冠子，是否真的存在，还是只是文学夸张而已？我们看五代和凝的《宫词》中也写到“结金冠子学梳蝉”，可见这不是文人的夸张，而是实录。金银结条冠子也不是只在诗文中才能想见，且看洛阳龙门石窟的奉先寺窟，在那卢舍那大佛旁边站立的菩萨，头戴的宝冠雕刻得玲珑剔透，似乎由金属丝条盘绕而成，有镂空的效果，在宝冠旁边有宝缯垂挂而下。四川安岳的一尊菩萨像，也戴的是这类玲珑剔透的冠子。

在敦煌壁画中常可见到戴天冠的菩萨图，敦煌莫高窟第 57 窟南壁的观音菩萨画像，面容姣好宛如一位少女，头戴着精美的由金丝编织与镂刻而成的化佛冠，冠上镶嵌珠玉，两侧插金钗，冠的正中嵌以阿弥陀佛。这和宋辽的菩萨造像戴的天冠近似，渊源关系一目了然。在一件唐代《普贤菩萨图》绢画上，可见到这位菩萨头上似梳着三角髻，余发一丝丝卷曲散落，披垂在肩上；发髻也用天冠系束，形制比较简单，就是一道金箍，上有上耸的三个花叶形装饰，嵌以珠宝，两边簪以彩色花钿，结以珠络头绳，是由唐代贵妇人的发型头饰美化而成的。另一幅敦煌出土的白描菩萨图也类似于此，菩萨把头发高束，围以天冠，上加花叶形装饰，脑后余发披垂。

山西五台山佛光寺的唐塑菩萨像也戴着天冠，各型各式，上边浮雕着精致的花朵、云纹等，还嵌着一面面小镜子，隐含着佛光普照之意。菩萨的头发都是束在天冠中，余发缕缕卷曲，披在肩膀上。

总之，天冠有繁有简，最简单的是在金箍上加三个花叶形装饰。因有宝珠嵌饰，又称为三珠宝冠。莫高窟第 420 窟的隋代壁画中，菩萨戴三珠宝冠，中饰新月，月中托以日轮，也称为日月冠。

图 5-38　《星相仕女图》（局部）

唐代塑像、绘画中菩萨、飞天的发型、发饰是复杂多变的，有高髻、侧髻、双髻、单髻，有各式天冠、花环、发带等，它们多是当时女子发型、发饰的如实记录。在敦煌壁画上能见到一种桃形尖冠，是回鹘妇女中流行的，也为当时人们所喜爱。壁画中还有戴云形冠的贵妇，可见当时比较流行。

上海博物馆藏的五代绢画《星相仕女图》，画的是一位穿重叠襦裙的贵妇，头戴一道金箍制作的冠，围着椎髻，冠下有云形的装饰，椎髻边对称插着两支花钗，两鬓又分插两支管状钗，鬓上还有花钿。这些头饰显得她更加雍容华贵。（图 5-38）

幂䍦的变迁，是唐代妇女意识的折射。它是从北周时就定型了的，先用藤、毡等制笠，再裱缯帛，或刷桐油防雨，然后从檐上垂下整幅纱帛制的帽裙，长度可把全身笼罩起来。它大概起源于《礼记》所说的面衣，有强烈的封建礼教的意味，即把妇女身体肌肤遮挡起来，以严“男女之大防”。到了唐代，女性意识强烈的妇女们自然对此不满，把它改造了一番，把帽裙尽量缩短。新疆出土的《树下人物图》就画有一女子，身穿长袍，头戴幂䍦，帽裙已经短至脖颈前。敦煌藏经洞发现的一套佛传绢画中，也画了女子戴类似幂䍦的形象。

唐昭陵燕妃墓壁画中，画有侍女手捧幂䍦，帽裙稍长，而质地较薄，十分

图 5-39　燕妃墓壁画中的幂䍦

轻透。（图 5-39）

就是这样还嫌不够袒露，在唐高宗、武则天执政年间，女子们又把帽裙换成了罗纱之类，前有开缝，仅仅起遮挡风沙的作用。这就叫作帷帽，《新唐书》《中华古今注》都有记载。唐人绘《明皇幸蜀图》上就画有几个骑马戴帷帽的女子。

新疆阿斯塔那唐墓出土的一件骑马女俑，头戴帷帽，这帷帽有点像斗笠，帽前一卷轻纱垂落，历经千余年，犹保存着唐代帷帽的真实模样。（图 5-40）

这些骑在马上的女郎，穿一套高腰襦裙，骑一匹高头大马，帽纱轻盈透明，似遮非遮，不需要迎面吹拂来的清风就已经娇容显露，既华贵，又骄傲且从容。盛唐女儿的坦荡

图 5-40　戴帷帽的女俑

风采就这样洋溢出来。

唐代妇女们也喜欢把帷帽的纱缩短了直接戴在额前，这叫作透额罗，可以遮挡风沙，但主要还是作装饰用。敦煌莫高窟第130窟《都督夫人礼佛图》画了都督夫人王氏带着两个女儿和一群侍女去礼佛，图中有侍女就戴着一块马尾等织成的半透明的透额罗。

在当时，歌伎都喜欢用透额罗裹发，如诗人元稹的《赠刘采春》写一位歌伎能唱动人的歌曲，她的模样就是"新妆巧样画双蛾，漫裹常州透额罗"。这两句诗描写她的新妆，突出了她的一双新画的蛾眉，还有常州出产的罗轻裹在发髻上。

唐代男女都喜欢在头上系锦缎带子，就是后世说的抹额。陕西礼泉新城公主墓壁画中就有一位侍女，捧着烛台，头梳小髻，用黑色帛带系着；前额扎着红底白云纹锦带，再连上白色细带，系于脑后。

还有一种金质抹额，如山西朔州平鲁区唐代遗址出土十五件金质柳叶形饰物，上刻镂各种花纹，应该是系在额上的。与之相似，唐代菩萨造像也有只在额前加卷草花纹等发饰的，如山西天龙山第14窟西壁的一件菩萨雕像，比较简单，戴花纹形的冠饰，梳平髻。

诗人刘言史的《观绳伎》写几位技艺高超的女杂技演员表演绳艺，就类似于今天的走钢丝节目。她们踩着绳子，走在高空中，"银画青绡抹云发，高处绮罗香更切"。她们用一块画着银色花纹的青绡系发，也类似于抹额。

也有在发髻上包一块巾子的，如新疆阿斯塔那墓出土的一幅绢画上，有女子梳着低倾的发髻，上裹罗巾。唐代周昉《内人双陆图》上的一位仕女，用一块粉色长巾裹着发髻。吴道子《送子天王图》中也有一位侍女用巾帕裹着发髻。这是宋代包髻的起源，类似于古代所说的巾帼。

有一种浑脱帽，帽式如同斗笠，用花帛或羊皮制作，在当时盛行一时，男女都戴。

又有吐蕃流行的一种毡帽，为扁圆形、向前弯曲的帽子，帽檐露出皮毛，中原女子也加以仿制。陕西韦顼墓石椁线刻画上就有女子戴着以锦为面、以毛为里的毡帽，帽檐为卷云状。

还有一种搭耳帽，下檐做成可以翻下的两只护耳，适宜于冬天戴。阿斯塔那墓出土的一幅绢画上就有一位女乐伎，头戴锦缎制成的高高的搭耳帽。（图5-41）

图 5-41　阿斯塔那墓绢画中的乐伎

唐代流行跳柘枝舞，舞女起舞戴帽，帽有空的尖顶，形如靴，帽檐上卷，还缀以金铃、珍珠等，即所谓卷檐虚帽。唐代张祜《观杨瑗柘枝》诗有句："促叠蛮鼍引《柘枝》，卷檐虚帽带交垂。"跳胡腾舞也戴类似的舞帽，但似乎没有这么多专门的装饰。

幞头，是男子用的冠饰，唐代盛行女扮男装，装扮时也配合着戴幞头。如张萱《虢国夫人游春图》中就有穿男装戴幞头的女子。西安韦浩墓壁画中也有类似的侍女形象。

唐代女子的发饰继承了前代的各种簪、钗、步摇、玉珑璁等，形式不断翻新，多不胜数。

如簪，有犀簪、金簪、银簪、翠羽簪等名目。孟浩然有"香黏翠羽簪"的句子，或者是一端如翠鸟尾翎一般翘起的发簪，或者是如明清时黏以翠鸟羽毛的发簪，呈绿蓝色。古诗里常见“翠翘”“金翘”之名，应是此类，不过是用翠羽或金属制作，有所分别而已。

有一种青虫簪，唐代诗人李贺有诗云：“灰暖残香炷，发冷青虫簪。”意思是爱人离开了，焚香已残，女郎满头青丝之中只有青虫簪闪现寂冷的光芒。五代词人顾夐《酒泉子》有句：“金虫玉燕锁香奁，恨厌厌。”描写了女郎平素喜爱的青虫簪、玉燕钗，却因为主人寂寞而被锁在妆奁中。

这青虫簪是什么东西呢？清代注释家王琦汇解说：“广中有绿金蝉，大者如班猫，其背作青绿泥金色，喜匿朱槿花中，一一相交。传云带之令夫妇相爱，妇女多以为钗簪之饰。”原来青虫指一种很大的蝉，身上闪射青绿色、金色，喜欢躲在朱槿花里相亲相爱。所以女子们喜欢模仿它的模样来制作簪钗，希冀夫妇永远相爱。其实青虫就是绿色的红脚绿金龟子，但当时人们还是把它归入蝉类。

蝉，这种普通的昆虫本来有长生的寓意，又有缠绵的谐音，再加上绿金蝉的浪漫传说，自然为人们所喜欢了。不过唐代的青虫簪迄今尚未发现，倒是在江苏发现了明代的玉叶金蝉簪子，应该就是祈求夫妇爱悦的青虫簪吧！

也有如意簪，南唐阮部的仕女画《阆苑女仙图》中有两位女仙冠上簪戴着一支支如意状簪，只是看不到垂珠。敦煌莫高窟第61窟壁画曹议金夫人、曹元忠姐姐头上皆有如意状镶碧色珠的簪子，其名当为如意簪。莫高窟第96窟壁画中的西夏女供养人也戴类似簪子。

钗，有凤钗、玉钗、珊瑚钗、瑟瑟钗、翠云钗等。唐代发钗上饰凤凰，在敦煌壁画中有其形象。西安惠家村出土有镏金银钗一对，凤凰抖翅欲飞，栖息于花树上，造型极为美观。还有金质凤钗，在西安曹家堡唐墓有出土。

白居易《长恨歌》里写杨贵妃在安史之乱后隐居蓬莱山，拜托使者给唐明皇带去自己的礼物：“钗留一股合一扇，钗擘黄金合分钿。但令心似金钿坚，天上人间会相见。”一般钗都是一对对地插在发髻上，螺钿盒分为两扇，杨贵妃把一对金钗留下一股，把两扇合成的螺钿盒留下一扇，另一股钗、另一扇盒赠给远方的爱人。一片深情，也不用言说了。

敦煌藏经洞发现的北宋淳化二年（991）绢画《报父母恩重经变》中的女子，装扮仍是晚唐风格，发髻上下对插六把角梳，簪金花钗三支，左右各插簪子一对，又各插凤钗一支，凤口衔珠滴。

钗上饰花朵、叶片等，或称为花钗，每一个贵妇人都喜欢在发髻上簪重重花树。在敦煌莫高窟第33窟的晚唐壁画《婚礼图》上，可见到新娘满头花钗的形象，可惜只画出钗的大概样子。（图5-42）

图5-42　莫高窟第33窟花钗满头的新娘

除了上述敦煌壁画所见，广州皇帝岗、浙江长兴唐墓等都有花钗的实物出土，有的有花朵纹，上边还有小鸟雀飞翔啁啾，或两两相对而啼，似在诉说美好情意，正是“金为钿鸟蹙钗梁”的情状。广州皇帝岗所出多种花钗都是一式两件，纹样相同，图像却相反，以方便成对地左右插戴。

也有制为朵朵菊花重叠的，如西安唐墓出土的花钗就是。湖北安陆王子山唐墓也出土一件花钗，以金为钗股，上嵌一圆形金花朵，镶以宝石。

也有银镏金蝴蝶蔓草钗，钗首分饰两只蝴蝶，衬以蔓草，戴在头上，随步

图 5-43　银鎏金蝴蝶蔓草钗

图 5-44　兴庆宫玉雕花钗钗首

图 5-45　康陵玉雕花钗钗首

履轻摇，若蝴蝶双飞。（图 5-43）

也有用绿玉雕刻而成的花钗，连缀在长钗柄上。西安兴庆宫遗址出土有六件玉雕花钗，长 10 至 15 厘米，宽 2.8 至 4 厘米，片状，叶形，在晶莹美观的浅绿色玉上两面雕刻花纹。其中四件，在花叶上结出硕大的石榴。另外两件，一件在花丛中刻着双鸳鸯，一件刻着一只凤鸟，都含有美好的寓意。（图 5-44）五代吴越国国王钱元瓘的王后马氏的康陵，也发现有一件玉雕花钗，白玉片上镂空刻一只长尾展翅的凤凰，口衔绶带，下有卷枝花纹，一角可插在鎏金牛首形饰件之中。（图 5-45）

唐代诗僧寒山有诗句描写唐代女子："缀裙金蛱蝶，插髻玉鸳鸯。"徐凝也有诗

图 5-46　周昉《簪花仕女图》中髻上双钗

句："凤钗翠翘双宛转，出见丈人梳洗晚。"这些诗句里写的正是玉鸳鸯钗、凤凰钗。顾敻的《酒泉子》有句："黛薄红深，约掠绿鬟云腻。小鸳鸯，金翡翠，称人心。"这小鸳鸯、金翡翠描写的正是约掠绿云一般的发髻上的鸳鸯纹簪钗，如此精美，正令佳人称心。

河北曲阳五代王处直墓中也出土了长达 18 厘米的金钗，曲折盘绕，钗头刻一对相伴嬉戏的鸳鸯，极为精美。

《簪花仕女图》中有位女郎头上只插了成对的双股金钗，既起到固定发髻的作用，又显得素净而雅致。（图 5-46）

西安也出土有用浅绿玉石雕刻的双股玉钗，虽然没有花饰，却因为玉质纯美而惹人喜爱。（图 5-47）

还有双鱼钗，五代词人阎选的《虞美人》有"小鱼衔玉鬓钗横"的句子，李珣《临江仙》词写道："不语低鬟幽思远，玉钗斜坠双鱼。几回

图 5-47　唐代玉钗

偷看寄来书。”双鱼，含有比目鱼成双成对的嘉意。浙江长兴出土有一件长 27.5 厘米的银钗，是一只小鱼口衔如意云朵的形状，十分可爱，当近于双鱼玉钗。

苏鹗《杜阳杂编》记载，唐懿宗爱女同昌公主出嫁时有“九玉钗，上刻九鸾，皆九色”。鸾是九色神鸟，青口、绿颈、紫翼、红膺、丹足、绀顶、碧身、缃背、玄尾。九只鸾皆具备九种颜色，煌煌光彩，雕镂神奇。该书又记载了龙角钗，类似玉石而绀色，上刻蛟龙形。唐诗中还有珊瑚钗、瑟瑟钗（碧色宝石装饰的钗）等名目，也都是玉钗一类。

遥想当年，当这些玉钗附在钗股上，一对对地相对而插，长长地招摇于唐代女郎的高髻上时，该是多么美丽。宋代沈括《梦溪笔谈》卷十九记载，在唐明皇和杨贵妃曾经游赏过的骊山行宫内，道士修理石渠，“石下得折玉钗，刻为凤首，已皆破缺，然制作精巧，后人不能为也”。将这折断的玉钗从尘土中发掘出来，仍可以读出它记录着的盛唐远去的情韵。

还有一种环钗，也叫作颚托。高春明先生指出，它是托起头饰的支撑物，如咸阳贺若氏墓中出土的头饰下边便有一副环钗。江西德安南宋周氏墓中也出土过类似的银质下颚托。

周昉《簪花仕女图》中，仕女们的高髻上除了簪戴绢花、花钿、固定发髻用的双股金钗，还有一类钗，或用金属丝编结成花朵，然后长长地挑出；或在丝条上垂下一串串参差错落的小星星、小花朵、小珠串等，在峨髻上轻轻摇曳。（图 5-48）这应该就是古诗里说的结条钗，使用了金属丝编结的结条工艺来制作。孟晖老师《花间十六声》中对此有很好的解释。

诗人温庭筠《菩萨蛮》有句“翠钗金作股，钗上蝶双舞。心事竟谁知，月明花满枝”，写的是钗上有飞舞着的蝴蝶。这是什么样的头饰？当是前述银镏金蝴蝶蔓草钗一类。安徽合肥南唐墓中也发现有蝴蝶钗，一件是在金钗钗首缀四只飞舞的金丝蝴蝶，蝶下垂银丝网，缀玉粟。另一件是在刻花的金钗上缀两片展开的金丝蝶翼，嵌以半月形玉片，下边缀有银丝网和朵朵梅花、叶片。（图 5-49）它们正像《簪花仕女图》里的结条钗，也符合温庭筠词句的描写。结条钗上或加弹簧，即使不加，轻盈的金银丝也可以使得钗上的小饰物随着女郎的步伐而跳荡不停，或在清风里轻轻飘拂。它们长久埋在地下，虽然已经破损很多了，可一旦被窥见，还是在人们眼前栩栩飞翔。这种蝴蝶钗，流传久远，直到明清时诗词里还有蝴蝶钗的描写。

五代和凝的《宫词》中有诗云："红罗窗里绣偏慵，亸袖闲隈碧玉笼。兰殿春晴鹦鹉睡，结条钗飐落花风。"春日里的晴和天气，是叫人困倦慵懒的，诗人笔下的宫女刺绣倦了，连鹦鹉也睡了，她依偎在碧玉熏笼上，只有头上用细金属丝编结的钗串叮咚轻摇，风吹拂过来，飞扬起落花……

又有花钿，或用金银制作，

图 5-48 周昉《簪花仕女图》中的结条钗

图 5-49　南唐蝴蝶钗

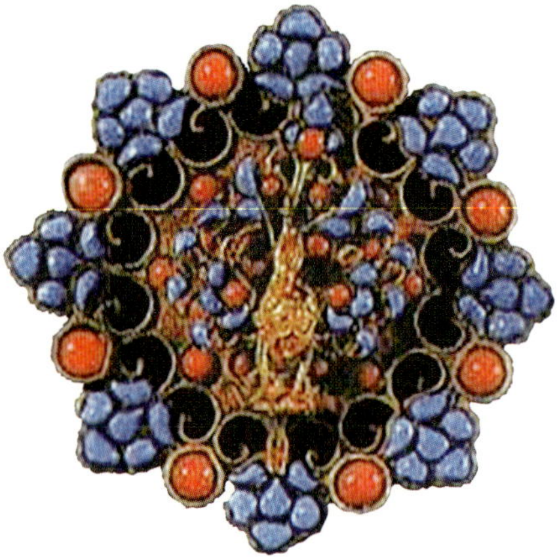

图 5-50　韩森寨唐墓花钿

称为金钿、银钿。或嵌以宝石，也有直接用宝石雕成的，叫作宝钿，宝钿是命妇戴的。或用翡翠鸟羽制成，叫作翠钿。还有琉璃质地的花钿，江苏连云港海州区五代王氏墓就出土了两片牡丹花状的花钿。

花钿很早就有，发展到唐代，造型更为复杂，多制成小朵花状，留有细孔，以供插入簪、钗，也有预先制作有短柄的。白居易《长恨歌》里写到杨贵妃“花钿委地无人收”，也就是这样的饰物。

也有做成团花形的花钿，花瓣层叠，繁复瑰丽，和唐代织锦上的宝相花造型相仿，融合了菊花、牡丹、莲花的特征。如西安韩森寨唐墓出土的大朵宝相花形花钿，直径七厘米，枝叶花瓣由细金丝盘绕而成，嵌以细小金粟；并把红宝石、绿松石嵌在宝相花周围的花瓣与宝相花花心上，花心还站立一只金丝编制的小凤凰。（图 5-50）这也许就是古诗词里写的钿雀，把花钿与凤凰（雀）结合在一起。

香港梦蝶轩也藏有一件类似的花钿，以珍珠镶嵌花朵，花心上站着一只展开双翅的凤凰。这也可以说是钿雀。

唐代温庭筠《菩萨蛮》词写道：“宝函

钿雀金鸂鶒，沉香阁上吴山碧。”五代后蜀文学家欧阳炯的《西江月》词有句：“钿雀稳簪云髻，含羞时想佳期。脸边红艳对花枝，犹占凤楼春色。”写一位丽人，在云一样的乌发中簪着一朵雀鸟形的金钿，衬托着她的红艳妆容。

广州皇帝岗出土有一件花朵形钿子。广东茂名许夫人墓出土了一件花钿，在小圆心外围绕四重花瓣，还嵌有玉珠。张萱《捣练图》中女子的五瓣形花钿与之相近，是在额前整齐地插上五枚。《捣练图》中也有女子戴菱形花钿，与梳子一起配插在发髻上。

吐鲁番阿斯塔那墓发现的唐代绢本设色画《弈棋仕女图》中，女郎的高髻上嵌着一枚翠钿，在金箔上饰鸟羽，作花瓣状。（图 5–51）

图 5–51 《弈棋仕女图》之翠钿

花钿也有做成折枝花形的。1988 年西安郊区出土过一批，形状如桃花、鸡心、菊花、桃形等，造型美观。

唐代步摇有凤凰形的，五代和凝的《临江仙》词“碧罗冠子稳犀簪，凤凰双飐步摇金”，正是当时仕女的真实写照。韦泂墓壁画上有女郎戴着一支凤凰步摇，凤口衔着珠串。唐玄宗贞顺皇后的石椁内壁也有一位宫廷女子形象，高发髻上插凤凰步摇。敦煌莫高窟第 130 窟《都督夫人礼佛图》壁画上，女郎十三娘的头上也簪戴着两支口衔珠串的凤凰步摇。永泰公主墓石椁线刻画上也能看见女郎戴着制为牡丹花形的步摇。

也有如意状的步摇，上垂珠络，插在发髻两边。如敦煌藏经洞出土的绢画《引路菩萨图》中的菩萨，在金箍上装饰花朵、花钿，两边有如意形步摇，垂下珠串，应该是如意冠。河南温县慈胜寺五代壁画《菩萨焚香图》中有梳流苏髻、戴如意冠的菩萨。

据乐史《杨太真外传》记述，唐明皇册封杨贵妃时，“自执丽水镇库紫磨金琢成步摇”，亲自拿着步摇给她插戴。这自然是最精美的步摇，质地也是最上等的，是由丽水所产的带紫色的黄金制作的。白居易的《长恨歌》里写到杨贵妃戴“云鬓花颜金步摇”，《霓裳羽衣歌》中描写杨贵妃跳舞也有“虹裳霞帔步摇冠”句。把步摇簪在头冠上，让它们随着轻盈舞姿闪闪摇颤，然后舞姿越来越剧烈、越来越动人，于是步摇也琤琤摇动，幻出一道道华光……

唐代还有匐彩，《广韵》说是“妇人髻饰花也”，杜甫《丽人行》“头上何所有，翠微匐叶垂鬓唇”，写的就是这种髻饰花。画家黄均解释说它是由金和翠鸟羽毛制成的髻饰花，鬓唇是垂落的珠络。敦煌莫高窟第 130 窟《都督夫人礼佛图》中，华贵的都督夫人头上除了有花钿、半月形梳子，还有这种髻饰花，它实际上也是花钿之类，只是有垂下的珠络。

唐代女子还喜欢在发髻上插梳篦。和秦汉时呈马蹄形的梳子不同，唐代梳子比较平阔。有白角梳、象牙梳、金玉梳，还有犀梳，如杜牧的《张好好诗》说："赠之天马锦，副以水犀梳。"用美丽的织有天马的锦衣、用犀牛角雕的精美梳子来装扮那位歌女。

在《捣练图》和《宫乐图》上可见到发髻中插梳的女子形象。《宫乐图》上的女子，在高发髻上插小梳数把，比较素雅，或许就是牙梳。《捣练图》中的女子，以小梳子配以简洁的花钿，不用什么复杂装饰，也很美好。（图 5–52）

图 5–52　张萱《捣练图》（局部）

唐代牙梳、金银梳等的梳背上常见有精美的花纹作为装饰。梳子可以单插，可以上下对插，可以在发髻上多处簇插，都是要露出梳背来。李贺《秦宫诗》有"鸾篦夺得不还人"句，是写装饰着鸾凤形花纹的梳篦。在考古中也见有鸾凤纹的金栉。

扬州三元路唐墓出土的一件金栉，尤为精妙。它是用金箔剪成马蹄状，下部剪成梳齿，梳背满饰花纹，以卷云形蔓草纹为底，中间有如意云纹，上部錾刻一对飞舞奏乐的飞天，身系飘带，手持笙、拍板。卷云形蔓草纹周围饰一圈莲瓣纹带。周边又有四层纹饰，第一、三层饰弦纹夹连珠纹带，第二层为镂空鱼鳞纹带，第四层是镂空缠枝梅花与蝴蝶相间的纹饰。一片金光耀眼，透出盛唐风韵的绮丽。（图 5–53）

西安何家村出土的唐代金梳，使用掐丝和炸珠（即把金液倒入开水，结出大小不等的珠粒，称为金粟，再嵌在首饰上）工艺制成，用金丝和金粟掐焊出卷草和梅花花纹，再填满金粟，细致得要用放大镜才能看清楚。

美国大都会博物馆藏的一件唐代金柄玉梳，梳背嵌着卷草花纹，精工大气。（图 5–54）

图 5–53　扬州三元路发现的金栉

图 5–54　唐代金柄玉梳

咸阳的贺若氏墓中也有一件金栉出土，外边绕着连珠纹，一侧饰以双雀戏荷，一侧是荷花双梅，嵌以宝石，华光闪烁。

女子一般也有使用漆画梳的，在木质梳子上加以彩画，相当美观，至今常州仍有生产。

珍珠也是重要的装饰。如懿德太子李重润墓石椁上装饰双凤的凤冠，也可以叫珠冠，嵌珠为花，对后世影响巨大。

女子们在发髻上把金银步摇、簪子、花钗、花钿、珍珠等一起簇插，耀人眼目，称为宝髻，也叫作百不知。《唐语林》记载："长庆中，京城妇人首饰，有以金碧珠翠；笄栉步摇，无不具美，谓之'百不知'。"这样的装扮真到了富丽堂皇的地步！

咸阳贺若氏墓中出土了一件由金颚托（环钗）、金卷枝花顶饰、金花钿、金坠、金花朵及珍珠、宝石、玉饰共百余件串缀而成的头饰，或许本来是缀在丝绸制高冠上的，出土时仍戴在墓主人的头上，但丝绸已经腐朽；四周还有一件金梳、四支金钗和金耳坠等，与头饰一起簪戴。这就是一套豪华的百不知首饰了。珠光宝气，极尽奢华。

女子们也多以花朵饰发，一般是按照节候不同而簪插当令的鲜花，如《簪花仕女图》中女子簪饰莲花、牡丹等大朵花，应该是绢制花朵。在新疆阿斯塔那唐代古墓中就出土有一束绢花，用绢裁剪、染色、制作成各色花朵，可见当时的绢花制作工艺已很纯熟了。

在敦煌藏经洞发现的几幅绢画《引路菩萨图》中，可看到贵妇发髻上簪着牡丹、桃花等花朵。（图 5–55）晚唐罗虬《比红儿诗》说"奈花似雪簪云髻"，写的是侍女红儿头髻上用雪白的茉莉花满头装饰。到了近代，福建、广东、广西民间仍然可见簪戴茉莉花的女子。还有一种芳香洁白的素馨花，五代时建都于广州的南汉宫中有一位宫女叫作素馨，喜欢簪戴此花，留下佳话。

图 5–55 《引路菩萨图》中的贵妇

玉珑璁，唐代诗人温庭筠有“花髻玉珑璁”的诗句，可见它仍受到女子喜爱。王建《唐昌观玉蕊花》诗有句“一树珑璁玉刻成，飘廊点地色轻轻”，写的是满树繁花如玉雕的珑璁，反过来可以说玉珑璁是用美玉雕刻成花形的白玉饰。

在人日戴胜，唐代仍然流行。唐代的胜实物，日本正仓院保存有一件，是一块方形红罗，四边有镂空花瓣纹银边，中央贴一块金箔，上有十六字：“令节佳辰，福庆惟新。燮和万载，寿保千春。”又绘有一株花树、一个小人。这是人日节戴的人胜。新疆也出土有剪纸人胜，作七位女子围绕在一起的图案。五代的花蕊夫人徐氏《宫词》有云：“拂晓贺春皇帝阁，彩衣金胜近龙衣。”

唐和五代的绘画、诗词中，有大量有关发型、发饰的图像和文字资料。先说绘画，著名的如周昉的《簪花仕女图》、张萱的《虢国夫人游春图》与《捣练图》等。唐人《宫乐图》，描绘一群体形丰腴的宫廷女子在倾听音乐、饮宴，其中有梳堕马髻、云髻的，有戴花冠、上下对插彩画梳篦的，她们的仪态温婉大方。堕马髻侧在一旁，云髻高耸蓬松；花冠的圆瓣一叶叶舒展开，高发髻上银梳闪亮，盛唐的美态之中又带着一丝慵懒娇憨。一旁侍女手里举着拍板，梳垂髻，扎着几道红绸，显得伶俐可亲。

唐代一幅《引路菩萨图》中的菩萨，头上簪戴翠钿、珠饰步摇、莲花蕾等，十分艳丽；她引领的一位梳峨髻的妇人，则在髻上饰两枚菱形花钿，正中插白角梳，两边插素钗，应是日常生活中比较简单的装扮。

周昉《纨扇仕女图》中也有各种发型。有一位梳抛家髻的女郎，已经把发髻绾好，又在梳理如薄雾般的蝉鬓；还有戴玉冠的、梳堕马髻的；另有梳双垂髻的侍女。

看到这么多唐代女子的发型、发饰，我们会联想起唐时最著名的美人杨玉环。她的发型是极为繁杂多变的，她无疑就是一位美发专家。如《中华古今注》所载，杨贵妃作偏朵子、愁来髻、飞髻、百合髻，《杨太真外传》载，她还戴有义髻（假髻）。她的发饰则更多了，如《长恨歌》所说，“云鬓花颜金步摇，芙蓉帐暖度春宵”“花钿委地无人收，翠翘金雀玉搔头”“云鬓半偏新睡觉，花冠不整下堂来”，有黄金步摇、花钿、翠翘、金雀、玉搔头、花冠。当她平时闲居，戴的是轻便的金莲花冠、金翠首饰；当她盛装之时，戴的是金翠簪钗，以增添她的妩媚。当她翩翩起舞，戴的则是步摇冠，满头步摇在摇动；当她出席宴会，戴的就是玉冠（玉叶冠），显得更加雍容华贵。

这些盛唐的华贵之饰，是盛唐的一缕已经飘逝的旧梦，我们也唯有通过上述的各种文物来想象，以探得它们的真实模样。河北曲阳五代王处直墓出土了彩绘浮雕散乐图，十二名女乐师梳着唐式的峨髻，鬓上插着鲜花和白梳，姿态和婉，或许我们从中可以看见接近于《簪花仕女图》、接近于杨玉环的一些唐代风采。（图 5–56）

图 5–56　王处直墓彩绘浮雕散乐图

在陕西彬州五代冯晖墓出土了乐舞砖雕，共五十多块，分东西壁排列。西壁的女乐师有戴折脚幞头的，有在高发髻上饰花钿的，有梳螺旋形发髻的。舞姬则戴着靴形的卷檐帽，上缀满圆珠形，似为珍珠或铃铛，还有双垂帽带，这就是古诗里吟咏的跳柘枝舞时专用的柘枝花帽。

西域的于阗等国在发型、发饰方面也受到中原的影响。敦煌壁画中于阗国贵妇都戴凤冠，而上边嵌的都是西域盛产的绿松石。

五代时的大臣和凝，为了粉饰太平，写下了《宫词》百首，其中提到了不少宫廷女子的发型、发饰，仍保存着大唐的余晖。我们透过这些字面，能看见那宫苑中隐现的一个个美丽的宫廷女子的身影，可作唐、五代时期头上风光的总结。

我们能看见女子在春日的深阁中无聊闲坐，鸭形香炉中袅袅升起沉香的烟雾，她的云鬟上坠下用犀角雕出凤凰的犀簪：“香鸭烟轻爇水沉，云鬟闲坠凤犀簪。”

当春天的节日——立春日到来时，女子们的螺髻上插着簪钗，上边垂下水晶雕刻的水鸟；将红纸或红绢剪的方胜系在金钗上，再把金钗插在发髻上，蔓延一片红艳：“螺髻凝香晓黛浓，水精鸂鶒飐轻风。金钗斜戴宜春胜，万岁千秋绕鬓红。”

她们也戴用金丝编结的金冠，当女子梳理蝉鬓时，一支精雕细刻的玉蜻蜓钗缀在蝉鬓边：“结金冠子学梳蝉，碾玉蜻蜓缀鬓偏。”

端午节时，她们嬉戏不止，以打发时光。她们戴着夏日的碧罗莲花冠，碧罗叶子上开出粉色莲花，结着双胜，还串着金钱。她们忙着寻找奇花异草，进行斗百草的游戏，连头戴的蹙金蝉形簪子坠下来也不知道，这蹙金蝉或许就是李贺笔下的青虫簪：“碧罗冠子簇香莲，结胜双衔利市钱。花下贪忙寻百草，不知遗却蹙金蝉。”安徽安庆棋盘山元墓即发现有镏金银质叠胜，作双胜相叠状，辽宁阜新辽塔地宫出土一件“叠胜”铭琥珀盒，以此可想见双胜之形。

她们戴的莲花形小冠上还插着水晶雕刻的簪：“芙蓉冠子水精簪，闲对君王理玉琴。”

她们翩翩起舞时，戴着精致舞帽，上边绣着花纹，缀下叮叮脆响的金铃铛，当就是跳柘枝舞所戴的柘枝花帽：“地衣初展瑞霞融，绣帽金铃舞舜风。”

她们冬天簪的步摇钗是用传说能驱寒的辟寒金制作的，所以连炭火也不用烧：“怪得宫中无兽炭，步摇钗是辟寒金。”

这深苑里有各种簪、钗，有用金玉雕成的水鸟、蜻蜓和蝉，还有缀金钱、铃铛的绣帽、花卉形冠。宫廷女子满头奢华装饰，却被深锁在重重高墙之中。

她们从春到冬，随着时光流转装点自己的红颜，也不过是供君王一笑，祝君王千秋万岁而已。

另一位词人牛峤的《女冠子》组词，描写女道士的姿态之美："绿云高髻，点翠匀红时世。"高髻上点缀翠钿，和红妆互相辉映。这位女道士还保留着俗世的装扮，并没有超脱于尘世之外。所以，她"绣带芙蓉帐，金钗芍药花"，在金钗边上插上大朵的牡丹；她"星冠霞帔，住在蕊珠宫里。佩丁当，明翠摇蝉翼"，她的冠子上缀着星星般的宝石，她的身上霞帔飞扬，玉佩叮当，她的鬓发薄如蝉翼，摇曳着浓黑有光的翠黑色。

顾敻也有《荷叶杯》词："金鸭香浓鸳被，枕腻。小髻簇花钿，腰如细柳脸如莲。怜摩怜，怜摩怜？"写那闺房中金鸭炉里透出香雾霭，铺设的鸳鸯被和枕头都被熏得香浓。女郎的小髻上簇插花钿，腰肢如柔软的柳枝，脸如柔红的莲花，叫人生出无限怜爱……

第六章

团冠流苏绾青螺：两宋时期的发型、发饰

宋代注重礼教，太祖赵匡胤时博士聂崇义献上《三礼图》，依照周制制定服饰，各自按照身份来穿着，不可逾越。于是文武百官连同他们妻女的衣冠皆有定制。

宋代女子很重视行笄礼，把少女的发型改为发髻，作为成人的标志。《宋史》记载了公主的笄礼。大儒朱熹的《文公家礼》也记载了女子如何行笄礼。行礼之时，亲戚们纷纷来庆祝，赠送礼品。

宋人也很重视婚礼，有明确的礼仪规定，一般按照古代六礼（纳彩、问名、纳吉、纳徵、请期、亲迎）的程序进行。新娘的装饰、礼服，《文公家礼》载新娘用冠、帔（直帔）、裙衫。吴自牧《梦粱录》载，富贵之家给女家的聘礼要有三金，就是金钏、金镯、金帔坠，还有新娘要穿戴的“销金大袖、黄罗销金裙、段红长裙，或红素罗大袖段亦得。珠翠特髻、珠翠团冠、四时冠花、珠翠排环等首饰”。男家结婚前三日还要送催妆花髻、销金盖头等。催妆花髻或就是唐代的义髻，上饰花钗。销金盖头就是今天所说的红盖头，销金是指洒金粉而成的花饰。亲迎，即新郎上门接亲，流程和今天一些地区差不多，先给新娘梳妆打扮，然后盖上盖头；将新娘接到新郎家后，夫妻拜天地，拜父母，对拜，再由新郎挑下盖头，露出新娘芳容。之后还有撒帐（新房里抛撒糖果）、饮合卺酒、结发环节，结发也叫作合髻。今天我们可以在电视、电影中看见那些古代的婚礼场面，新娘子头上都少不了一块红盖头。现在一些地方也还在使用，如广西宾阳举行婚礼时，新娘出门还要戴红盖头，不过只是象征性戴一下，到新郎家拜堂后，新郎用秤（代表称心如意）把盖头挑下。这和《梦粱录》所载是相似的。

贵妇的发型、发饰尤其受到重视。《宋史·舆服志》载，在受册封、祭祀等重大场合，皇后穿袆衣，妃子穿翟衣。贵妇头上要戴龙凤花钗冠，其中皇后的花钗冠有花树二十四株，皇太子妃的则只有十八株，和太子的通天冠梁数相等，其他贵妇的冠则依次减少花树。即“皇后首饰花一十二株，小花如大花之数，并两博鬓。冠饰以九龙、四凤。”“妃首饰花九株，小花同，并两博鬓，冠饰以九翚、四凤。”“皇太子妃首饰花九株，小花同，并两博鬓。”“中兴，仍旧制。其龙凤花钗冠，大小花二十四株，应乘舆冠梁之数，博鬓，冠饰同皇太后，皇后服之，绍兴九年所定也。花钗冠，小大花十八株，应皇太子冠梁之数，施两博鬓，去龙凤，皇太子妃服之，乾道七年所定也。其服，后惟备袆衣、礼衣，妃备褕翟，凡三等。其常服，后妃大袖，生色领，长裙，霞帔，玉坠子；背子、生色领皆用绛罗，盖与臣下不异。命妇服。政和议礼局上：花钗冠，皆施两博鬓，宝钿饰。”

但《宋史》于冠之纹饰没有详尽记述。《金史》则记载了金代皇后也戴凤冠，上有“王母仙人队”之类纹饰，还有“铺翠滴粉缕金装珍珠结制”，正可以补充《宋史》的记述。《金史·舆服志》载：“皇后冠服。花株冠，用盛子一，青罗表、青绢衬金红罗托里，用九龙、四凤，前面大龙衔穗球一朵，前后有花株各十有二，及鸂鶒、孔雀、云鹤、王母仙人队、浮动插瓣等，后有纳言，上有金蝉襻金两博鬓，以上并用铺翠滴粉缕金装珍珠结制，下有金圈口，上用七宝钿窠，后有金钿窠二，穿红罗铺金款幔带一。”“盛子”，指冠内的细铁丝网。又，《后汉书·舆服志》载：“尚书帻收，方三寸，名曰纳言，示以忠正，显近职也。”故纳言是用来收束冠帻的部件。

宫廷画师绘的《宋神宗皇后像》《宋英宗皇后像》，两位皇后都是头戴龙凤花钗冠。我们仔细察看，这些冠上除了龙、凤、花钗，还有彩画西王母、仙人、大小花朵、铺翠、珍珠等，精美绝伦。英宗皇后所戴冠上部有九条游龙，是金色龙身、赤鳍；多位女仙骑着彩凤，凤尾扬起，看起来不止四凤而已。冠前大龙衔着珠花、绿松石结成的流苏。龙凤间缀以展翅的丹顶鹤，即“云鹤”，还间以翠叶小花。冠下部是一排金色、粉色的大花，还有鹨鹕、孔雀各一排，间以小花。再下边则是一圈仙人，穿广袖衣，间有侍女，当是“王母仙人队”。再往下又有一圈红绿宝石围绕珠子，当为“钿窠”。又在冠口沿围绕一圈大圆珍珠。左右还各有三扇博鬓，缀以游龙纹与小花，沿边缀以椭圆形珠，并垂下珠滴、小绿宝石。整件冠还以蓝绿色翠羽、细小珍珠嵌在龙、凤、鹤、仙人等纹样和大小花上，即铺翠、滴粉（沥粉）、珍珠结制。一片金碧和珠光闪耀，精美绝伦。（图 6–1）

图 6–1 《宋神宗皇后像》（局部）

还有《宋徽宗皇后像》，皇后戴的凤冠上饰满龙、凤，凤上有女仙，龙凤皆嵌满细珠，还间有大朵珠花。前部有一只贴翠飞龙，从龙口垂下珠花与红穗球结成的流苏。

图 6–2 《宋徽宗皇后像》

图 6–3 《宋仁宗皇后像》

冠口沿处彩画王母仙人队更为清晰，队列里还配举着旌、节、扇。三扇博鬓上的游龙也以铺翠、细珠为饰。（图 6–2）

直到明代，贵妇的首饰头面上还喜欢装饰王母仙人的纹样，应该就是从这里来的。

另有一幅《宋仁宗皇后像》（图 6–3），穿袆衣的皇后所戴的也是这类缀满珍珠的凤冠。（图 6–4）

北宋郭若虚《图画见闻志》记载一个故事：有人买得一幅旧画，上有执手炉的男子和捧花盘的女子，女子“顶翠凤宝冠，衣珠络泥金广袖”，戴着凤冠，穿着缀满珍珠的泥金大袖衣，画得十分精美。原来这是名家高文进所绘的宋真宗和真宗皇后像，可见当时凤冠对皇族女子是多么重要。

凤冠，北宋时建造的晋祠圣母殿中邑姜塑像也有戴。

在民间，一些奢华的富贵人

家也把凤冠戴在歌姬舞女的头上，如南宋史浩的《柘枝令》一词，就写一位跳柘枝舞的“柘枝娇女”，头戴凤冠，纤腰束素，遍体锦衣装，来献呈歌舞。遥想当年的凤冠形态，是多么美丽，但是需要把文献记载和画像结合起来，才能获得详细的认知。

图 6–4 《宋仁宗皇后像》（局部）

宋代女子衣饰繁多，皇帝为了表示节俭，不断下令禁止各阶层的女子穿奇装异服，戴价值高昂的首饰。但是宋代女性还是因爱美之心不断创造新的发型、首饰，虽不如唐代华丽炫目，却也缤纷多姿。

女子们都喜欢高髻，样式很多。如朝天髻，《宋史·五行志》载：“建隆初，蜀孟昶末年，妇女竞治发为高髻，号‘朝天髻’。”山西太原晋祠北宋侍女像中，就有女子梳这种发型，把头发堆到头顶，梳成两圆柱，微倾向前，用金勒约束，再缀以花钿。（图 6–5）

图 6–5 太原晋祠梳朝天髻的侍女

发髻或用布帛包裹，叫作包髻，可以把布帛扎结成各种花状，既大方又不失美观。如孟元老《东京梦华录》记载，北宋时媒人有戴冠子、扎黄包髻的。晋祠侍女像中头上有用橙黄色或蓝色、红色布帛扎的包髻，前缀金宝花钿。如一位年轻的侍女，头上用红帛扎的包髻就似一只蝴蝶展开双翅，正中还插着花钿。

又有罗髻，就是螺髻。宋代晁补之作有一首词《下水船》："上客骊驹系，惊唤银屏睡起。困倚妆台，盈盈正解罗髻。凤钗坠，缭绕金盘玉指，巫山一段云委。半窥镜，向我横秋水。斜领花枝交镜里，淡拂铅华，匆匆自整罗绮。敛眉翠，虽有愔愔密意，空作江边解佩。"描写他去拜访一位女子，那银屏内尚在酣睡的女子惊醒过来，倚靠在妆台上，匆匆解开发绺，用手指缠绕梳理那如云的鬓发。镜子里眼波脉脉流转，坠落的凤钗和芬芳花枝赶紧插上，淡淡的铅粉与红彩染上脸颊，穿上罗衣描好翠眉。可是到头来，蜜意无限，却无从表达……

当时螺髻也很常见。晋祠一位侍女像头上是用蓝色布帛包起的双螺髻。

北宋王珪《宫词》咏垂下的螺髻："十三垂髻碧螺松，学舞经年后苑中。近日昭仪抄姓字，一时宣拨入东宫。"写的是年幼的舞姬年年在后宫中学习舞蹈，学好后才能进入东宫侍奉太子。这舞姬梳的是垂髻，或称为垂螺髻。南宋牟益《捣衣图》中的侍女即梳此类发髻。（图 6–6）

在宋代一件木雕菩萨上，也能看见把发股盘绕成两个螺形的高髻，显得很高雅。

南宋理宗时，宫女则梳高髻于顶，叫作"不走落"。

有一种盘福龙髻，又叫便眠觉，是北宋崇宁年间流行的。髻式作大而扁状，对睡觉不妨碍，大致就是卧髻之类。南宋佚名《女孝经图》中就有仕女梳此髻式，插白角小梳。南宋牟益《捣衣图》中的女郎亦有梳盘福龙髻的。

双蟠髻，也叫作龙蕊髻，有些像压扁的鬟髻。周锡保先生《中国古代服饰史》记其髻心特别大，双根处扎以彩缯，像是龙蟠凤翥一般，别具豪逸之态。

图 6-6　牟益《捣衣图》（局部）

苏轼《南歌子》有“绀绾双蟠髻”之词句，当指此类发髻。宋代王诜《绣栊晓镜图》中的红衣女子就梳这种髻，上加花钿、珠饰。（图 6-7）

图 6-7　《绣栊晓镜图》中梳双蟠髻的女郎

流苏髻，《谢氏诗源》记载，一位叫轻云的长发美女，“轻云鬓发甚长，每梳头，立于榻上，犹拂地。已绾髻，左右余发各粗一指，结束作同心带，垂于两肩，以珠翠饰之，谓之流苏髻”。这位女郎的黑发是那么茂密，站在床上梳头，长发还会拂在地上。她绾成发髻后还要在两肩各垂下一缕发绺，飘飘荡荡，然后各打一个同心结，再加珠宝首饰来装饰，以寄托女儿家对美好爱情的向往。同心结本是使用丝帛彩带制作，现在用自己的情丝来绾结，意蕴更深了。那粗心的男儿是否能理解这其中的情愫？

图 6-8　新疆壁画中的菩萨像

事实上，流苏髻不是轻云创造的，东晋《女史箴图》中有位女郎用发缕打结，周锡保先生认为或就是流苏髻。唐宋时的菩萨画像、雕塑上也常有把余发披拂下来的。（图 6-8）

又有河南温县慈胜寺五代壁画《双菩萨图》（又称《菩萨焚香图》，早年流失到美国纳尔逊—阿特金斯艺术博物馆），工笔细绘、敷色而成。两位菩萨都绾较高的发髻，又似打联垂发型（将发束分成一鬟或多鬟垂在耳后），两边各有发缕围着耳朵束成一鬟，余发一缕长长飘拂下来，打一个结，披在肩上，别具飘逸之姿。一位菩萨头上还戴着金嵌珍珠的如意冠，饰以莲花蕾、头绳、花钿，冠上连接一支如意形垂下小珠串的步摇。另一位戴鸾凤形金冠，饰以凤钗、花钿等。（图 6-9）她们的装扮是华丽的，却仍有清逸之气。山西平遥双林寺的明代彩塑普贤菩萨像仍是这类发型，绾高发髻，两肩各垂下一缕发丝，打着结。

陆游《入蜀记》记载南宋之时，四川的未嫁女子梳同心髻，高可达二尺，

图 6-9　河南温县慈胜寺五代壁画《双菩萨图》（局部）

插以银钗六支，后面插牙梳如掌大。这也是寄托美好心愿的发髻。这时候的同心髻式样在江西景德镇出土的一件宋代女俑上可以见到，就是把发绾在头顶的圆髻。它是情窦初开的少女所梳的，盼日后能和爱人永结同心。男女同心，是人们永远追求的美好境界。晏幾道《采桑子》词“双螺未学同心绾，已占歌名”，写的是一位少女尚绾结着双螺髻，还不曾知道绾同心髻，内心世界还是十分单纯的，却已经能唱出动人的歌曲，有了名气。也可见螺髻在当时也是流行于少女之中的，一旦把螺髻改梳成同心髻，心中就有了别样的心事。

唐宋时有形似鸾凤的鸾髻，或在髻上饰鸾凤钗，也可以叫作鸾髻。《宣和遗事》记载宋代名女李师师的清雅美丽时说：“亸肩鸾髻垂云碧，眼入明眸秋水溢。”她的一直垂到肩上的鸾鸟之髻，如乌云一般浓碧，和桃花脸、玉肌肤相衬。《宋史》记载宫廷乐舞中的凤迎乐队，戴云鬟凤髻。大概是事先编好的假发髻，表演时一戴就行。

三角髻也仍然流行，如宋代《佛会图》残卷中可见到梳三角髻的菩萨，发髻上缀以层层珠宝和柳叶状围饰，或就是柳叶冠。

又有大盘髻，发髻凡五围，用丝网固定，插玉钗。髻三围则为小盘髻。宋代传周文矩绘《妃子浴儿图》（一作《浴婴图》）中，正在给小儿洗澡的女子就梳的是小盘髻。（图6–10）在重庆大足区的宝顶山南宋石刻中，有一位吹觱篥的女子，把发股盘绕在头顶，互为穿插，盘得较高，脑后再垂下两股发辫，是日常生活中梳的发髻，类似于这种盘髻。

图 6–10 《妃子浴儿图》中梳小盘髻的女子

鬟髻在宋代仍然受到欢迎。河南禹州白沙宋墓壁画中有人梳高髻配单鬟，似是从唐代圆鬟椎髻演变来的。少女们也爱鬟髻，多梳双鬟、三鬟髻。传为李公麟绘的《维摩诘演教图》立轴中，维摩诘的身边站着一位梳双鬟髻的侍女，鬟中有梁支撑，簪着一支衔珠滴的凤凰步摇，还饰以花钿等，分外华贵。（图6–11）

图 6–11 《维摩诘演教图》中梳双鬟髻的仕女

南宋画家刘松年所画《宫女图》中，有一侧身女郎所梳的是三鬟髻，一坐着的女郎则似是梳四鬟髻。

多鬟的发髻，因为多是仙子玉女所梳，也叫作仙人髻。有多达十二鬟者，黄庭坚《采桑子》词有句："浓丽清闲，晓镜新梳十二鬟。"宋代《仙女乘鸾图》中画有一位女仙乘鸾飞翔于天空，头上就梳着五鬟髻。（图 6–12）

图 6–12 《仙女乘鸾图》（局部）

《齐东野语》中记有乐伎装扮，分别梳着朝天髻、懒梳髻、小儿状的满头小髻（三十六髻，谐音三十六计），分别与当时大臣蔡京觐见皇帝、郑侠返乡、童贯用兵有关，含有讽刺童贯之意："宣和中，童贯用兵燕蓟，败而窜。一日内宴，教坊进伎为三四婢，首饰皆不同。其一当额为髻，曰蔡太师家人也；其

图 6-13　苏汉臣《冬日婴戏图》中的女孩

二髻偏坠，曰郑太宰家人也；又一人满头为髻如小儿，曰童大王家人也。问其故，蔡氏者曰：'太师觐清光，此名朝天髻。'郑氏者曰：'吾太宰奉祠就第，此懒梳髻。'至童氏者曰：'大王方用兵，此三十六髻也。'"懒梳髻是一种把头发分成数绺绾好，倾侧在一边的发髻，明代叫作懒梳头。

女童多梳双丫或三丫髻，用一条垂着珍珠的头须（头绳）扎着。如南宋苏汉臣《冬日婴戏图》中的一个女孩，扬之水老师引《清平山堂话本·西湖三塔记》考证得很详细，她梳的是三丫髻（当时叫作三角儿），插三支短金钗，系一条红罗头绳，即头须，上垂珠串。（图 6-13）

苏汉臣《秋庭婴戏图》里的女孩则梳双丫髻，垂小鬟，也用一条垂着珍珠的头须系着。

周密《武林旧事》记载，南宋七夕节时陈设一种玩具娃娃：摩睺罗，其"衣帽、金钱、钗镯、佩环、真珠、头须及手中所执戏具，皆七宝为之"。

直到明代，《明史》还记载女子在室者，作三小髻，金钗，珠头巾。

也有女郎在发髻上扎细帛带，上面垂下珍珠等，如南唐顾闳中《韩熙载夜宴图》中所绘。这也是头须。

稍大的女孩也梳丫髻，不过和女童梳的有所不同，如传宋代《文会图》上的一位侍女就梳双丫髻。

宋代堕马髻仍十分流行，如侯寘《菩萨蛮》词说："绿窗初睡起，堕马慵梳

髻。斜插紫鸾钗，香从鬓底来。”传周文矩《妃子浴儿图》中的一位女子梳的就是这种发髻。（图 6-14）

南宋李嵩《骷髅幻戏图》里，一位妇人梳着斜于脑后的倭堕髻。（图 6-15）右边女孩则在脑后梳两个小圆髻，扎着珠红色发带，额周插着弧形珠钿，头上又有交叉的发簪。（图 6-16）

宋人袁褧撰、袁颐续的笔记《枫窗小牍》，记载了北宋末年的发髻和

图 6-14　《妃子浴儿图》中梳堕马髻的女郎

图 6-15　《骷髅幻戏图》中梳倭堕髻的妇人

图 6-16　《骷髅幻戏图》中梳圆髻的女孩

图 6-17　刘松年《宫女图》中的女郎

额饰，如崇宁年间流行大髻方额，政宣年间又尚急扎垂肩，宣和以后是云尖巧额、鬓撑金凤，连小家也要“剪纸衬发，膏沐芳香”，大概是剪黑纸充当假发。

云尖巧额，是把额发修剪成朵云之状，略似古画中菩萨的额发；中间修剪出尖，尖正对着眉心。刘松年《宫女图》中坐着的女郎就是如此，另一位侧身的宫女也可看见额发局部修剪如云。（图 6-17）元代永乐宫壁画中的玉女发髻也有类似梳法。

急扎垂肩的发髻，在河南禹州白沙宋墓壁画上就能看见，女主人和几名侍女所梳都是同样的小垂髻，下垂至肩，用帛带约束。有的还加上一个发鬟，再戴上团冠。（图 6-18）

宋代的金银首饰制作工艺更为精湛，但也存在看不起首饰设计师的风气。如北宋刘道醇《宋朝名画评》记载一位金银首饰工匠叫陶裔，自幼颖悟，多巧思，隶属后苑造作所，制作副珈、步摇、花夿、璎珞之饰，还“结花钿为羽仙仪状”。其制作水平极为精湛，受到宋太宗的赞赏，但太宗又说：“如果把这份心思转移到绘画中，安知不会留名后世呢？”于是陶裔就改行为画家了。这和明代名画家戴进原为首饰工匠，后来改行学画是一样的。只因为古人看不起手工业，因而许多首饰珍品都没能留下设计师的名字。

图 6–18　白沙宋墓壁画之急扎垂肩、团冠

宋代首饰多用锤鍱、线刻等手法制作。如凤钗就用一片金片镂刻成形，再锤打出凹凸，细刻毛羽。江苏涟水妙通塔地宫出土宋代的龙身凤首金凤钗，配一对金凤翅，即如此做法。在陕西西安临潼区的金代窖藏中也发现一件金凤钗，翅翎飞扬，连着细细的钗脚。

宋代女子的发饰也是钗、簪、梳篦之类，扬之水先生在《宋元金银首饰的样式与工艺》一文中考证，当时仅钗就有多种，有凤钗、折股钗、竹节钗、花头钗、螭虎钗、接二连三式钗等。折股钗是把金银条或片盘旋扭结后对折为两股；竹节钗是制作如竹节之状；花头钗是把两片银片锤出花样，卷作喇叭筒对接起来，再扣上一朵银片锤成的花，开化寺宋代壁画就有女子戴类似花筒钗的首饰；螭虎钗是在折股钗中饰以双龙或双螭，钗梁刻作牡丹花；接二连三式钗是以一根粗银丝弯作连续的双股花枝，上各顶一朵花。

各种簪钗和梳篦以珍珠宝石、翡翠羽毛为饰，制作为花朵鸾凤的形象，遍插满头，叫作头面。孟元老《东京梦华录》载公主出降，“有宫嫔数十，皆真珠钗插、吊朵、玲珑簇罗头面”；还有相国寺里，两廊“皆诸寺师姑卖绣作、领抹、花朵、珠翠、头面、生色销金花样幞头、帽子、特髻、冠子、绦线之类”。用皂罗、头发或金银丝的结条工艺编结而成的发髻，称为特髻，戴在头上很方便，宋代词牌有名为《皂罗特髻》者。特髻又称为义髻，明代后或称为鬏髻，使用极为普遍。

吴自牧《梦粱录》卷二十记载，南宋婚嫁时要备“珠翠特髻、珠翠团冠、四时冠花、珠翠排环等首饰”；男家在结婚前三日要送“催妆花髻”，或用金属丝制作，加以花饰。又卷十三记载南宋女子有“飞鸾走凤”“七宝珠翠”“首饰花朵、冠梳”等，都是制作精美的发饰：“最是官巷花作，所聚奇异飞鸾走凤、七宝珠翠、首饰花朵、冠梳及锦绣罗帛、销金衣裙、描画领抹，极其工巧。”时代稍早的宋徽宗《宫词》早有说：“头上宫花妆翡翠，宝蝉珍蝶势如飞。”南宋李嵩《听阮图》中那正在弹阮的乐女头上也有戴飞鸾走凤且嵌着细小珍珠的发饰。（图 6-19）

南宋刘松年《宫女图》中，那坐着的女郎头上也戴有飞鸾，还有一支簪首为游龙形的长簪子。

福建泉州发现一位年仅 17 岁的少妇黄昇的墓，出土时黄昇头上也梳高髻，插四枚角篦于四边，又有镏金镂花银钗三支，插于发髻上，即花头钗。（图 6-20）

江西德安周氏墓，墓主人是一位妇人，出土有一个金丝编的特髻，发现时还戴在头上。额前有一个白毫状铜饰，两鬓和脑后各插一把木梳；还发现有镏金钗、银簪，或镶宝石，或一件镂梅花纹，一件镂菊花纹；同时发现有一支步摇，步摇垂下的物件不是简单的珠串，而是珍珠网罩，内盛褐色的方形香囊，

图 6-19　李嵩《听阮图》中的女郎

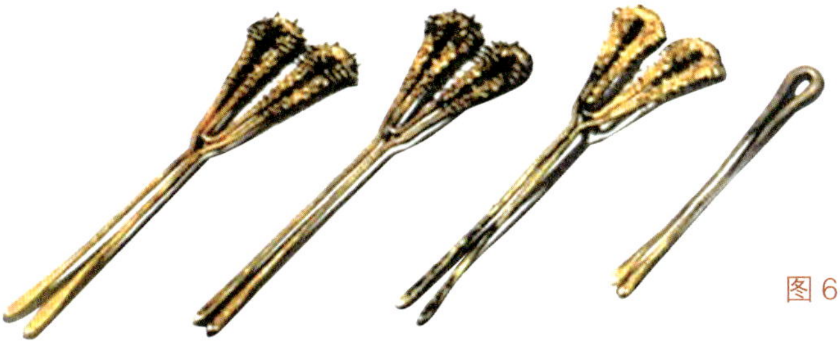

图 6-20　黄昇墓出土银花头钗

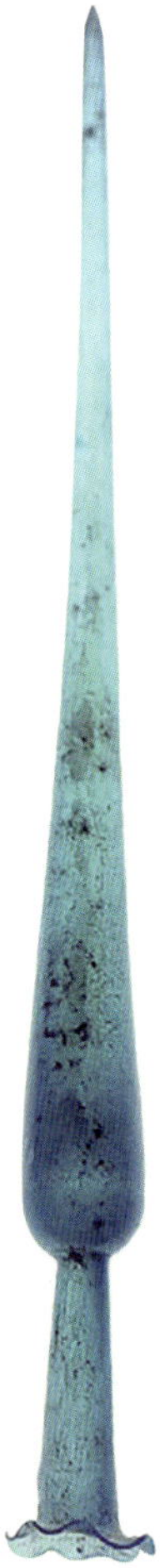
图 6-21　蓝玻璃花瓶簪

香囊里应该还盛放着香料，当她走动时就有馥郁的香气四散。扬之水先生指出，这应当是宋代端午时戴的珠囊，也就是珍珠香囊。因为这位夫人手里拿着一根桃枝，上边系着端午时的粽子。

四川阆中双龙镇宋墓出土一支金簪，由两片金片扣合而成，镂刻芙蓉和牡丹、菊花等形，外镶框，框外又饰荷叶花果。

长沙还出土了一支淡蓝半透明的琉璃钗，用透明的材质制成朴素无花饰的钗也是很美的。

又有蓝玻璃花瓶簪，簪头制为花瓶形，可以单用，也可盛水，插上新鲜花枝再簪在髻上，使花可以保鲜，颇见惜花之心。（图 6-21）

宋代还有掉篦、掩根一类的簪子，是横簪在脑后发髻上的，明代称为满冠。

宋代的梳篦花样很丰富，欧阳修《南歌子》写道："凤髻金泥带，龙纹玉掌梳。"当时有雕刻着龙纹的玉梳子，还有如掌大的象牙梳。陶毂《清异录》记载"绿象牙五色梳"，这是洛阳少年崔瑜卿为心爱的女郎玉润子所作的，价值近二十万钱！还有吴自牧《梦粱录》所记载的"染红绿牙梳"，都是这类，是用象牙精心雕刻的，加以红绿底色，再加彩绘。

当时，犀梳继续流行，诗文中也有咏及。宋代文士秦觏的《黄金缕》词下半阕说："斜插犀梳云半吐，檀板轻敲，唱彻黄金缕。望断行云无觅处，梦回明月生南浦。"写的是梦里回眸，一位手持檀板轻歌的歌女隐约浮现，她簪戴的犀梳露出在发髻间，如明月半吐。仅仅这个细节，就刻画出了梦里爱人的动人情韵。由于当时犀梳为人所重视，人们就用乌龟壳融化后加玳瑁制作，看上去就像真的一样，深受欢迎。

也有又大又长的银梳子，苏轼诗说："溪女笑时银栉低。"自注："於潜妇女皆插大银栉，长尺许，谓之蓬沓。"江西彭泽北宋易氏墓出土的半月形银梳，长 11 厘米，梳背为卷草双狮子戏球纹；上下还有繁缛的边饰陪衬，下层花瓣纹与梳齿相连接，精工富丽，可能就是蓬沓。（图 6-22）

图 6-22　江西彭泽北宋易氏墓半月形银梳

至于高冠上的长梳，更以金银、象牙、牛角、玳瑁、玉等制作，如南宋吕胜己《鹧鸪天》有"垒金梳子双双耍，铺翠花儿袅袅垂"的句子。当时还喜欢用金银包裹梳背，梳齿插入发内，梳背隆起作为装饰。

当时的玉梳也制作得十分精美。南京江宁区宋墓出土的玉梳，用浅青色玉料雕成，梳背上刻三朵盛开的牡丹，舒卷着花瓣，还镂雕出缠枝花叶，工艺细致极了。

宋代花钿，浙江永嘉出土有一批，为银质，或做成扁形，或是立体形，或为云朵形，上缀菊花、葵花等。

方胜在宋代仍然受到喜爱，它是同心相连的象征，是女郎头上美好的发饰，也是情人互赠的佳礼。作为吉祥之物，古诗词里常咏及，称为合欢胜。宋代词人贺铸有《雁后归》词："巧翦合欢罗胜子，钗头春意翩翩。艳歌浅拜笑嫣然。愿郎宜此酒，行乐驻华年。未是文园多病客，幽襟凄断堪怜。旧游梦挂碧云边。人归落雁后，思发在花前。"词中写到一位多情的少女，用罗帛精心制作合欢胜，系挂在发钗的钗头上，带来浓浓的春意。她唱歌、微笑，浅浅而拜，奉上一杯美酒，愿郎君永驻华年。这一幕，从此成为诗人常常回忆的梦一般的情景。

方胜实物，宁波天封塔地宫就出土有三件，均为银质，作双菱形交叠之状，内刻花纹。浙江衢州南宋墓出土了蓝琉璃方胜，菱形角饰以圆泡。

宋代女子的冠样式很多，有各种形状、各种材质，也装饰四时的花卉纹样。就像南宋史浩《童丱须知·梳妆八篇》诗中说的："绣草铺茸玉作冠，四时花样几千般。"

北宋王得臣的《麈史》记载妇女冠制甚详细："妇人冠服涂饰……今略记其首冠之制。始用以黄涂白金，或鹿胎之革，或玳瑁，或缀彩罗，为攒云、五岳之类。既禁用鹿胎、玳瑁，乃为白角者，又点角为假玳瑁之形者，然犹出四角而长矣。后至长二三尺许，而登车檐，皆侧首而入。俄又编竹而为团者，涂之以绿，浸变而以角为之，谓之团冠。复以长者屈四角而下至于肩，谓之弹肩。又以团冠少裁其两边，而高其前后，谓之山口。又以弹肩直其角而短，谓之短冠。今则一用太妃冠矣。始者角冠棱托以金，或以金涂银饰之，今则皆以珠玑缀之。其方尚长冠也，所傅两角梳亦长七八寸。习尚之盛，在于皇祐、至和之间。"女子有很多种华丽的冠，或镏金，或用鹿皮、玳瑁制作，或用彩罗制成攒云形、五岳形的冠。后朝廷禁止用鹿皮、玳瑁制作冠，又出现白角冠（白角当即磨光的牛角），出四角而长，长可达二三尺。又有以角制作为假玳瑁冠者。又有团冠、短冠、太妃冠等。冠上用金银或珠玑为装饰。长冠会插七八寸长的角梳。

这样的冠饰，宋仁宗觉得太奢侈，下令禁止。南宋周煇《清波杂志》卷八载，在仁宗皇祐初年，“诏妇人所服冠，高毋得过七寸，广毋得逾一尺，梳毋得逾尺，以角为之。先是，宫中尚白角冠，人争效之，号‘内样冠’，名曰‘垂肩’‘等肩’，至有长三尺者，登车檐皆侧首而入，梳长亦逾尺。议者以为服妖，乃禁止之。煇自孩提，见妇女装束数岁即一变。况乎数十百年前，样制自应不同。如高冠长梳，犹及见之。当时名‘大梳裹’，非盛礼不用。若施于今日，未必不夸为新奇，但非时所尚而不售。大抵前辈治器物、盖屋宇，皆务高大，后渐从狭小，首饰亦然”。

南宋李焘《续资治通鉴长编·仁宗皇祐元年》也载：“（十月）丁丑，诏妇人所服冠，高无得过四寸，广无得逾一尺，梳长无得逾四寸，仍无得以角为之，犯者重致于法，仍听人告。先是，宫中尚白角冠梳，人争效之，谓之内样。其冠名曰垂肩，至有长三尺者。梳长亦逾尺。御史刘元瑜以为服妖，故请禁止之，妇人多被罪者。(《御史记》云刘元瑜乞禁止，重赏告讦者，妇人多被刑责。大为识者所嗤，都下作歌辞以嘲之。)”

从这些记载中可看出当时流行的冠饰之奇，引得御史请皇帝下令禁止，妇女们甚至有被刑罚的。南宋史浩《童丱须知·梳妆八篇》诗中也有感叹搜取翠鸟羽毛、珍珠等作昂贵首饰带来的生态破坏与社会不公，如：“贵家所好若无偏，翠羽真珠不直钱。簪珥一求难得货，穷山深海尽骚然。”“绣草铺茸玉作冠，四时花样几千般。当思蓬首寒窗女，终岁无油两鬓干。”

妇女戴团冠、垂肩冠等很常见。团冠是皇后、公主在礼仪活动中戴用的，如南宋《武林旧事》卷七载孝宗皇后在孝宗的诞辰“会庆圣节”的大宴会上，三盏酒后免去头冠（当是龙凤花钗冠），换上较为轻便的“团冠背儿”，即戴团冠，配穿背子。卷八载皇后回娘家拜家庙，也是“服团冠背儿”。公主在及笄礼时分三次戴三种冠，其中一种当就是团冠。《梦粱录》记载婚娶之时要备珠翠团冠等。

在绘于宋哲宗元符年间的白沙宋墓一号墓壁画上，就能看见在镜子前梳妆、穿着直领窄袖短背子的贵妇人，双手拿着一顶用各种彩色纹分层绘饰的团冠，正欲戴在头上，冠的上边还连缀着两个小的尖角，一前一后，显得很别致。旁边的侍女梳着高髻配单鬟，也有戴这种饰角团冠的，彩绘也很精美。这样的角饰，是否是远古在头上戴角的余风？

垂肩冠也就是亸肩冠、等肩冠，类似于角冠，按照《梦溪笔谈》卷十九载是两翼抱面，下垂及肩："济州金乡县发一古冢，乃汉大司徒朱鲔墓，石壁皆刻人物、祭器、乐架之类。人之衣冠多品，有如今之幞头者，巾额皆方，悉如今制，但无脚耳。妇人亦有如今之垂肩冠者，如近年所服角冠，两翼抱面，下垂及肩，略无小异。"周锡保先生《中国古代服饰史》记有一件宋代磁州窑的彩釉妇女像，头戴垂肩冠，两翼下垂至肩，做成云朵、山岳之状，即所谓攒云五岳，颇似唐代吕岩《七言》诗句所说"顶上云攒五岳冠"之形。冠上正中饰以一只凤凰。整件冠非常华丽。

图 6-23　开化寺壁画中戴等肩冠的女子

在山西高平开化寺北宋壁画中，也画有戴等肩冠的女子。（图 6-23）

宋人绘《歌乐图》中的歌姬们，头戴宽可等肩的高

冠，每一顶冠上都有如三朵尖花苞状的冠饰，细看上边还有如牛角的一圈圈纹路，应也是角冠一类。（图 6-24）

图 6-24 《歌乐图》（局部）

王栐《燕翼诒谋录》卷四载：“旧制，妇人冠以漆纱为之，而加以饰，金银珠翠，采色装花，初无定制。仁宗时，宫中以白角改造冠并梳，冠之长至三尺，有等肩者，梳至一尺。议者以为妖，仁宗亦恶其侈，皇祐元年十月，诏禁中外不得以角为冠、梳，冠广不得过一尺，长不得过四寸，梳长不得过四寸。终仁宗之世无敢犯者。其后侈靡之风盛行，冠不特白角，又易以鱼枕；梳不特白角，又易以象牙、玳瑁矣。”综合图像资料与文字记载，可见宋时冠上饰有梳、金银珠翠、彩花、云朵、凤凰之类。从记载中还可知晓，宋仁宗颁发诏书禁止以角为冠、梳，使得社会上流行大型奢华冠饰的风气有所遏制，仁宗朝之后却又反弹，奢靡之风更盛，出现了鱼枕冠、象牙梳、玳瑁梳。

这里说的鱼枕，也称为鱼魫，即青鱼枕骨下方咽喉部的一小块心形骨，实为角质增生。这块心形骨为浅黄色，晶莹光亮，可以做装饰用。如《宋史·五行志三》载：“装镂鱼腮中骨，号‘鱼媚子’以饰面。”这是贴在脸上的花钿之类，只需要一小块就可以做成。又可以把很多块心形骨加热融化，倾入模具，制作成器物，如杯子、窗、灯笼，还有就是著名的鱼枕冠。这种冠，《梦粱录》等书都有记载。北宋苏轼有《鱼枕冠颂》诗：“莹净鱼枕冠，细观初何物。形气偶相值，忽然而为鱼。不幸遭网罟，剖鱼而得枕。方其得枕时，是枕非复鱼。汤火就模范，巉然冠五岳。方其为冠时，是冠非复枕……”写出此冠是以鱼枕作冠，以滚水（汤）、火融化后就模型而成，巍巍然如五岳山高之形。前述宋代磁州窑的彩釉妇女像，头戴的垂肩冠有攒云五岳之状，颇符合“巉然冠五岳”的叙述，或即鱼枕冠之类。

登封箭沟村北宋墓壁画里也可见到女子戴白色团冠，似亦为一种鱼枕冠。（图 6–25）

明代《醒世恒言·吕洞宾飞剑斩黄龙》一篇，写一位修道女子：“铺中立着

图 6-25　箭沟村北宋墓壁画中的白团冠

个女娘，鱼魫冠儿，道装打扮，眉间青气现。”清代有一篇《玫瑰花女魅》传奇，收在《香艳丛书》中，写这位女魅戴的也是鱼枕冠。可见鱼枕冠与道家人物、精灵类形象是有关的。

北宋李廌《师友谈记》载哲宗皇帝家宴时，皇帝、太皇太后、太后、太妃和皇后一起坐，宝慈（高太皇太后）、长乐（向太后）戴白角团冠，插白玉龙簪，穿黄背子；太妃（哲宗生母朱太妃）和中宫（哲宗的孟皇后）都是戴缕金云月冠，插白玉龙簪，并加北珠为饰，穿红背子：“御宴惟五人，上居中，宝慈在东，长乐在西，皆南向，太妃暨中宫皆西向。宝慈暨长乐皆白角团冠，前后惟白玉龙簪而已，衣黄背子衣，无华彩。太妃暨中宫皆缕金云月冠，前后亦白玉龙簪，而饰以北珠。珠甚大。衣红背子，皆用珠为饰。”

缕金云月冠之状，如西夏黑水城发现的太阴星君画像手中捧着的一件，以

图 6-26 西夏太阴星君像

云托圆月。（图 6-26）

又有学者认为，金代《石勒听讲图》中一位宫女发髻上戴的就是云月冠，以卷云簇拥一轮圆月，发髻上簪饰菊花枝朵。发髻顶上还有玉雕卷云冠饰，插有金龙簪，有口衔珠滴的金五凤钗。

宋代女子也喜欢戴珠冠，南宋周密《齐东野语》记载妃嫔戴珠冠。周密又撰有《武林旧事》，记公主出嫁有“北珠冠花篦环，七宝冠花篦环”，即珠花冠、七宝花冠。在甘肃麦积山石窟宋代塑造的女供养人像中就有戴珠冠的，只是用珍珠圈成花状，比较朴素，更复杂的珠冠应该像皇后的凤冠那样绚丽。宋代的珠冠对明代的珠饰影响很大。

《荷亭弈钓仕女图》描绘了夏日六位仕女在水滨弈棋、钓鱼、赏荷。她们都头戴束发小冠，冠形各不相同，有彩画冠，有半透明的纱质冠，都是适宜夏季戴的。冠上都配各种花钿、小朵花为饰。如一位女郎冠上画有双凤纹。（图 6-27）一位头上缀小朵花钿、翠叶小花，冠上画有四只小鸟飞舞，当是鹣鹣鸟纹。鹣鹣即比翼鸟、相思鸟，白居易《长恨歌》有“在天愿作比翼鸟，在地愿为连理枝”的名句；武氏祠汉代画像石有连理枝与比翼鸟图；宋代张先《于飞乐令》词有句“裙缕鹣鹣”，江西德安周氏墓出土的一件罗裙上绣有连理枝，比翼鸟飞舞于枝叶上，正是张先所咏鹣鹣裙。图中绘有鹣鹣鸟纹的冠，也可称为鹣鹣冠。（图 6-28）

图 6-27 《荷亭弈钓仕女图》之双凤纹冠

图 6-28 《荷亭弈钓仕女图》之鹣鹣冠

安徽安庆棋盘山范文虎夫妇合葬墓中出土有一件金片制作的南宋晚期的金冠，形如椭圆两瓣花，用五片金合包而成，錾着缠枝花纹，还有嵌珠宝的小孔（珠宝已经脱落）。冠底有大洞，可以套在发髻上，又有小圆洞，可以系绳或贯穿发簪固定。宋人《却坐图》中皇后所戴的也是这类金冠，但戴法有些区别，是斜于脑后，两片金冠把发髻夹在其中。宋人《瑶台步月图》中画的赏月仕女戴的是绿色冠，也是这种戴法。（图 6-29）永乐宫元代壁画中的捧香炉玉女戴

图 6-29 《瑶台步月图》中戴冠的女郎

的也是这类金冠，不过是高耸于头顶。

武宗元《朝元仙杖图》中的香山宝相玉女，以孔雀翎片缀饰两片冠饰，戴上头上，当有碧光闪烁，边沿还缀以珠滴。（图 6-30）

宋代沿袭前朝风气，也有玉冠，如《武林旧事》卷二记理宗时公主出嫁，妆奁有玉龙冠、七宝冠。旧题宋龙大渊《古玉图谱》中还有一幅图绘古玉皇后七宝冠，略似进贤冠，镶有瑟瑟宝珠，注释说为汉魏之物。至于玉龙冠是何样子，缺乏图像，无法考证了。其或是用金玉制为龙形，似金代《石勒听讲图》中的玉雕卷云冠饰与龙簪凤钗之状。

《武林旧事》卷七中提到一次宋高宗和皇后在宫内游宴，听高宗的妃子刘婉容奏乐，刘婉容是位音乐家，弹奏乐曲异常动听，听得他们很满意，就赐予刘婉容“白玉九芝道冠，北珠缘领道氅”。道氅应该就是鹤氅，是直领大袖之长衣，配上道冠，是男女道士的通用装扮，妃嫔们如此穿戴，是因为宋代皇室也信奉道教。

可惜玉冠实物至今出土的很少，江苏苏州清代毕沅墓出土有一顶，是用白里透青的和田玉镂空，外边雕刻成一朵饱满的莲花蕾状，四边各雕刻两层花瓣，中间有孔，插一支云头如意纹的碧玉簪子来固定，簪子长九厘米，或是后来所配。（图 6–31）毕沅是大收藏家，此顶宋代玉冠也是他的收藏。

此外，我们只能就绘画中看见的一些玉冠之图来推论其形制。除了唐代周昉《纨扇仕女图》中的玉冠，宋人《却坐图》中也有一位宫女戴的似是玉冠，该冠是用一块块碧玉雕成花瓣，每一块花瓣都镶嵌以金边，然后连缀如千叶莲花之

图 6–30　《朝元仙杖图》之孔雀翎冠

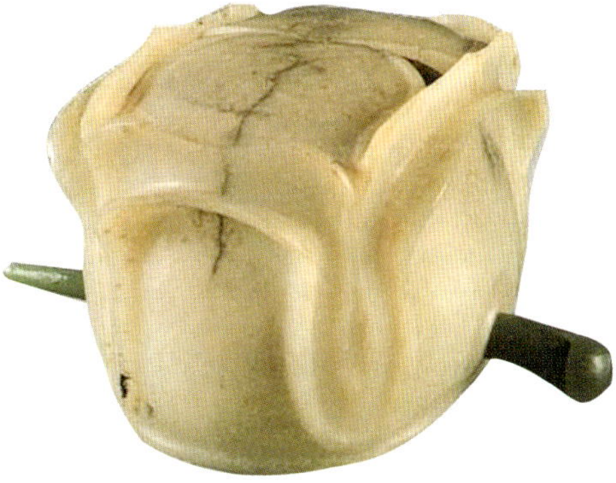

图 6–31　毕沅墓发现的宋代玉冠

图 6-32 《却坐图》（局部）

状。（图 6-32）这也正是古诗中说的芙蓉碧玉冠。龙大渊《古玉图谱》中还有一幅红玉莲花冠图，以红玉雕成莲花状，可以参考。明代仇英的《汉宫春晓图》中一位妃子端坐，画师正在为她作画，她头上戴的也是由一片片白玉叶组成的玉花冠。

宋代人爱花、赏花风气极盛，女子自也极喜欢戴鲜花，发髻上、鬓边、冠上都插饰，还使用花瓶簪。有一种锦带花，别名就叫作鬓边娇。人们一般是春天簪桃花、杏花、牡丹、芍药，夏天是茉莉、石榴花，秋天是红叶、菊花，冬天是梅花等。如宋代《杂剧人物图》上的一位女主角，头上戴簪着牡丹花的花冠。（图 6-33）

在宋代著名杂剧女演员丁都赛的画像砖上，也可看出她的冠上簪着牡丹花，还饰有各种绒绢花、通草花等。《武林旧事》卷七记载，南宋时寿圣皇太后赐予舞姬琼琼、柔柔七宝花十枝，大约是金玉珠宝制作的各式花朵。

簪花也要与衣饰相配。《西湖游览志余》记载南宋张功甫在春天举行牡丹会，众乐伎在异香馥郁中分次序出演，歌唱牡丹花诗词。她们身上穿的衣服和首饰都饰牡丹花样，头上也簪盛开的牡丹花，如是白衣裳就簪大红的“照殿红”，如是紫衣

图 6-33 《杂剧人物图》

裳则簪白色牡丹，如是鹅黄衣裳则簪紫色牡丹，红衣裳则簪黄色牡丹。花和衣互衬，更为鲜艳夺目。

有时候，发髻、冠上簪插的鲜花还可以作为占卜的工具。南宋辛弃疾《祝英台近》词云："鬓边觑，试把花卜归期，才簪又重数。"这位女郎牵挂着远方的人儿，不知道他何日得归，于是拔下刚簪上的鲜花，细细地数。大概花瓣的数目是单数就暂时不能归来，双数则是能早日归来吧。

宋代妇女还有很多四时花样的花冠。因为宋代花卉栽培技艺发达，仅牡丹、芍药就培育出了很多新品种，于是女子们的花冠就直接取样于这千姿百态的花朵。沈从文先生指出，宋代王观《芍药谱》中，不少新培育出来的品种就直接以冠命名。如“冠群芳”，是“大旋心冠子也，深红堆叶，顶分四五旋，其英密簇，广可及半尺，高可及六寸，艳色绝妙”；“赛群芳”则是“小旋心冠子也，渐添红而紧小”；“宝妆成”是“髻子也，色微紫，于上十二大叶中密生，曲叶回环，裹抱团圆。其高八九寸，广半尺余，每一小叶上络以金线，缀以玉珠”。若是按这样的花朵形状制作成花冠，该是多么斑斓迷人！

当时的花冠用彩色纱罗、通草制作，或再加金玉、玳瑁和珍珠等。如宋代《花石仕女图》(一作《招凉仕女图》)中的一位仕女，沈从文先生说所戴的就是重楼子花冠。花冠似用竹篾或细铁丝等编成架子，蒙上纱罗，盘绕如花塔，下有一层青色叶片，两边垂有朱红色发带，前有衔珠凤凰步摇，后又有博鬓，再加一层紫罗盖头。(图 6–34)

白沙宋墓壁画中也有人戴芍药形的花冠。周文矩《宫中图》中一位宫女戴细小花瓣簇成的芍药花冠，上加数枚花钿。(图 6–35)

形似莲花的莲花冠在宋代仍继续流行。《宋宣祖后坐像》中，宣祖后头上戴的就是点翠莲花冠，莲瓣外绕以牡丹、凤凰纹，以金线画出纹路，缀以珠子。冠前有一只突出的凤凰，口衔红白珠滴。又配插一对嵌珠博鬓。脑后还有一支簪子，上有点翠嵌珠牡丹花，花上一对朱凤作追逐相戏之状，簪子又垂下珠滴，也可视为步摇。(图 6–36) 太原晋祠侍女塑像中也有戴莲花冠的。

还有把团冠和莲花冠结合在一起的，如《女孝经图》中的一名妃子头上戴的就是。《荷亭弈钓仕女图》中一位女子头冠边则簪着一朵花钿，作莲花状。(图 6–37)

图 6-34 《花石仕女图》之重楼子花冠

图 6-35 周文矩《宫中图》之花冠

图 6-36 头戴莲花冠的宣祖后像

图 6-37 《荷亭弈钓仕女图》之头冠衬莲花状花钿

图 6–38 《折槛图》之花冠

重庆大足石刻、《女孝经图》、《折槛图》、《却坐图》中都有戴花冠的女郎，和唐代《宫乐图》中多重小花瓣层叠的花冠类似。如《折槛图》中一位宫妃的花冠就很精致。（图 6–38）

有一种玉兰花苞形的冠，或称为山口冠，流传很久。孙机先生认为它是由团冠变化来的，如王得臣所说，以团冠少裁其两边，而高其前后，谓之山口。晋祠宋代侍女像中就有一位，头戴绿色的玉兰花苞形高冠，前面有金质山额，后边用红带系束，当中有明显的山口。宋代《花石仕女图》中也有一位戴的是此种冠，只是用轻纱制作。

在河南偃师宋墓发现的画像砖上，四位正在工作的厨娘也戴这种花冠。（图 6–39）宋代的厨娘经过专业培训，技艺高超，很受尊重。她们都穿窄袖衣和窄裙，把冠戴在头上。其中“整装”一幅，厨娘整理好头发，束好冠子，准备下厨。图中还有“斫鲙”“烹茶”“涤器”的场面。

图 6–39 偃师宋墓砖刻中戴花冠的厨娘

宋代的乐工舞人多戴幞头，幞头

上有时也簇插花朵，即《宋史》说的簇花幞头。在宫廷乐舞中，小儿队第五队即“诨臣万岁乐队，衣紫绯绿罗宽衫，诨裹簇花幞头”；女弟子队第十队曰“打球乐队，衣四色窄绣罗襦，系银带，裹顺风脚簇花幞头，执球杖”。

图 6–40　辽代张文藻墓壁画

北宋沈括《梦溪笔谈》卷一载：“本朝幞头有直脚、局脚、交脚、朝天、顺风，凡五等，唯直脚贵贱通服之。”乐工舞人的幞头两脚也是或平伸，或卷曲，或弯翘如牛舌等。《东京梦华录》记载百官入皇宫上寿时，起舞的女童或戴花冠，或梳仙人髻，或戴卷曲花脚头。还有一种牛耳幞头，王得臣《麈史》说：“幞头合戴牛耳者，然今之优人多为此服。”河北张家口宣化区辽代张文藻墓的壁画上也能见到乐工戴簇花幞头，两脚蜷曲起来，如牛耳一般。（图 6–40）

在白沙宋墓的一幅壁画上也可见到十一位乐女或戴莲花冠、芍药花冠、有角团冠，或戴簇花幞头，因为幞头的双脚形状不同，而又有区别：有的戴卷曲花脚幞头，幞头的双脚卷曲起来，有的戴牛耳幞头，幞头的双脚恰如牛耳。（图 6–41）

宋人《歌乐图》中的两个小女童，戴着直脚幞头，簪牡丹花朵，亦是直脚簇花幞头。（图 6–42）

图 6-41　白沙宋墓壁画之十一位乐女

图 6-42　《歌乐图》中戴直脚簪花幞头的女童

宋人《宫沼纳凉图》中，宫妃脑后梳圆髻，一持宫扇的侍女戴朝天幞头，幞头两脚上冲。（图 6-43）

在元宵、立春等节日期间，宋代女子们头上也戴花钿、幡、胜、灯球、雪柳之类。如把一年四季节日应时饰物与花朵都集中在帛匹、首饰、衣物上，则称为“一年景”。陆游《老学庵笔记》卷二中就有记：“靖康初，京师织帛及妇人首饰、衣服，皆备四时。如节物则春幡、灯球、竞渡、艾虎、云月之类，花则桃、杏、荷花、菊花、梅花，皆并为一景，谓之一年景。”这种纹样广泛流传于两宋，明清时就发展为百花图纹样。

且看《宋仁宗皇后像》中的两位宫女，穿紫色团领衣，头上戴乌黑纱冠，似垂脚幞头之状，冠前缀着珠簇

图 6-43 《宫沼纳凉图》

圆花，垂下珠络，左边的宫女冠额上还可见到一只展翅金凤。两顶冠上还插满绢制花，只是花的品种略有不同，左侧宫女冠上有红紫白各色牡丹花、桃花、梨花、海棠花、红白山茶花、五瓣黄蔷薇花、荼蘼花。（图 6–44）右侧宫女冠上有林檎花、五瓣黄蔷薇花、菊花、海棠花、红色与白色牡丹花、梅花。（图 6–45）叶子则有翠叶（点翠而成）、绿叶两种。这类“一年景”式样的花冠当是由簇花幞头发展而来的。到了明代，《明史·舆服志》记载宫女戴的冠是乌纱帽饰以花，帽额缀团珠，也正是这种冠：“宫人冠服，制与宋同。紫色，团领，窄袖，遍刺折枝小葵花，以金圈之，珠络缝金带红裙。弓样鞋，上刺小金花。乌纱帽，饰以花，帽额缀团珠。”

图 6–44 《宋仁宗皇后像》左侧宫女

图 6–45 《宋仁宗皇后像》右侧宫女

两宋以来，菩萨的天冠也略有变化。南宋禅僧画家牧溪绘的《观音图》，观音头上戴精美纹饰天冠，再戴风帽一般的头巾，类似于后世的观音兜。冠上刻佛像和花纹，嵌以珠玑，非常精美。（图 6–46）该画虽只是白描，但纹样绘制得很清楚。这种冠后来发展为冠顶作三角形尖耸之状。

图 6–46　牧溪绘《观音图》（局部）

也有的菩萨戴类似莲花冠的五方佛冠，就是我们熟悉的《西游记》里唐僧头上所戴的佛冠，现实生活中一般只有高僧才戴。冠由一瓣瓣莲花般的金属片或木片、厚纸做的冠片合成，形似五瓣莲花，冠片上有如意头，或作尖形，而每一片上还刻有佛像或宝剑、莲花等图案，象征五方五佛、五种智慧。杭州飞来峰元代石窟造像中的佛母就戴着这种头冠。清末马骀绘的文殊菩萨、观音菩萨也有戴这类冠的。

重庆大足石窟中观音、普贤等菩萨雕像的头冠都很精美，富于装饰性。如著名的宝顶山大佛湾的千手千眼观音像，头上的天冠装饰着八尊小佛，垂下两条飘飞的宝缯。她旁边的菩萨头上戴的天冠也是玲珑剔透的，有卷草、牡丹等花样，或者是锤制而成，或者是用结条工艺制作而成。

又如北山佛湾第 113 龛的水月观音，头戴的天冠分成多层，花纹盘旋繁复，冠顶上又嵌以阿弥陀佛。这顶天冠或许是受了宋代的重楼子花冠等冠饰的影响。

北山佛湾第 136 窟中有许多石雕菩萨像。文殊菩萨的冠上有缠枝花纹缠绕。普贤菩萨的冠上缀以玉佩、花钿、卷曲的花枝，并用珍珠串成的珠链把它们联结在一起。而玉印观音的冠是以珠练盘绕成种种缠枝花朵，如意云头，穿

图 6-47　北山佛湾第 136 窟之玉印观音像

枝过梗，精巧可爱。（图 6-47）她身边的侍女头戴莲花冠，雕成一朵莲花蕾，外绕一重莲瓣。如意珠观音的冠是由复杂的缠枝花托起一朵莲花，上立着阿弥陀佛，下垂珠练和玉佩，外罩类似于后世观音兜的披风。日月观音的冠是由花草连缀而成，类似于如意珠观音的冠。数珠手观音的冠如灵蛇萦回，盘绕出复杂的花样，好似佛教八宝之一的盘长结，旋绕大朵莲花，顶上也有阿弥陀佛像。

还有佛湾的圆觉洞，洞中十二位圆觉菩萨头戴的也都是精雕细刻的宝冠，花钿和缠绕的花纹都那么细致地描绘出来。还有同时代的一些木雕菩萨像，头戴的宝冠也有如此繁丽的装饰。

菩萨戴着的这许多冠，正是唐宋以来结条、锤鍱等金银工艺的折射，是珍珠冠和玉冠、花冠样式的反映。只是经过加工，更加富丽而已。它们都玲珑细巧，好似不是用石头雕刻，而是用真的花朵金银珠玉来塑造的。一缕缕长发从冠下披散在肩上，更增添了温柔的气息。

另外，菩萨也有戴高高的卷云形冠的，或便是《宋史》说的宫廷舞中菩萨蛮队所戴的卷云冠："女弟子队凡一百五十三人：一曰菩萨蛮队，衣绯生色窄砌衣，冠卷云冠"，也近于王得臣《麈史》载的攒云冠一类，又似与《梦粱录》卷五记载的用珍珠卷结的卷云冠有关。

唐代戴着结金冠子的美丽女郎，宋代戴着珠冠、玉冠、卷云冠的宫廷妃子和翩翩起舞的舞姬，也正是菩萨塑像所直接取材的对象。菩萨如宫娃（初唐高僧道宣律师说“宫娃如菩萨”）再一次获得了证明。

宋代女道士有戴芙蓉冠、黄冠、五岳灵形图冠、两仪冠等的。宋孝宗有“黄冠翠帔玉为姿，何处春风一见之”的诗句，吟咏玉瓣黄心、翠叶的水仙花，宛然如戴着黄冠的女道士，披着翠绿的帔带，颜色如玉，写得十分生动形象。

宋代女子也有戴巾子的，叫作巾帼，类似于包髻。南宋抗击金军的女杰、韩世忠的夫人梁红玉，当她在镇江击鼓，指挥宋兵抗击金军时，头上戴的就是利落的巾帼。所以人们称女豪杰为巾帼英雄。

当然，宋代女子虽有这么多的装饰，但大多只能是锁在深闺，或歌舞时供男性观赏，戴巾帼的只是少数。她们受到礼教禁锢，心事虽由头冠、簪钗上的招展花鸟透露出来，却不能随便走出家门，如果要出门，那就戴上盖头或面衣。盖头是用一块帛巾蒙住头部，有时还长长下垂，周煇《清波杂志》说有障蔽半身的盖头。李嵩《货郎图》上的劳动妇女戴着遮住头发的盖头，有些像风帽，帽裙垂在背后。（图 6-48）精致一些的就叫紫罗盖头，是用紫罗制成。盖头后来发展成头巾，它可以系起来，如同今日苏州水乡女子的头巾。

图 6-48　李嵩《货郎图》中戴盖头的妇女

由于封建礼教的约束，唐代女子不喜欢用的面衣又回到宋代女子的头上了。宋人高承《事物纪原》说面衣是“前后全用紫罗为幅下垂，杂他色为四带，垂于背，为女子远行乘马之用”。宋代女子也戴帷帽。描绘北宋汴梁风俗的张择端《清明上河图》中，就画有出行时戴帷帽的妇人。

宋代女子也有戴抹额的，如宋代俞琰《席上腐谈》载：“韩退之《元和圣德诗》云：以红帕首。盖以红绡缚其头，即今之抹额也。”抹额也叫抹子、额子。湖北蕲春罗州城出土了两件呈梭子形的金质抹额，上边压印忍冬花纹。太原晋祠里的一尊侍女像头上戴一道红帛，上加大朵花饰。

宋代女子也有在发髻上加璎珞珍珠的，是互相牵络的花朵和珠玉坠子，随着脚步轻移，就会轻轻摇晃起来。宋元时叫作络索，明代时叫作围髻。元代关汉卿《诈妮子调风月》杂剧中说“包髻是缨络大真珠”，就是指这种发饰。湖南临湘陆城一号宋墓中也有出土，弧形横梁上雕刻双鸾鸟，下边有小金花牵络成的花网，缀有坠子。元代熊进德有诗“金丝络索双凤头，小叶尖眉未著愁”，正与它相似。

当时也用发带，欧阳修《南歌子》中有描写：“凤髻金泥带，龙纹玉掌梳。走来窗下笑相扶。”这位女郎最醒目的装饰就是她扎在头上的泥金发带，即用泥金描绘的丝带，和洁白的龙纹玉梳相映衬，隐隐闪耀着金光。现存金代齐国王墓发现的蝶纹纱带亦是一种。

北宋有许多画卷展现了女性不同样式的发髻、发饰的美。如武宗元《朝元仙杖图》以白描笔法表现三位神君带着男仙、天将、玉女们排成队列，朝拜天尊。玉女们的发型、发饰真是纷纭多样，或梳螺髻；或梳双丫垂鬟；或梳大鬟形的单鬟髻、双鬟髻、三鬟髻、仙人髻；或梳类似于圆鬟椎髻的髻；或梳灵蛇髻，灵蛇盘结为“8”字形、双“8”字形，或是高高地向前挑出，轻盈美观；还有的梳朝天髻、惊鹄髻、饰鸾凤钗的鸾髻、脸颊两边垂下五重发鬟的垂鬟髻；或梳类似回鹘髻的发髻，但比回鹘髻大一些。发髻上都缀满珠宝花钿。她们或戴孔雀翎装饰的冠，或戴满饰鲜花的花冠，或戴巾子和簪花，或戴玉兰花形金冠、莲花冠，或戴高高的云朵形的卷云冠。（图 6-49）这些虽然只是用白描画成，却显得那么精美。这祥云缥缈中的仙女，何尝不是现实中宋代女子的化身？

图 6-49 《朝元仙杖图》（局部）

山西太原晋祠中有女官像四尊，侍女像三十三尊。女官像或戴方形幞头。侍女像中，或头梳高发髻、朝天髻、双圆髻；或戴蓝色玉兰花苞形花冠、莲花冠；或用布帛包头而成包髻，有的还裹成蝴蝶展翅状；或戴抹额，再簪各种花钿等，各呈婀娜之姿。头戴莲花冠的就有两位，上加蓝白等色彩绘，惜已模糊。

宋人《却坐图》描绘的是汉文帝时中郎将袁盎谏止慎夫人僭坐的情景。我们可见到皇后、妃子和宫女所戴头饰各不相同。皇后戴金冠，分成两大片，为

图 6-50 《明皇击球图》中的杨贵妃

连弧形，把发髻夹在中间。妃子亦戴连弧形的金冠，配以花钿。一位宫女则戴千瓣莲花形的玉冠；另一位宫女则是红绢包髻；还有一位年幼的小宫女，则是梳双垂髻。皇家豪华之气洋溢在画中。

传李公麟作《明皇击球图》画的是唐明皇与杨贵妃打马球的情景。图里的杨贵妃戴凤冠，配博鬓，外加薄纱以障尘土。（图6-50）图中有位宫女梳包髻，还有一位骑马宫女，戴配有两片“翅膀”的交脚幞头，即凤翅幞头。（图 6-51）这种幞头是从唐代的一种飞凤金兜鍪发展而来的。唐代诗人王昌龄《箜篌引》有诗句“敕赐飞凤金兜鍪”。《元史·舆服志》载这种幞头“两角上曲，而作云头，两旁覆以两金凤翅”。在河南焦作金墓壁画里也有描绘，到清代《改琦白描仕女画稿》中也能看见，一位女仙戴小冠，旁边的侍女戴凤翅幞头。

图 6-51 《明皇击球图》中戴凤翅幞头的宫女

第七章

玉女新样牡丹头：辽金元时期的发型、发饰

辽、金都是宋朝时统治中国北方的王朝，女性的发型、发饰和中原交会融合。如王鼎《焚椒录》记述辽代皇后肖观音喜欢戴百宝花髻，似是缀以繁杂珠宝之类的金丝编成的义髻，和中原簪花之髻相近。

辽代的贵族喜欢戴和唐代菩萨所戴的天冠相似的金银冠。如辽宁建平张家营子辽墓出土的一顶冠，由银质薄片制作成圆筒状，镏金，经模制锤打而成，上有錾刻的双龙戏火珠和卷草纹。用这种技法制作的冠较多。内蒙古奈曼旗陈国公主墓出土了两顶冠，一顶是由银薄片制作成圆筒状，镏金，冠上錾刻云朵和凤纹，顶上镶嵌一尊镏金元始天尊像。另一顶镏金银冠则是用银丝结条编织的十片银片联结而成，银片边缘多为云形，冠下沿为一圈较宽的银片，上刻云纹，冠上缀满二十朵圆形花钿，并装饰两只立体的凤凰。（图 7-1）这顶冠是

图 7-1　辽代陈国公主墓镏金银冠

用结条工艺制作完成的。类似的还有顶镏金冠，云朵形饰片内有凤凰、银丝卷云纹，配以女性镏金面具。（图 7–2）

图 7–2　辽代镏金冠

甘肃省博物馆藏有一顶辽代镂空凤鸟纹金冠，以四片花瓣形金片拼合成高圆筒形冠体。冠正面錾展翅凤鸟一对，中有火焰宝珠，两侧饰折枝菊花和云纹。冠顶立一只镏金金翅鸟，与云南大理崇圣寺塔发现的大理国银镏金镶珠金翅鸟很像。

山西大同华严寺的辽代菩萨塑像也有戴这两类天冠的，一种是圆筒状，上边刻镂云朵等花纹；一种则似由结条工艺制作，上加花钿。

图 7–3　西夏大势至菩萨像

观音菩萨有时也戴另一种形似柳叶的冠，叫作柳叶冠，显然是由观音菩萨手持柳枝洒下甘露而得名。山西大同华严寺中的一位辽代菩萨像戴的冠，形似几片长长的柳叶合成，然后向两边卷曲而下，上缀珠玑，或就是柳叶冠。

内蒙古黑水城发现的大势至菩萨像，头梳四鬟髻，戴金天冠，冠缀以璎珞、花朵，冠中有一宝瓶。（图 7–3）

内蒙古赤峰宝山村辽墓发现有精彩的壁画，画有两幅唐代仕女画风格的作

图 7–4　辽代《杨贵妃教鹦鹉图》（局部）

品，一幅是《杨贵妃教鹦鹉图》，画上的杨贵妃和女侍都梳着平髻，类似于盘桓髻，额前上下对插阔大角梳，两边饰朵朵花钿，又分插金笄八支。（图 7–4）另一幅是《寄锦图》，画才女苏蕙将独创的锦书《璇玑图》寄给丈夫的故事。苏蕙与女伴都梳惊鹄髻，戴一朵红色花钿于两髻之间，并插八支金发笄，或还配菱形金花钿。金笄、花钿都是用了贴金箔的技法，金光闪闪。（图 7–5）敦煌藏经洞发现的晚唐时期的一套佛传绢画中也有女子梳类似的发髻，说明这种发髻样式是晚唐时颇流行的。这也可补充我们对唐代发型、发饰的认识。

图 7–5　辽代《寄锦图》（局部）

金代女子的发型、发饰也受宋代影响较大。《金史·舆服志》载，金代皇后也戴凤冠。她还戴一种犀冠，“减拨花样，缕金装造”，上插一支玉簪，下有玳瑁盘，类似于结金冠子。

图 7-6　金代齐国王墓出土皂罗莲纹花珠冠

黑龙江阿城的金代齐国王墓中发现一顶皂罗莲纹花珠冠，出土时戴在女墓主人头上，冠顶为三层莲花状图案，花瓣边沿缀以珍珠，花瓣内填以盘绦花纹，帽檐系蓝色地黄彩带，缀蝴蝶纹，系结后余带形成两条飘带，垂于冠下。冠后缀白玉练鹊纹玉饰，底部垂系一对竹节形金环。（图 7-6）这顶冠的样式类似于《金史·舆服志》中写的金代年老妇人戴的头巾："年老者以皂纱笼髻如巾状，散缀玉钿于上，谓之玉逍遥。"又称为逍遥巾，冠上的白玉饰件应称为玉逍遥。南宋陈居中《文姬归汉图》（中国台北故宫博物院藏）、佚名《文姬归汉图》（美国波士顿美术博物馆藏）中文姬所戴的冠，都颇似此逍遥巾。

图 7-7　张瑀《文姬归汉图》之文姬

金国内流行貂裘帽子，在金代宫廷画家张瑀的《文姬归汉图》中，我们就可见到戴着貂裘帽子、发带与发缕在北风中飞舞的文姬。（图 7-7）宋代舞女受其影响戴狸帽。南宋词人吴文英《玉楼春·京市舞女》词有“茸茸狸帽遮梅额，金蝉罗翦胡衫窄”句，描写舞女戴着狸帽，穿着金蝉罗剪裁的胡衫，狸帽下露出额头上装饰的梅花花钿。

河南焦作金墓壁画中，则有戴牛耳翘脚幞头、垂脚幞头，上面簪满鲜花的汉族女乐伎，类似于宋代女乐工所戴；还画有凤翅幞头。

在陕西西安临潼区的一处金代窖藏出土了一支金凤钗，顶端制成口衔绶带的飞凤形，宛如唐代风格。（图 7–8）

图 7–8　金代凤钗

金代的说唱文学《西厢记诸宫调》，是金元之际文士董解元根据唐代的《莺莺传》改编而成的，描写了莺莺和张生动人的爱情故事。其中有一支《叠字三台》曲子，通过对一支玉簪的咏叹，表现出莺莺的一片痴心：“簪虽小，是美玉。玉取其洁白纯素，微累纤瑕不能污。浑如俺为汝，俺为汝心坚固。你曾惜俺如珍，今日看如粪土……瑶琴是你咱抚，夜间曾挑斗奴。你俏似相如献了《上林赋》，成名也在上都，在上都里贪欢趣。镇日家耽酒迷花，便把文君不顾！”这支曲子借玉簪而立意，还是由《莺莺传》里莺莺把玉环赠送给爱人的句子而来：“玉取其坚润不渝，环取其终始不绝。”只是曲子中的情韵更为哀怨动人了，写出了女子心中的不绝思念与纷乱的思绪。

在元代，宋代以来的发型、发饰仍在流行，如云髻、高髻、凤髻等。诗人杨铁崖《贫妇谣》有句“龙蟠有髻不复梳”，《上头》诗有句“新年拢鬓及笄期，云绾盘龙一把丝”，这是一种盘龙髻，发束盘曲如龙，或用铁丝和假发制作成龙形。

散曲家白朴也有“舞凤髻蟠空，袅娜腰肢温更柔”的句子，描写一位梳着凤髻的舞姬的美丽。

元初民间女子还沿用一些古发髻。如诗人刘涣的《青楼怨》诗，写有“十八梳成金翅髻，青虫簪滑鸦背腻。歌声绕梁揭尘起，细簧咽秋凤雏语”的句子，这位女子梳的金翅髻大概属于惊鹄髻一类，两翼展开，还要戴上流行的青虫簪。

少女的丫髻、垂髻等仍在流行。散曲家刘时中有句“辫双丫十八鬟儿，春日当垆，袅袅腰肢”，显然是在双丫上加发鬟。

元代张宪《神弦十一曲》记载女子梳牡丹头：“双头牡丹大如斗，簇金小帽银花镂”，明清时流行的牡丹头或与之有关。山西洪洞广胜寺明应王殿的《尚食图》壁画中，有位宫女头上所梳就似较高的双头牡丹髻，髻前戴花钿。她的同伴们有在发髻上戴四朵红色小花钿的，有用绢巾包髻的，和华丽的衣裙相衬，端庄秀美。两名小侍女则是一梳小发髻，一戴折脚幞头。（图 7-9）

元代乔吉作的诗和散曲中，有不少句子描写了歌女的发型、发饰。如合欢髻，《赠姑苏朱阿娇会玉真李氏楼》有句“合欢髻子楚云松，斗巧眉儿翠黛浓”，这位姑苏城里的朱阿娇，梳理的是小巧松软的合欢髻，或就是宋代的同心髻，使人联想到楚国巫山的云朵，联想到巫山云雨的著名典故。

也有双鬟髻，乔吉《折桂令·赠罗真真》咏道：“罗浮梦里真仙，双锁螺鬟，九晕珠钿。晴柳纤柔，春葱细腻，秋藕匀圆。酒盏儿里殃及出些腼腆，画帧儿上唤下来的婵娟。试问尊前，月落参横，今夕何年？”这是一位在头上耸立双鬟的女子，大概梳的就是唐代的双鬟望仙髻，髻上饰满了珠花宝钿，宛如罗浮山上的梅花仙女。罗浮山还有一个动人的传说：隋代的赵师雄在广东盛产

图 7-9　广胜寺壁画《尚食图》

梅花的罗浮山见到一位美女，言辞清婉，芳香袭人。与之饮宴，大醉，醒来东方已白，月落参横（月亮已落，参星横斜），才发现自己是在一株大梅树下。从此罗浮梦成了赞誉冷艳佳人、赞誉梅花的典故。这位罗真真该也正是这样的佳人。

乔吉写的《小桃红·晓妆》咏一位女子，她梳的发髻叫作宫鸦翅："绀云分翠拢香丝，玉线界宫鸦翅"，是把乌发梳拢，分成两翼，再用头绳束缚，大约是如惊鹄髻之类。

乔吉还写歌女有在头上插一支金黄色山橘的，别饶风致。《朝天子·歌者簪山橘》道："锦囊，未黄，宜荐秋风酿。何须一夜洞庭霜，好先试销金帐。豆蔻梢头，丁香枝上，蘸吴姬指甲凉。剖将，试尝，止爱些酸模样。"

乔吉还有一首《小桃红·花篮髻》咏花篮髻："小鬟新样斗奇绝，学绾同心结。翠织香穿逞娇劣，巧堆叠，锦筐露湿琼梳月。"女郎为了使自己的头髻花样翻新，就学着用长发绾同心结，大概是仿流苏髻；高髻上又饰满鲜花，巧加堆叠，而那新采的鲜花上还盈着晨露，连髻上插的半月形的梳子也被打湿了。元代徐再思也有一首小曲《小桃红·花篮鬏髻》咏花篮髻："东风攒簇一筐春，吹在秋蝉鬓。玉露凝香宝钗润，绿无尘，同心双挽蜂蝶阵。群芳顶上，连环枝下，分断楚山云。"足见这种发髻是深受人们喜爱的，它一直流传到清代。这种花篮髻，或许如《八十七神仙卷》里画的一位玉女那样，满头簪满鲜花，真如一个大花篮一般；又或许是低鬟，加以鲜花。

图 7-10　周朗《杜秋娘图》

元代画家周朗的《杜秋娘图》绘唐代歌女杜秋娘，她头上梳婉转灵动的灵蛇髻，簪宽大的角梳、凤钗，凤口垂下珠滴，角梳两边各插一枚云朵形的花钿，是综合唐宋特点的发饰。（图 7-10）

元代画家刘贯道的《消夏图》画有两位女子，一位在发髻上簪凤钗之类，另一位侍女用红绢包头，类似于包髻。（图 7-11）

著名的山西永乐宫壁画是艺术瑰宝，其

中三清殿（又称无极殿）的《朝元图》描绘了众神灵朝拜道教主神三清的情景。壁画中绘有王母（金母）、后土、电母等女神，还有多位持扇、持花、捧果、奉宝的玉女，仪态万千，和《八十七神仙卷》中的玉女有继承关系，不过加以彩绘和描金，更为富丽。细看之下，可以发现她们的衣饰实由唐宋以来后妃、仕女的衣饰美化而来，集古代仕女装饰之大成，光华夺目。王母、后土神皆头戴金质龙凤冠。玉女们的发型梳理出各种式样，如用彩绢裹着的包髻、垂在脑后的垂髻、牡丹头那样的高髻、一个个发鬟组成的鬟髻、双丫髻、如青螺一般的螺髻，如云朵般垂下的垂云髻，无所不有；发饰则有簪子、凤钗、步摇、花钿、金冠等，都用沥粉堆金的技法画成，十分逼真，和发式互为衬托，但并不重复累赘。她们是天上的女仙，又确实是用人间的巧手装扮而成的女郎，这些装饰使她们显得更加华丽而脱俗。

图 7-11　刘贯道《消夏图》（局部）

如手持雷鼓的雷公旁边的电母，头戴如云朵卷曲一般的冠饰，却又如牛角一般伸开，似是卷云冠，又似从远古角饰发展而来，加以美化，并加上步摇、花钿等。（图 7-12）

东华大帝身边捧献鲜果的玉女，则是左右各两个发鬟，头上成对地插凤钗、花钿等。（图 7-13）

勾陈大帝右侧捧牡丹花皿的玉女，发式似是芙蓉髻，俏丽别致。（图 7–14）

王母身边一位捧珊瑚的玉女，头上梳双螺髻，配对称的凤钗和花钿等。一位持宝扇的玉女则是梳垂云髻，与云鬓结合，戴着花钿。（图 7–15）

又如一位捧香炉的玉女，头戴镶嵌珠宝的金冠，似是宋代的玉兰花形金冠；正中配以花钿，伸出一支镶嵌珠玑的笔状装饰，应是从立笔（一种毛笔状簪在冠上的饰物）演化而来；两边有凤钗、步摇、匐彩，精美可喜。（图 7–16）

还有玉女梳灵蛇髻，灵巧盘绕于脑后，额中有云尖巧额。（图 7–17）有的玉女梳垂髻，戴红珊瑚凤钗。（图 7–18）有的梳三角儿，以蓝帛包裹，又修剪出云尖巧额，戴一对凤钗。（图 7–19）有的梳包髻，配大朵花钿、双凤钗，脑后戴类似满冠。（图 7–20）还有的在脑后垂下大垂髻，额上有短刘海。（图 7–21）

图 7–12　永乐宫壁画中戴似牛角冠的电母

图 7–13　永乐宫壁画中梳双鬟髻的玉女

图 7-14　永乐宫壁画中梳芙蓉髻的玉女

图 7-15　永乐宫壁画中梳垂云髻的玉女

图 7-16　永乐宫壁画中捧香炉的玉女

图 7-17　永乐宫壁画中梳灵蛇髻的玉女

图 7-18　永乐宫壁画中梳垂髻的玉女

图 7-19　永乐宫壁画中梳三角儿的玉女

图 7-20　永乐宫壁画中梳包髻的玉女

图 7-21　永乐宫壁画中梳大垂髻的玉女

这里的每一位玉女，都因其衣饰而更显华贵雍容，既有作为天庭女仙的共同气质，又各具不同的个性，绝不雷同。

图 7-22　永乐宫壁画中的星冠

在永乐宫纯阳殿壁画上也能看见元代百姓生活的情景，妇女们喜欢在头上戴抹额，也喜欢戴在帽檐围一圈布帛的帷帽。这种帷帽今天的客家妇女还有戴的。

在永乐宫三清殿玄元十子壁画中，有法师戴的冠上伸出一个尖顶，镶以彩色宝珠，或许就是星冠。（图 7-22）如果冠上镶粒粒宝石，那就成九星冠了。唐代时就有星冠，冠顶镶嵌灿烂如星的宝石。唐代诗人李颀有《王母歌》："头上复戴九星冠，总领玉童坐南面。"美丽雍容的王母戴的是九星冠。牛峤的《女冠子》词也有句子描写女道士："星冠霞帔，住在蕊珠宫里。"

元代还有玉冠，在永乐宫三清殿北壁西侧，画有三位传经法师，笔致和敷彩非常精细，我们可以清楚地看见他们头戴冠的色彩和形制。左边一位侧身俯首的法师，所戴的冠和唐人《宫乐图》中女郎所戴的花冠差不多，可能用薄木片之类制成，再加彩画。中间穿黄色直领长衣（即鹤氅）的法师和右边穿蓝绿色鹤氅的法师，所戴的冠都是一样的，分多片连缀而成，每片的上端制成如意形或灵芝形；冠顶有一小尖顶，加圆珠之类嵌饰。这两顶冠都是用玉片刻制成，不过黄色鹤氅法师所戴冠的玉片上还加嵌金边，类似于宋人《却坐图》中宫女戴的玉冠。蓝绿色鹤氅法师所戴的则纯是玉片雕成，类似于江苏苏州出土的白玉莲花冠，或许就是白玉九芝道冠。（图 7-23）

图 7-23 永乐宫壁画之玉冠

元代贵族女性戴一种高耸如柱的姑姑冠，也作顾姑、固姑、罟罟等，以木为框，蒙以桦树皮，再裹以锦，缀以珠宝。

在苏州张士诚母亲曹氏墓中发现一顶金丝翠玉冠。张士诚在元朝末年称王，他的母亲作为太妃，戴的冠也极为精美，形似三国名臣诸葛亮所戴的诸葛巾（纶巾），以细竹丝编结成冠壳，表面蒙上麻布、金黄薄绢，再贴上翠绿的孔雀尾羽，还用九根金丝为箍。冠前沿又缀以桃形玉牌，镶着金边，分别刻虎、鼠、牛、羊等生肖，以虎居中，大约这位曹夫人是属虎的。（图 7-24）

图 7-24 曹氏墓出土金丝翠玉冠

有一套两幅《菩萨图》（中国台北故宫博物院藏），共画八位菩萨，其中一位戴着天冠，上加红色风帽一般的头巾，类似于南宋画僧牧溪所绘《观音图》上的装饰。另外七位则都戴着小冠，饰莲花、珠滴等，金翠交辉，和北京法海寺明代壁画上几位菩萨所戴小冠类似。

山西洪洞广胜寺的元代菩萨塑像也戴着天冠，冠上花纹细密，又有花叶、如意等组合在一起，还有余发缕缕飘垂在她们脑后。

在山西稷山青龙寺壁画《三界诸神图》中，元君圣母头上戴的冠形似莲花，配以簪子，冠上又有如意形装饰，这叫作如意莲花冠，应该是把如意冠和莲花冠合在一起制作的。

元代张渥临摹宋代李公麟的《九歌图卷》，其中湘夫人那幅有侍女头上戴巾帼，扎成莲花状，飘着短带。

元代的凤钗之类应用很多，如郑廷玉的杂剧《宋上皇御断金凤钗》，就是以金凤钗为引子引出全剧的。凤钗或与麒麟结合，如湖南临澧窖藏出土的一件金麒麟凤凰纹簪，簪首用展翅的凤凰、奔驰的麒麟为装饰。

据扬之水老师考证，元代日用小全书《碎金·服饰篇》中记载有云月、荔枝、如意、芃头等簪钗，即制作成云月、荔枝、如意、芃头等式样。

云月，四川广汉南宋窖藏玉器中就有玉制的云月，以云朵托起一轮明月。在永乐宫元代壁画中也能看见作新月之形的头饰，道教中人叫作月牙冠或偃月冠。壁画中的月神则是在饰云朵、凤钗的冠上刻一轮满月。（图 7–25）民间也有云月簪，是一朵勾云托起一弯新月的形制。如浙江德清银子山出土银云月簪。

图 7–25　永乐宫壁画中的月神

荔枝钗，源于《荔枝谱》记载的一种小荔枝品种："钗头，颗红而小，可间妇人女子簪翘之侧，故特贵之。"元代康端《西湖竹枝词》说："合欢钗头双荔支，同心结得能几时？”宋代佚名《阮郎归》有云：“隔池贪看燕争泥，坠双红荔支。”写那女孩儿抬起头来，贪看燕子衔泥，不觉发钗头上的红荔枝都坠下来了。

《碎金》还记载一种花筒钗，也就是宋代的花头钗，元代散曲家乔吉也有小令咏及。把若干个花筒连在一起就形成桥梁钗。

元代于伯渊《点绛唇》套曲有句“整花枝翠丛，插金钗玉虫，褪罗衣翠绒”，这里的“玉虫”或是玉蚕之形状，嵌在金钗上。

发饰实物如河北廊坊元代史天泽墓出土有多件金、银、铜、玻璃质地的簪、钗，制作较精美。如一件铜簪，簪顶嵌入白玉雕成的荷叶片，叶心嵌一颗珍珠。金簪的簪头有制作成耳挖形的，即后来说的一丈青，有制作成葫芦形的。还有一件金簪，簪顶有孔，嵌一白玉雕成的凤鸟立在云纹玉条之上，用金丝固定。该墓出土的一些金钗的钗头也都有掐丝梅花和嵌饰等；出土的玻璃簪为蓝色，半透明，簪头制成梅花形。

扬之水老师考证，有一种满池娇图案的簪子，上有莲花和鸳鸯，赋予了爱情的美好寓意。元代出土有若干此类簪子，如武汉黄陂区周家田墓出土的一件，是以绿玉制作的荷叶，上用细金丝扣合一对金质鸳鸯，毛羽细微可辨。也有用金制作荷叶的，再配鸳鸯、鹭鸟、游鱼等。

元代有金质飞天簪，飞天璎珞绕身，飞翔于云彩上，手持莲花。（图 7–26）

山西灵丘出土一批元代金饰，有双凤簪、双飞蝴蝶簪等，都极为精美。有一件亦作飞翔的飞天之状，头戴宝冠，颈部璎珞下垂胸前，下着高腰长裙，衣裙、披帛飞扬，点缀朵朵梅花，下有彩云。另一件是作蜻蜓之形，模压、锻打而成，下有针柄可插于发髻上。（图 7–27）这倒和唐代温庭筠《夜宴谣》说的一位歌女的发饰相似：“长钗坠发双蜻蜓，碧尽山斜开画屏。”张泌《江城子》也写少女美丽的金发钗：“浣花溪上见卿卿，脸波明，黛眉轻。绿云高绾，金

图 7-26　金质飞天簪

图 7-27　元代金蜻蜓

簇小蜻蜓。”

有一种通簪，也叫气筒、气通、通气簪，是把簪子的柄制成筒上加孔的样式，再雕镂装饰。插在发髻上，以使头发空气流通。装饰有很精美的，也有农家妇女插秧所戴的，仅用竹木制作。元代王祯《农书》有记述：“通簪，贯发虚簪也。一名气筒。”直到明清时还在使用。

元代也有用金银梳背的记载。元杂剧有《荆楚臣重对玉梳记》，描写一对恋人被迫分开，以一枚玉梳分为两半，二人各持一半为信物，后来得以重会，用金镶嵌玉梳，使之完好。武汉黄陂区元墓出土一枚金质双龙戏珠纹梳背，以浮雕刻镂而成，极为精美。

湖南攸县丫江桥出土有金质双龙戏珠纹如意簪，以双龙争戏宝珠为纹样。到明代也有很多这种簪子。

丫江桥还出土一件元代步摇，折枝牡丹上环绕一对蝴蝶、两只鸿雁，以薄金片一一錾凿成形，再用细金丝连成一体，花瓣都镂空，玲珑剔透，下有金扣镂结的六只小桃，戴在头上会轻盈抖动。

第八章

珠花龙凤冠高髻：明代的发型、发饰

明代恢复了宋代的凤冠霞帔之制，发型也有创新，各种发饰尤为精美，精雕细镂，到了后人无法逾越的程度。

明代贵族女性的礼服规定得很细致，最重要的就是头上的冠饰。《明史·舆服志》载皇后受册封、谒庙、朝会时穿深青色袆衣（后来也叫翟衣），头上戴九龙四凤冠，简称凤冠。按照记载，凤冠在洪武年间制式是圆框，饰九龙四凤，大小花各十二树，冠两边有两博鬓，饰十二花钿。永乐三年改为翠龙九、金凤四，中有一龙口衔着大珠，上有翠盖，下垂珠结，余皆口衔珠滴；珠翠云四十片，大小珠花各十二，翠钿十二；三博鬓，装饰金龙、翠云，皆垂珠滴；还有翠口圈、托里金口圈、珠翠面花、珠排环、描金龙纹皂罗额子嵌珠。在明代礼书《大明集礼》、类书《三才图会》中也有关于九龙四凤冠的白描图。（图 8-1）

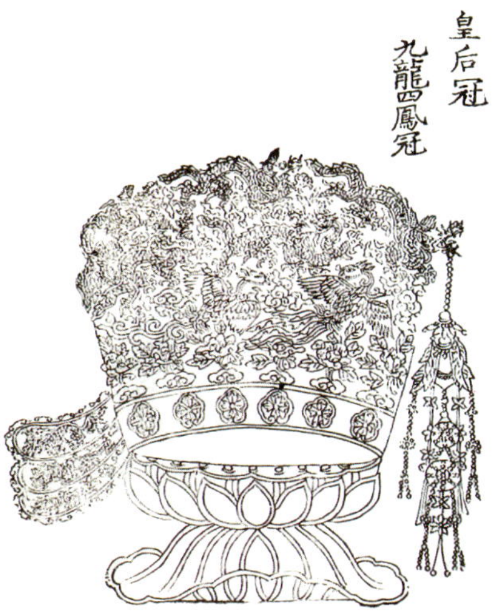

图 8-1 《大明集礼》中的九龙四凤冠

图 8–2　孝元贞皇后像

明光宗的孝元贞皇后像，穿最高等级的翟衣，头上戴凤冠，左右各三博鬓。（图 8–2）画上可见共有七金龙、七翠凤。

明神宗的孝端显皇后像，穿翟衣，凤冠上则饰十金龙、六金凤。

皇后平时穿常服，洪武三年规定，皇后穿常服时戴双凤翊龙冠，配诸色团衫。洪武四年又改成龙凤珠翠冠，冠制如特髻，上加龙凤饰，配大袖衣霞帔，红罗长裙，红背子。永乐三年又规定冠用皂縠，冠前有翠博山，冠上饰金龙一，翊以珠；翠凤二，口衔珠滴。又饰珠牡丹、翠叶、花鬓、珠翠云等。还有左右三博鬓，饰以鸾凤。左右垂下挑珠牌。如明代重彩绘画成的《明宫冠服仪仗图》中即见双凤翊龙冠彩图。（图 8–3）

明成祖的徐皇后画像穿着黄大衫，戴的就是双凤翊龙冠。冠中有一金龙，左右有金凤衔珠结，即挑牌，以串珠和饰牌组

图 8–3　双凤翊龙冠图

成，又有两只翠凤。（图8-4）明宪宗的孝纯皇后像所戴的冠上也有一金龙、双金凤、双翠凤。

图 8-4　明成祖徐皇后像

后来对应黄大衫的冠，仍不脱常服冠之形。如明世宗的孝洁肃皇后像戴的是三龙冠，明宣宗的孝恭章皇后像戴的则是五龙冠。

这样皇后就有配翟衣的九龙四凤冠，配常服的双凤翊龙冠，后者又称为龙凤珠翠冠。九龙四凤冠形似圆帽，龙凤珠翠冠似三角状特髻，虽形制不同，其实都可以统称为凤冠。

皇后的凤冠实物是在明代万历皇帝的定陵中出土的，是和万历皇帝合葬的两位皇后——孝靖皇后、孝端显皇后——所戴用的，共四件。冠上龙凤数目和记载中不太一致，但基本如记载那样制作：用细竹丝编成框，里外贴罗绢后髹漆，然后再加翠云龙凤装饰。翠云用的是点翠技艺，配用金掐丝工艺嵌珍珠、宝石制成的朵朵珠花，中层配一圈点翠制成的凤凰，上有数只金累丝工艺制作的飞龙，两边各有金属丝编结的三扇舌状博鬓，垂珠滴，金碧辉煌，珠光宝气。若把它戴起来，博鬓和珠滴会随着步履姗姗移动，更增美观。这四件凤冠上面皆有金色飞龙、翠凤，珠花中嵌着红、紫、蓝色宝石，如凤翅般的博鬓上

图 8–5　孝靖皇后的三龙二凤冠

图 8–6　明代马皇后像

垂挂累累珠滴。其中孝靖皇后的三龙二凤冠，对应常服冠（图 8–5）；十二龙九凤冠，对应九龙四凤冠。孝端皇后的六龙三凤冠，对应常服冠；九龙九凤冠，对应九龙四凤冠。

如果皇后很节俭，日常所戴也就是凤钗之类。明洪武帝马皇后的一幅画像，就是穿圆领团衫，“诸色团衫，金绣龙凤文”，头上戴金质小凤钗，凤口衔珠滴，再围以一道翠色云形“钿儿”（又称为“钿根”，在《韩熙载夜宴图》中的女郎头上就有近似者），两边缀以花形宝钿各三，在花心缀以宝石，围以翠叶。（图 8–6）

皇妃、皇太子妃、王妃的凤冠则比皇后的等级要低。皇妃与皇太子妃只能用凤装饰凤冠，不能用龙；亲王妃用九翟装饰冠，不能用凤，制同皇妃；郡王妃是七翟。她们的礼服均为翟衣。皇妃穿常服则戴鸾凤冠，配金绣鸾凤的诸色团衫。皇太子妃则为燕居冠，《大明会典》卷六十八又载，皇太子婚礼时，发册有“九翚四凤冠一顶，首饰一副。冠上大花九树，小花九树，宝钿九个。翠云博鬓。描金珠皂罗额。珠眉心，珠牌环。金冠上金凤四个，牌环脚一双”。纳徵时，则有“珠翠燕居冠一顶，冠上大珠、博鬓、结子等项全。金凤二个。金宝钿花二十七个。金簪一对。冠上珊瑚凤冠嘴一副”。同书记载的亲王婚礼也类似。《明宫冠服仪仗图》中有太子妃冠彩图。（图 8–7）江西南城益宣王墓中发现元妃李氏的九翚冠，冠体为铜丝裱黑纱而成，饰银丝翚鸟九只，衔珠串金凤钗一对，上刻铭文“银作局嘉靖二十六年八月内造金七钱五分”。

图 8–7　太子妃冠图

明代命妇礼服，《明史 · 舆服志》载，洪武初年规定用翟纹衣，后穿真红大袖衫、裙、霞帔，所戴的主要是一种特髻，类似冠，呈三角形，不能用龙凤装饰，只用珠翠、金银、翟、孔雀和珠宝、牡丹、叶子、花钿、翠云、结子（珠滴）等，珠花有“珠牡丹开头”“珠半开”的区别，各种花钿、翠钿、金钿皆用金银制作，上贴翠羽或珠宝。翟和珠宝花叶的数目依命妇丈夫的官阶高低不同而递减。洪武五年定，一品礼服之冠叫山松特髻，用“翠松五株，金翟八，口衔珠结。正面珠翠翟一，珠翠花四朵，珠翠云喜花三朵，后鬓珠梭球一，珠翠飞翟一，珠翠梳四，金云头连三钗一，珠帘梳一，金簪二，珠梭环一双”。二品特髻上金翟七，三品金孔雀六。

洪武“二十六年定，一品，冠用金事件，珠翟五，珠牡丹开头二，珠半开三，翠云二十四片，翠牡丹叶一十八片，翠口圈一副，上带金宝钿花八，金翟二，口衔珠结二。二品至四品，冠用金事件，珠翟四，珠牡丹开头二，珠半开四，翠云二十四片，翠牡丹叶一十八片，翠口圈一副，上带金宝钿花八，金翟二，口衔珠结二”。五品以下珠翟减少，用抹金银翟。

命妇燕居常服，一品则是戴珠翠庆云冠，不是特髻，类似于皇后的龙凤珠翠冠，以珠翠翟、金翟、珠翠花、金压鬓双头钗等为装饰，配圆衫。二品及以下则戴特髻，依次减等。这类特髻也都习称作凤冠，尽显富贵尊荣。

图 8-8　李文忠夫人毕氏像

实际上，用翟及其他装饰的在数量上常略有变化。用凤装饰的也很多，甚至有用龙的，可见当时没有认真执行该制度。这么森严的等级规定是不得人心的。

明代岐阳王世家文物中收有岐阳王李文忠的夫人毕氏的画像，她戴的冠上有金凤钗二，衔珠结，有珠翟九，还有珠牡丹、翠牡丹叶，应该就是九翟冠或九翚四凤冠（图上只见二凤），制同皇妃。她穿的是真红绣蟒龙纹袍，是一位王妃的正式礼服。（图 8-8）

岐阳王世家文物中还收有袭临淮侯李言恭的夫人袁氏像，袁氏穿着大红过肩蟒袍，戴饰金孔雀的特髻。

孔府六十四代衍圣公继配张夫人像中，则可见她戴的是七翟特髻。冠铺蓝、绿色翠云，七翟口衔珠滴，冠中有大牡丹花，皆嵌以细珠，牡丹花中并有五瓣梅花六朵。冠上又有“世与天齐”四字。冠上、下各有蟒龙两条，以翠为首，细珠嵌身。冠上左右各有金凤钗，口衔珠滴。六十七代衍圣公张夫人像，也是戴七翟特髻，配“世与天齐”四字，大致相似。（图 8–9）

图 8–9　六十七代衍圣公张夫人像（局部）

明代抗日援朝的名将邢玠夫妇画像上，二人都着蟒服，邢夫人则戴双凤五翟冠，冠下有嵌珍珠宝石的额子（头箍）。

在明末徐光启夫人（二品夫人）画像中，可见她穿真红大袖衫，霞帔，头戴冠，云头形额子（头箍）上饰双龙戏珠。按品级她应该戴的是七翟冠，冠上正面饰五只翟，左右两边伸出两只翟（似凤），口衔珠滴、珠花，摇曳而下，极显华贵。

明代记录权相严嵩家财富的《天水冰山录》中记载严家也有好些凤冠。明末小说《醒世姻缘传》第八十五回写到一位官太太“戴了满头珠翠，雪白大圆的珠子挑牌，拔丝金凤衔着”，这也近于凤冠了。

南昌宁靖王夫人吴氏墓中出土一顶翟冠，以铜丝编结成框架，外蒙以玄色纱；缀数只银丝编的翟鸟，以硬纸贴于身子，上缀点翠与五彩羽毛，边沿以金粉勾线；两扇博鬓，用描金细竹篾编成；冠口沿边内贴锦层，外缀八枚金钿花；冠顶缀金凤钗一对、针形簪子一对，冠上银丝缀小珍珠数千颗。

南京魏国公徐俌夫妇墓出土魏国夫人朱氏的冠，用黑色丝绒类制作，同皂縠制冠之意。此冠在《文物》刊登的考古报告上被取名为攒珠如意灵芝凤冠。冠上装饰带叶灵芝绢花，配以如意，以银丝穿缀数百颗珍珠盘绕其上，并插金累丝凤钗一对，制为祥云与凤凰（钗脚弯曲），累丝菊花凤凰金钗、累丝牡丹凤凰金钗各一支，有凤戏牡丹之意；并有金簪一对，镏金银簪一对，皆半圆形簪首，饰以旋状纹，此外并无花饰。

贵州省博物馆藏明代杨氏土司墓出土的一件金凤冠极为珍贵。它形制独特，以龙凤为饰，略近于皇后的常服冠，又吸收了明代流行的贵妇头饰特髻、头面的特点，体现了地方土司的豪奢。它净重就达 1.3888 千克，以银片为胎（即特髻），外边缀金片压花与金缕制作的龙、凤、蝶、花卉，镶嵌红、蓝、紫各色宝石。正面是大牡丹花一朵，镶嵌各色宝石；花上部有五只凤凰，顶上有三只金龙升腾而起。背面也是一朵大牡丹花，花蒂与花瓣镶宝石。顶上又有一片菱形花，左右上方各站立两只凤凰，下方各垂下卷云花朵，中间有一只大蝴蝶。正背都是以花为中心，再展开布置，把花冠和凤冠的造型结合在一起，别具风采。冠两边还有下垂的卷云头博鬓。在冠口有条形花边饰（或即钿根），还有装饰在背部的菱形大花（或即满冠）、长半弧形的花块（或即围髻），吸收了头面的因素。（图 8-10）

又有湖北省博物馆藏明代金镶宝石花蝶凤冠，湖北蕲春刘娘井墓出土。武汉博物馆藏明代诰命银凤冠，上缀龙凤，镶嵌宝石，有圆牌錾诰命字样。深宅贵家的夫人们的凤冠，正不知寄托了多少情愫，展现出无限华贵。

明代特髻是由唐宋时的义髻、特髻等发展而来的，民间叫鬏髻、狄髻，或

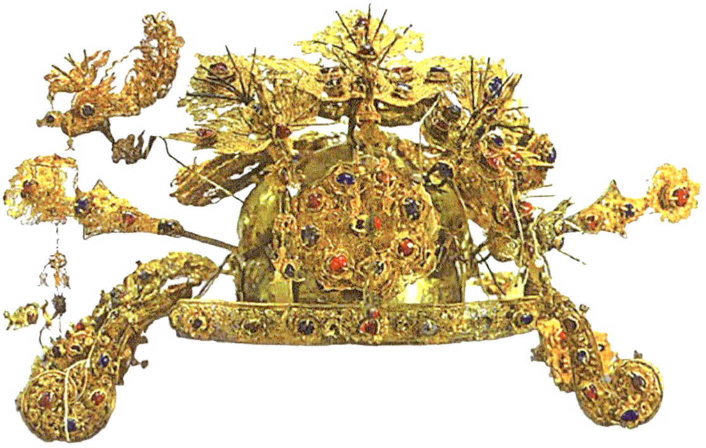

图 8-10　金凤冠

直接就叫髻。皇后和贵妇平常所戴特髻，和民家妇女的𩬊髻是类似的，但装饰自然不同。民间的𩬊髻最一般的是以金属丝为骨架，编上假发，是身份较低的妇女戴的。更讲究些的用金银丝或黑纱编制而成，上加金银钗簪等装饰。晚明小说《金瓶梅》中写豪富之家的𩬊髻就是用金银丝编的，第十九回写潘金莲："头上银丝𩬊髻，金厢（镶）玉蟾宫折桂分心翠梅钿儿，云鬓簪着许多花翠。"第二十回写到"金丝𩬊髻"。第二十八回又写金莲："看见妇人黑油般头发，手挽着梳，还拖着地儿。红丝绳儿扎着一窝丝，缵上戴着银丝𩬊髻，还垫出一丝香云。𩬊髻内安着许多玫瑰花瓣儿，露着四鬓，打扮的就是活观音。"这种𩬊髻虽然不叫结金冠子，但直接继承了唐代金银丝结条工艺，性质一样。当然用的金银丝更细，工艺更为精湛。

这种髻是女子及笄、结婚之后才能戴的（未婚时则梳小鬏、戴巾等），戴时先加簪子固定在发髻上，再加簪钗珠翠为饰，称为"头面"，也是沿用宋代《东京梦华录》中的叫法。据范濂《云间据目钞》卷二所载："妇人头髻，在隆庆初年皆尚员褊，顶用宝花，谓之挑心，两边用捧鬓，后用满冠倒插，两耳用宝嵌大环，年少者用头箍，缀以圆花方块。”

鬏髻头面上，正面当有分心一件，上又有挑心一件，簪脚或弯曲，可斜插。二者都是以金或玉为之，作心形、云形或如意形，刻各种吉祥图案，连以钗股，插在鬏髻上。

两边侧面鬓角有掩鬓，又叫“捧鬓”，或作云朵形、花叶形，贴插在侧面两鬓，相当于凤冠上的博鬓。

鬏髻下有头箍，是弧形金银带，或上饰珠子，称为珍珠头箍，如《天水冰山录》载有珍珠大头箍、珍珠小头箍、金厢（镶）珠宝头箍。《金瓶梅》第八十三回说穿珠花：“且是穿得好！正面芝麻花，两边槅子眼方胜儿，周围蜂赶菊，刚凑着同心结，且是好看。”

头箍下或有花形、云朵形等的钿儿，即钿根，似从凤冠、翟冠上装饰钿花的翠口圈发展而来，如《金瓶梅》第十五回写李桂姐“家常挽着一窝丝杭州攒，金缕丝钗，翠梅花钿儿，珠子箍儿，金笼坠子”。第二十回里写到“金九凤垫根儿”。或还有围髻，为弧形细金带，打出小洞，穿过带子，或用细金丝结成网状，垂坠珠子、宝石、璎珞之类，装饰前额，随着步履摇动。

鬏髻顶部又有一支顶簪，插在上面做固定用。《天水冰山录》有“金桃花顶簪”“金桃花珠顶簪”“金梅花宝顶簪”“金菊花宝顶簪”等。清代陈端生《再生缘》卷五提到“一枝双凤穿花的顶簪”。或在斜上插倒钗，亦是花纹较复杂的簪；簪于两额角，便是压鬓钗、压发。清代压发簪如略收腰的菊花瓣，非是头面上用。陈端生《再生缘》有“金凤垂珠压鬓钗”之句，为单独使用之钗，和头面无关。

又有满冠，略呈弧形，插在脑后的下部，合抱鬏髻，显得圆满。还有若干各式草虫、花朵等形的小簪、啄针，即俏簪、围发之类，进一步装饰于前后左右空处。

把这些都戴上之后，有的还要加插一对衔珠串的金凤钗，更显贵气。可以说，这样才是一套完整的头面。另外还要配梳背、耳坠、手镯、戒指、项链等。这一套完整的首饰，集我国首饰艺术之大成。

明代《三才图会》里有“髻”“钗”“两博鬓”“满冠”白描图，即头面配件图，可惜只有这几件属于头面，不全。（图 8-11、8-12）

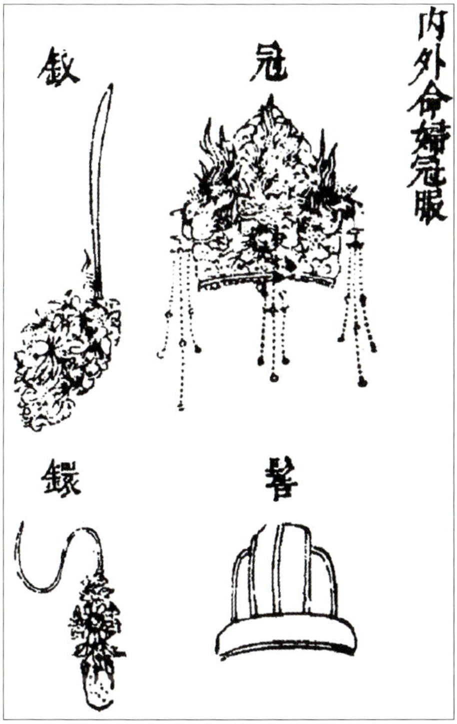

图 8-11 《三才图会》中的“髻”“钗”图

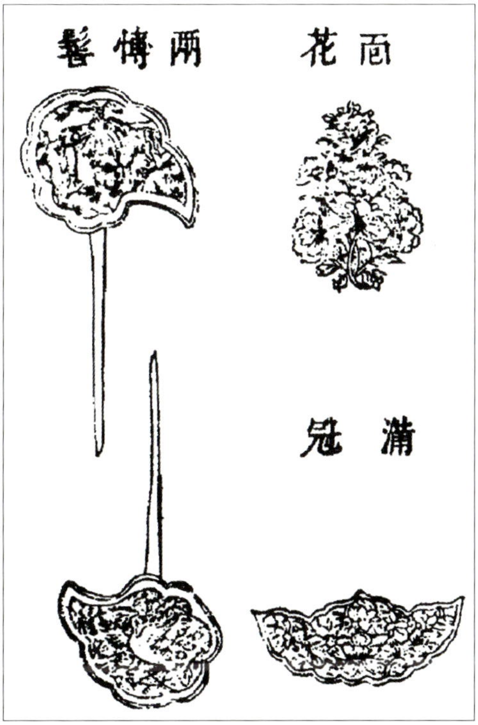

图 8-12 《三才图会》中的“两博鬓”“满冠”图

每套头面有不同的主题，如《金瓶梅》就写有“一副金玲珑草虫儿头面，并金累丝松竹梅岁寒三友梳背儿”，是饰有草虫的金质头面，还和金镶松竹梅花纹的梳背相配。还有“金镶玉观音满池娇分心”，是金质满池莲花（或加鸳鸯等鸟类）和玉雕观音结合在一起的纹样。又有“金厢玉蟾宫折桂分心”，当是金质月宫桂花与玉雕嫦娥纹样。另有“金赤虎分心”“金蟾蜍分心”。

明代沐斌夫人梅妙灯使用的一套六件头面，有如意形掩鬓一对、双凤满冠一件、火焰宝珠形分心一件、宝相花形挑心一件、七瓣莲花形顶簪一件，都镶红宝石、蓝宝石，纹饰不离凤与花、火焰宝珠。（图 8-13）

图 8-13　梅妙灯夫人头面

无锡华复诚夫妇墓出土了曹夫人所戴头面，包括镏金银丝鬏髻，上有银丝编福、寿字与镂空花纹，底部两侧有小孔，横贯镏金银簪以将其固定于发髻上。正中金镶玉观音分心一件，两边有两件玉叶金蝉簪子，下有如意云纹镏金钿儿一条，两端有线圈套在簪头。又有满冠在后，还有掩鬓，皆银镶玉雕片。另有金头莲瓣簪、银镶宝梅花簪。

江阴青阳明代邹令人墓出土有一套完整的金玲珑草虫儿头面，包括金嵌宝花钿儿一件；金嵌宝凤凰分心一件；金嵌宝大花顶簪一件；鸳鸯莲花满池娇纹满冠一件；金质银脚的如意形掩鬓一对，上有天师艾虎纹，錾张天师持药篮与药锄骑艾虎，配五毒中的蝎子、蟾蜍、蜈蚣纹金嵌宝蝶恋花银脚簪（倒钗）一对，倒插在髻侧；还有银脚金嵌宝螳螂捕蝉顶簪一对（对应华复诚夫人的头面，当是插于分心两边）；银脚金花俏簪三对；花顶小铎针三件。另配龙首联珠金手镯一对、金嵌宝蝶恋花耳坠一对。

常州武进区王洛家族墓出土有王洛妻子盛氏的头面，是银丝䯼髻，覆以黑绉纱。䯼髻前中部有金莲座佛像与金童玉女分心；髻顶为嵌绿松石牡丹花，下又有十朵小金花的顶簪。髻后下部有月牙形金质满冠，锤锞出立体浮雕云龙纹效果。还有三对花形俏簪插于两侧，一对塔状簪头的俏簪交叉插于䯼髻上。又佩戴头箍。

盛氏儿媳徐氏的头面亦大致相同，有分心、顶簪、满冠，还有掩鬓，不过只见一枚。顶簪上有大朵牡丹花，下有蜜蜂、蝴蝶和小牡丹花间隔组合，再下有金牡丹叶子，为"蜂蝶赶花"之主题。冠下口沿有弧形带状钿儿，饰金质五瓣梅花十一朵，花蕊内嵌珍珠。还有花瓣形金簪四件、镏金发钗两件，也配有嵌珠梅花头箍。（图8–14）

图 8–14　武进区出土徐氏头面

浙江安吉明代吴麟夫妇墓出土一件金丝䯼髻，为一套玲珑透雕的玉雕头面，有分心一件、掩鬓三件、满冠一件，还有两对倒钗、压鬓钗之类，都以童子为纹样，似是七夕的摩睺罗纹，与百子衣一类衣饰有关。杭州萧山区水漾坞明墓出土有类似的童子造型的银簪。

若是简单的头面，则更强调分心。明末《醒世姻缘传》第七十八回写两位贵妇人："徐太太当中戴一尊赤金拔丝观音，右边偏戴一朵指顶大西洋珠翠叶

图 8-15　明代夫人像

图 8-16　冯氏画像册中的老年夫人像

嵌的宝花。吴太太当中戴一枝赤金拔丝丹凤口衔四颗明珠宝结，右戴一枝映红宝石妆的绛桃。”这里说的“赤金拔丝观音”也就是分心。偏戴“宝花”“绛桃”，也叫作飘枝花、鬓边花，可以单用，《云间据目钞》卷二有载，当是类似掩鬓一类。

苏州博物馆藏明代夫人像，就画有完整的头面，分心、顶簪、两掩鬓与花朵形俏簪皆有。（图 8-15）

青州博物馆藏冯氏画像册里有一幅老年夫人像，就只画夫人头戴一枚分心，配数枝花朵形俏簪与数朵绢花而已。（图 8-16）

《明宪宗元宵行乐图》中有宫中女子戴着三角尖特髻的形象，特髻可能是由黑纱编成，也是装饰分心，上有表示吉祥的梵文纹，再加饰挑心、倒钗、顶簪之类，就似一顶尖顶纱帽戴在头上，稍嫌拘谨。在上海浦东新区陆氏墓、江苏无锡华复诚妻曹氏墓中，都有这类像小尖帽的结条工艺制成的特髻，前者用银丝编成，后者用镏金银丝编成，内有银丝盘出的福字。

除了这种三角形的特髻，还有髻头向后弯曲的，十分奇异。明墓中也有实物出土，如南京栖霞山出土的一顶，有两道金梁，正面用金丝盘绕成一朵牡丹，侧面扭出旋卷的曲线。（图 8–17）江苏无锡出土的一件也类似于此，都是用金丝编结的。这两件或就是当时流行的扭心之式样。山西阳城出土的女陶俑上也有这类扭心髻。

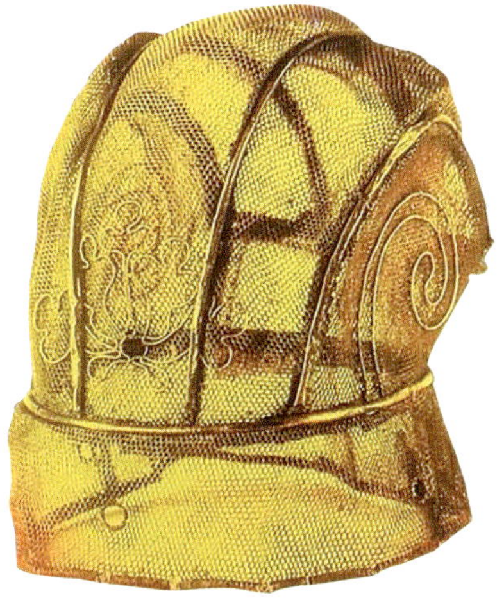

图 8–17　栖霞山出土扭心金丝特髻

定陵中出土的皇后特髻最为华贵，虽只是黑纱制成，类似于三角尖帽，但是簪子极为精美。如孝端皇后戴的特髻上有一支顶簪，上有白玉龙升腾而起，双目嵌红宝石，额头嵌猫眼石，口衔红宝石滴子一颗，伴着一颗绿玉雕成的描金火珠；下有一圈白玉雕牡丹玉花，花心嵌以宝石，围以金丝点翠牡丹叶；下有金托、白玉镂空缠枝牡丹花托；再下则围绕着一圈细小的珍珠、红玉璎珞。（图 8–18）整件簪子制作技艺精湛，红蓝宝石、点翠、白玉、金子、珠玑同时荟萃于上。

图 8–18　孝端皇后特髻上的顶簪

同时出土的还有一件围髻，网状，系结着珠子和宝石。扬之水先生指出，这位皇后所戴的就是一套以福寿吉祥为主题的头面。

图 8-19　益宣王妃孙氏的王母乘凤分心

在江西南城的考古中，发现万历年间的益宣王妃孙氏有一套类似的头面，重达一公斤多。其中分心是一支王母乘凤飞翔形的镶宝石金簪。（图 8-19）还有镶宝石累丝双龙捧福字、寿字金掩鬓一对。又有金镶玉嵌宝群仙庆寿钿儿，为一条金带，略呈柳叶形，上边镶嵌九个神仙造型的花钿，中间的是寿星，两边当是八仙。还镶嵌着彩色宝石。两边有细带系结，原来可能有丝绸做的底衬。还有一条等距錾出七朵缠枝牡丹纹的弧形金质雕花带，两头较尖，穿有小洞，上坠十余串串珠、红蓝宝石，行走时必然摇曳生姿，这就是围髻。扬之水先生指出，这是一套以王母为中心的瑶池群仙贺寿头面。此外，还有镶宝石龙首形金簪、镶宝石凤首形金簪、镶宝石蝶恋花金簪，以及王妃必有的金凤钗（口衔珠滴）一对，推测亦包含于此套头面中。

益庄王妃万氏则有一套以楼阁仙人为主题的头面，有精致的以金质楼阁、仙人为图案的挑心一件，上有鹿、鹤、镶珠花树，当是鹿鹤同春之意。分心一件，有两层楼阁，上层有读书人，下有三人抚琴、对棋枰、展开画卷，为琴棋书画四雅。满冠一件，为三联楼阁，持圭戴冠的主人居中而坐，左右侍者掌扇、进酒食。又有秋叶状掩鬓一对，皆分两层，上有主人端坐，侍者左右掌扇；戴于右边的，表现主人沐手，一侍女持巾，一侍女抱琴以待；戴于左边的，表现主人对镜簪花，一侍女持花，一侍女捧花瓶。又有云朵状掩鬓一对、倒钗一对，纹饰内容与秋叶状掩鬓相似。同时发现有透雕观音白玉分心、双龙戏珠镏金银围髻，以及每个王妃都有的金凤钗一对，当是互相组合使用。

如此繁重的金玉珠宝头饰，戴在头上也不会舒服。可能它也包含着这样的意思：把它重叠压在女子头上，使女子只能漫步缓行，不至于在各种礼仪场合中失礼。这也隐含着封建礼教的阴影。

兰州白衣寺多子塔发现有明代肃王妃熊氏所施的一件金累丝嵌珠白玉送子观音满池娇分心，正中是白玉雕观音，抱着婴儿，坐于莲花座上，周围镶绕金慈姑叶、莲花、莲蓬（点翠而饰），与《金瓶梅》描写的满池娇分心吻合。（图 8-20）可见明代富贵人家鬏髻上插的头面，华贵程度也不亚于皇后和王妃的。

图 8-20　金累丝嵌珠白玉送子观音满池娇分心

明代田艺蘅《留青日札》一书，也记载明代妇女的金玉珠翠首饰极多，一头之上，几乎合抱；这样多的首饰簪戴极为麻烦，靠自己是无法完成的，于是有专门的插戴婆为她们服务，这是专替她们梳头和簪戴的美发师。

明代有八宝冠的名目，《明史·吴兑传》载，朝廷和蒙古族女首领三娘子通好，赠送她珍贵的八宝冠、百凤云衣。这八宝冠或就是特髻或凤冠之类。

杨用晦《冠约》："妇人之髻，时样屡易，有金髻、银髻、珠髻、玉髻、发髻、翠髻、字髻等。"这说的是鬏髻。又说："妇人之髻，越变越新，或曰松头，又曰精头，又有重发，头有一岁而三易新样者。”这说的是发型。清初叶梦珠《阅世编》也说到鬏髻和发髻的变化：“余幼见前辈冠髻高逾二寸，大如拳，或用金银丝挽成之。若乌纱者，顶上装珠翠沿口，又另装金花衔珠如新月样，抱于髻前，谓之插梳。其后变式，髻扁而小，高不过寸，大仅如酒杯，时犹以金银丝为之者，而插梳之制遂废。银丝髻内映红绫，光采焕发，且别于素色也。崇祯之末，髻愈大而扁，惟以乌纱为质，任人随意自饰珠翠，不用金银。……年来髻式不一，或纸胎纱表，或铜丝为质，装成花朵，以天鹅绒为表，样各不同。”

明代女子的发型配合这许多首饰，也有种种花样，其中以一窝丝较流行。一窝丝是把满头青丝不加编辫，也不绾束，直接盘在头上，形如圆卷的云朵，或再用一个丝网网住，叫作“缵”，再加特髻等。明定陵出土的孝端皇后的发髻，就是把头发用带扎后盘在脑后，加金簪固定。孝靖皇后的则是把头发理顺后盘绕一周，余发掩于髻下，再插金玉簪子。《金瓶梅》所载潘金莲、郑爱月等人的发型也是一窝丝，大概是因为这种发型就算不加特髻等也能增加女子的娇媚，所以受到人们喜爱。如第五十九回写郑爱月“头上挽着一窝丝杭州缵，梳的黑鬖鬖光油油的乌云，云髻堆鸦，犹若轻烟密雾”。第二十八回写潘金莲的发型是“红丝绳儿扎着一窝丝，缵上戴着银丝鬏髻”。在明刊《金瓶梅》插图中有一些明代妇人的图像，所梳的发型或许就是一窝丝。（图 8-21）清代改琦绘的仕女图也有盘绕一窝丝的仕女形象。（图 8-22）

《明史·舆服志》载女子在室者，可以梳三个小发髻，戴金钗。其实一般来说小女孩梳两个小鬏，余发覆额至目，垂于脑后。或如仇英《汉宫春晓图》里的小女孩，仍梳丫髻或戴头巾。出嫁后才能梳各式发髻，戴鬏髻。据《松下杂抄》说，明代的公主小时候戴寸许头箍，到十余岁留发，又过年余才梳小鬏，到准备结婚、有驸马后才择吉日上头。这也是明代的普遍风气。明代吕坤

图 8-21　明刊《金瓶梅》插图中的一窝丝

图 8-22　改琦绘仕女梳一窝丝

撰礼书《四礼疑》载及笄礼的发式："近世女子，多辫发鬈绾向后，连五簪贯之，许嫁则为半髻，以铜铁丝为圆座，上加虹桥，括于前后座上，障以乌纱，花簪连贯，一翟当于顶前。"

由于明代女子都戴䯼髻、特髻之类，后来就多以低小之发髻为主。当时女子们仍在不断创新发型，如隆庆年间有挑心髻、桃尖顶髻等名目，也有堕马髻。

挑心髻为扁圆形，两鬓发垂至双耳，叫作捧鬓。髻上插宝石花朵，叫作挑心。

桃尖顶髻是形如尖桃。明刊《牡丹亭》第二十七出《魂游》的插图，绘那美丽的少女杜丽娘，发髻就如尖耸的桃子，即此类髻。山西阳城出土的明代女俑中也有梳桃尖顶髻的。今天戏曲舞台上还有旦角使用，叫作抓髻。

图 8-23 《怡红夜宴》插图

在清代《红楼梦》插图中《怡红夜宴》一画，上边坐的一位女郎梳的就是挑心髻，下边两位女郎梳的是桃尖顶髻，可见这类发髻是流传久远的。（图 8-23）

明代的堕马髻也叫蝶鬓髻，是把发髻向上梳，再垂在脑后，与唐代的堕马髻不太像，装饰更加繁缛。明代范濂《云间据目钞》说："梳头如男人直罗，不用分发，蝶鬓髻皆后垂，又名堕马髻。旁插金玉梅花一二对，前用金绞丝灯笼簪，两边用西番莲稍簪，插两三对。发股中用犀玉大簪横贯一二支，后用点翠卷荷一朵，旁加翠花一朵，大如手掌，装缀明珠数颗，谓之鬓边花，插两鬓边，又谓之飘枝花。"明代仇英《汉宫春晓图》中就能看见左侧有梳堕马髻的

女郎。（图 8-24）

杜韦娘髻，明代杜韦娘所创，是“低小尖巧，至晚常如晓妆”的实心髻，不易散乱，引得妇人们争先仿效，因而得名。后来讹杜韦娘髻为茴香髻。

双飞燕髻，是绾成高髻，在脑后的部分梳出两个分叉，呈翘起之状，宛若燕尾，以寄托美好的心愿。陈洪绶仕女画《饮酒祝寿图》里就有位女郎，头上梳双鬟髻，脑后垂发如燕尾，还装饰花钿和如意形头箍。（图 8-25）

图 8-24　仇英《汉宫春晓图》（局部）

宜春髻，明代汤显祖戏曲《牡丹亭》中写到了，但不知道具体是什么形式，应该是低小而偏侧的发髻。

图 8–25　陈洪绶《饮酒祝寿图》中的双飞燕髻

山西右玉宝宁寺明代水陆画《善恶二部牛头阿傍诸官众》图中有司善神女，扎双垂髻，垂于脑后，可以见到髻上还簪着簪子。（图 8–26）

图 8–26　宝宁寺水陆画中梳双垂髻的神女

在仕女画中也能看见一些较有新意的发式，如丁云鹏绘的《罗汉图》中有一位女子，头上发髻是大小五鬟相套，形如花瓣，下衬雕花头箍。

鹅胆心髻是长圆形，如明刊《白兔记》插图中的李三娘，头上梳着长圆形发髻，就是鹅胆心髻。（图 8–27）这种发髻不加花饰，显出素雅之美。

明代也有高髻如盘龙髻、平髻、丫髻等，但都不常见。牡丹头算比较高的了，如明末清初董含《三冈识略》载："余为诸生时，见妇人梳发高三寸许，号为'新样'，年来渐高至六七寸，蓬松光润，谓之'牡丹头'，皆用假发衬垫，其重至不可举首。"诗人尤侗说："闻说江南高一尺，六宫争学牡丹头。”这种牡丹头还流传到了宫廷中。

在明刊《拜月亭记》的插图《兄妹逃军》一幅中，就有女子梳着由大小发卷堆垒而成的高髻，衬托出饱满高华的气质，这也就是牡丹头，在脑后还垂一段燕尾。（图 8–28）显然它是用假发衬垫而成的。它一直流传到清代，清代李渔的戏剧《风筝误》中还有提到。明代陈洪绶《斜倚薰笼图》中的一位女子（图 8–29）、清代任熊《瑶宫秋扇图》中的仕女（图 8–30），梳的也都是牡丹头。

明代名女马湘兰小像，画这位善于画兰花的女郎手拿一朵小兰花，头上绾出四个小圆髻，余发扎在脑后，近似于芙蓉髻。额前一支凤钗，口衔珠滴，摇曳生姿。

图 8–27　明刊《白兔记》插图中的鹅胆心髻

图 8–28　明刊《拜月亭记》插图中的牡丹头

图 8-29　陈洪绶《斜倚薰笼图》
中的牡丹头

图 8-30　任熊《瑶宫秋扇图》中的牡丹头

图 8-31 叶衍兰绘董小宛像

《金瓶梅》里还写了楂髻，也是一种丫髻，左右各梳一个小鬏。清代叶衍兰所绘的明末才女董小宛像，画她穿着明装，直领衫，长裙，头上两边各扎小圆髻，颇类似于后来说的二虎眼发式。（图 8-31）

云髻是把头发梳作卷曲云朵的模样，在明人《缝衣图》、清代华嵒《抱瑟仕女图》中也能看见。

明末清初流行的松鬓扁髻也很有名，叶梦珠《阅世编》载：“崇祯之间，始为松鬓扁髻，发际高卷，虚朗可数，临风栩栩，以为雅丽。”这是一种低髻，把两鬓发和额发都梳理得很蓬松，显得雅丽。如清初画家杨晋绘的《山水人物图卷》中就有女子梳此类发髻，后来《三希堂画宝》中一名手持兰蕊的仕女也是这种发髻。（图 8-32）

图 8-32 《三希堂画宝》中的松鬓扁髻

明代王偁的《云鬟》诗云：“香鬟三尺绾芙蓉，翠耸巫山雨后峰。斜倚玉床春色去，鸦翎蝉翼半蓬松。”这是一种很高的发髻，就像是巫山的山峰一样。巫山云雨是隐含着男女挚爱的词，使用这个词能叫人们感受到诗人的深意。她的发髻浓翠而耸，她斜倚在玉床之上，两鬓蝉翼垂飘而下，她就这样送走无边的春色。不过，发髻再高似乎也不会高达三尺，这只是夸张的说法。

明代假发编成的髻很多，用时往头上一套就可以。如清代李斗的《扬州画舫录》所说“扬州鬏勒，异于他地，有蝴蝶、望月、花篮、折项、罗汉鬏、懒梳头、双飞燕、到枕松、八面观音诸义髻”，多是沿袭了明代的样式。蝴蝶髻或就是在脑后梳成蝴蝶状的发髻。

明代少数民族的女子发型也有一些记载，如明末文士邝露的《赤雅》一书，记载了广西瑶族女子的发型，是和汉族女子互为影响的：“髻有芙蓉，有望仙，有怀人（一本作仙人），有双蛇（一本作双龙），有孤凤，有浓春，有散夏，有懊侬，有万叠愁，有急手妆。其下者，有椎髻，有垂鞭，有盘蛇（一本作盘陀），有鹿角。豪家髻鬟稍不称者，群笑之，目为丁妆。”在清代编绘的数种白描、彩绘《职贡图》中，也有一些少数民族发髻、头饰的形象资料。（图 8–33）

图 8–33 《职贡图》中少数民族发髻

“侧着宜春髻子恰凭阑”“艳晶晶花簪八宝填”，这是明代戏曲家汤显祖所写的《牡丹亭·惊梦》一折里的杜丽娘，在花园中游春、春梦时的装扮。她侧着发髻，花纹精美的簪子上镶着珠玉宝石，春风中盛装的女儿心中涌满思绪。《寻梦》一折则写她满腔春愁时梳妆的情景：“腻脸朝云罢盥，倒犀簪斜插双鬟。”她把犀簪无情无绪地插在发髻上。云鬟簪钗，总是那么紧密地和女子相连。

明代的首饰注重以金、银制作，镶嵌宝石、珍珠。《明史·食货志》载嘉靖皇帝时，“太仓之银，颇取入承运库，办金宝珍珠。于是猫儿睛、祖母碌、石绿、撒孛尼石、红剌石、北河洗石、金刚钻、朱蓝石、紫英石、甘黄玉，无所不购。穆宗承之，购珠宝益急”；万历皇帝时，“帝日黩货，开采之议大兴，费以巨万计，珠宝价增旧二十倍”，人力物力的耗费是相当巨大的。明代宋应星《天工开物》中记载了宝石、珍珠的开采；诗人顾梦圭的《珠池叹》、杨慎的《宝井篇》，以诗记述珍珠、宝石得来不易，都可见一斑。

至于首饰制作方法，有打制、焊接、卷制、雕刻、錾花、镶嵌、花丝、点翠、烧蓝等，工艺纯熟精湛。仅花丝工艺，即有焊丝、填丝、累丝等，今天还有北京等地艺人制作。点翠技艺广泛使用于发饰之上，定陵的凤冠也有用，在硬纸上粘贴翠羽，制成翠凤；也有先制作金银花样底托，围一圈银丝，再贴翠羽的，翠羽闪烁着光芒，很是美丽。因翠鸟日渐稀少，今天就用鹅毛、绸片等染翠代替，仍在沿袭明代工艺传统。又有蓝珐琅，也叫烧蓝，以金属为胎，涂瓷釉料烧制，闪现出油油蓝光，也受到喜爱。

明代的首饰种类也很多，上述《云间据目钞》《金瓶梅》等书所讲到的已经令我们眼花缭乱了。当时除了簪、钗、步摇之类还有掠子、掠鬓、搔头等，是女子用来掠发的。还有一丈青，是挖耳用的，用完也插在发髻上，实际上也属于簪类。还制作了发卡，金银质地，用簪子或丝线固定，上有挂钩，固定头发。陈洪绶《西园雅集图》上有一位侍女头上就戴着这类发卡，是蓝色的，或是用了点翠工艺。明代女子的发髻上总能看见这许多实物，如上海徐家汇地铁工地明墓中，一位女性头上的发簪发卡大大小小就有 20 多个。

明定陵出土的簪钗数量极多，也最华贵。据统计，定陵出土首饰多达 240 余件，仅金簪即多达 135 件（其中万历帝 56 件、孝端皇后 38 件、孝靖皇后 41

件）；银簪39件，其中37件是银镏金簪，为孝靖皇后使用；钗5件、围髻1件、抹额1件；还有铜质镏金的同心钗。这些首饰上边都还镶有各色玉石，如红蓝宝石、猫眼石、祖母绿、珍珠、玳瑁、水晶、琥珀等，光芒璀璨，极见巧思。

看那蝶恋花簪，是把金质簪上附的白玉雕成牡丹花两朵，缀以蓝宝石花心；中有青玉蝴蝶，蝴蝶背上嵌红宝石，蝶触须缀以两颗珍珠；下有红玉石花，形成蝴蝶采花（蝶恋花）图案。（图8-34）

还有蝶恋花镏金银顶簪，雕刻两朵白玉菊花，嵌红宝石，缀以金累丝蝶，蝶须缀珍珠，旁又有红蓝宝石与珍珠镶嵌。（图8-35）

看那一支白玉鸳鸯镏金银簪，在圆锥形簪头上镶白玉鸳鸯一只，背嵌红宝石制作的石榴籽，包含着夫妻恩爱、多子之意。

看那一支镶宝石梅花钗，是把玉石雕成梅花状，花心嵌一颗宝石，花朵边围绕叶片。

那镶珠宝花丝金龙玉簪，则是在玉簪上附以金龙，龙用累丝技法制作，极为精细，再嵌以宝石和珍珠。

还有镶宝石白玉寿字金簪，是把祈求长寿的吉祥篆形寿字用白玉雕刻出来，簪头雕成花朵，再嵌以红蓝宝石十余颗。（图8-36）镶珠宝卍寿金簪也与之相似，只是多了一对金质的卍字，与寿字并读为万寿。

还有一支装饰一双鸾鸟的累丝双鸾衔寿果金簪，簪头有金质五瓣梅花，上伸出螺旋状金丝两条，站立鸾鸟一对，由金丝掐制成鸟身上的小卷纹堆垒而成。鸟仅仅三厘米许，卷纹却历历可数，姿态生动。鸟口还衔着果子与方胜形滴子。这支簪实为步摇之制，簪于头上，行走时会颤动若飞。

也有嵌珠宝的镏金银簪，上有桃花、蝴蝶和飞凤。还有祈求佛祖保佑的镶玉或镶金立佛金簪，以玉制或金制的立佛为饰，绕以背光，上镶多颗宝石。（图8-37）也有喇嘛塔式簪，用花丝工艺盘绕而成喇嘛教佛塔。

图 8-34　定陵出土
蝶恋花簪

图 8-35　定陵出土
蝶恋花镏金银顶簪

图 8-36　定陵出土
镶宝石白玉寿字金簪

图 8-37　定陵出土
镶玉立佛金簪

这些簪钗造型取材千奇百怪，但主要以表现吉祥寿福，表现道教、佛教题材，表现高洁等寓意为主，如表现吉祥寿福的寿字、寿星、龙凤、仙鹤、鸾鸟、梅花鹿、龟、灵芝、仙桃。表现道教题材的持如意仙人、童子；佛教题材的佛祖、菩萨、宝塔、八宝、佛字。象征爱情美满的鸳鸯、蝶恋花等；寓意高洁的梅花、菊花；象征多子嗣的石榴、童子、草虫；象征报喜的喜鹊纹等。

扬之水先生指出，定陵出土的簪钗可归纳为几种不同的头面，如“金镶玉宝寿福禄首饰一副”“金镶玉龙牡丹珠宝首饰一副”；又有“金镶玉嵌宝蝶赶花首饰一副”，以蝶恋花为主题，蝴蝶配四季牡丹、荷花、菊花、梅花。

又《明宫史》有记，当时的内侍会随着一年的节日、典礼而不断变更铎针（插在官帽上），换上含相应寓意的纹饰，以象征各种美好心愿的实现：“铎针，金银、珠翠、珊瑚皆可制。年节则大吉葫芦、万年吉庆。元宵则灯笼。端午则天师。中秋则月兔。颁历则宝历万年，其制则八宝荔枝、四字鲇鱼也。冬至则阳生、绵羊太子、梅花。重阳则菊花。万寿圣节则万万寿、洪福齐天之类。洪福者，于齐天字之两傍各有红色蝙蝠一枚，以取意耳。凡遇诞生、婚礼及尊上徽号、册封大典，皆万万喜。”又载正月，“宫眷内臣即穿葫芦景补子”；五月，“穿五毒艾虎补子蟒衣”；七月，“穿鹊桥补子”；九月，“穿罗重阳景菊花补子蟒衣”；冬至，“穿阳生补子蟒衣，室中多挂绵羊太子画贴”。显然，皇后或妃嫔也会使用这一类节令、典礼首饰。

如定陵出土的白玉童子金簪，雕刻一个戴着荷叶的玉童子站在花饰之上，下边有云头形玉片，上刻吉祥八宝纹。这童子是七夕时要摆设的摩睺罗，和佛教莲花化生的传说有关，含祈求子嗣之意。

图 8-38　定陵出土镶宝玉双兔万字镏金银簪

还有镶宝玉双兔万字镏金银簪，当是中秋节使用的（同时发现了万历皇帝的镶紫晶兔金簪、孝靖皇后的镶红宝石白玉雕玉兔耳坠）。（图 8-38）寿字金簪、卐寿金簪、镶宝玉寿星镏金银簪、玉雕鹦鹉衔仙桃金簪，当是万寿节使用的（还发现了万历皇帝的嵌珠宝玉雕龟金簪）。镶宝石鹿鹤同春簪、金镶玉嵌宝喜庆万年簪（喜字为玉雕，庆万年三字为金制）与喜报平安金耳坠等，或为万万喜一类典礼上使用的。

北京海淀区董四墓村明墓（为明熹宗妃子墓和明神宗七嫔墓）曾出土一件累丝嵌宝石人物纹金簪，簪头錾绵羊太子纹（童子骑羊，手持鹊笼），则是冬至使用的。

这种种龙凤、花鸟、蝶虫、吉祥字样，都是制作簪钗首饰喜用的各色花样。这些满含珠光宝气的华丽首饰，其寓意多是祈求祥寿、夫妻恩爱和子嗣绵延。皇后也是女人，心中蕴含着的也是普通女人的心意，也有求道教长生与求佛的心理。只是根据历史记载，两位皇后的经历是坎坷的，再多的珍宝也无法掩饰深宫里的寂寞世界。

明代李伟、王氏（李太后的父母）的墓中出土了王氏所用的首饰。如一支蝶恋花挑心，白玉为瓣，大颗红宝石为心，四周围绕宝石，加以金蝶，蝶须上嵌珍珠两颗。还出土了一支以金为莲花瓣，红宝石为心的顶簪，造型也基本类似于定陵所出土的簪子。

王氏还有十支花钗，分五种，一种造型是红宝石花嵌喜字、蜻蜓、竹叶等，一种是金凤嵌玉雕番莲花，一种是玳瑁翅金蝶镶寿字，一种是白玉翅金蝶花朵，一种是双番莲嵌喜字，即喜字并蒂莲。每支都嵌满宝石，背面为金掐丝花。墓中还出土了宝瓶童子纹簪子、火焰宝珠纹簪子，都是金质，镶以各色宝石。还出土了两件凤钗。

楼阁人物形簪钗是明代在金银工艺方面非常突出的成就。累丝作亭台楼阁之形，宽仅寸许，却可见楼阁层叠，虹桥飞空，仙人游玩于楼阁之中，细巧无比。重庆大竹林简芳墓出土一件钗头为云朵形的金钗（为头面中的掩鬓），正面錾刻三位骑马文士，背景有拱桥、花树、楼阁亭榭，分出深浅层次；背面还刻有小字数行，题目为《三学士》，又刻七律诗：“冠世文章绝等伦，瀛洲学士盛时人。玉堂金马声名旧，明月清风气象新。阆苑朝回春满袖，宫壶醉后笔传神。平生自是承恩重，每赐金莲出禁宸。”又有四句吉语与制作时日：“福如东海长流水，寿比南山不老松。长生不老年年在，松柏同岁万万春。岁在戊申仲冬吉日造。”扬之水老师指出此为当时流行的“瀛洲学士图”题材，源自唐太宗为秦王时在秦王府设十八学士的故事。

江西南城明代益端王朱祐槟的妃子彭氏棺内，其子益庄王朱厚烨的妃子万氏棺内，其曾孙益宣王继妃孙氏棺内，湖北钟祥的梁庄王朱瞻垍墓内，都出土了精美的凤钗。（图 8–39）据铭文，多是明代银作局工匠所制。孙氏的凤钗，据铭文则是“益国内典宝所成造，珠冠上金凤……”这凤钗是当时王府行聘必备的。

在明代绘画中，如陈洪绶所绘的《秘本西厢》中的插图，闺阁中的少女莺莺头上也戴着凤钗，说明当时精美的首饰是很普遍的。

江苏南京博物院珍藏有一件玉叶金蝉，是苏州五峰山出土的，在一片洁白无瑕的玉叶上栖息着一只精美的金蝉，头、翅、身皆极逼真。（图 8–40）它的制作工艺复杂，金蝉是压模铸范而成的，再用薄金叶延展做成蝉翼，还采用錾

图 8–40　玉叶金蝉

图 8–39　梁庄王墓出土金累丝凤钗

刻、焊接等工艺。玉叶以阳线、阴线、平凸的技法雕刻。它虽没有簪柄（或已经脱落），但显然也是簪子，是特髻上头面中的一件，因为无锡华复诚妻曹氏墓出土有头面中的两件玉叶金蝉簪，和它造型几乎一样，只是玉叶用金镶边，加金质叶柄，也就是簪柄。

这几件玉叶金蝉簪无疑就是唐代所说的青虫簪，用黄金制作成象征爱情的绿金蝉，还取叶和蝉的谐音，含有夜夜缠绵的美好寓意，作为爱情的信物。蝉又是蜕壳后可以重生的虫儿，故也象征延年益寿。可见直到明代，还有青虫簪的美好传说流传。

明代玉雕艺术大师陆子冈，《苏州府志》记载他擅长雕刻水仙簪，雕刻的水仙花叶层叠，玲珑奇巧，细如毫发。水仙簪大概是取自宋代黄庭坚咏水仙花的诗“仙风道骨今谁有，淡扫蛾眉簪一枝”，代表着女子的素雅风韵。明代也有这种水仙花形状的玉簪流传至今。从远古的鲜花和叶子到后来的花钿，又到金玉雕刻的花叶，花的装饰在不断地发展着。

明代的钗较新颖的样式有压鬓双头钗，就是有双头的发钗，《明史》规定一、二品夫人常服时佩金云头连三钗一、金压鬓双头钗二。

李昌祺《剪灯余话·鸾鸾传》记载有一种黄金排钗，这是多齿的钗，缀以珠串，或三五排，或十二排之多。清代范寅《越谚》中卷即载排钗：“此钗镂玉为头，包金于股，贯珠为络索，或三五挂，长及肩。其数极减四钗，多至十二排，插于髻，垂两鬓外，亦惟新妇簪焉。”

《越谚》又载网钗：“此钗片金为花朵，成对贯珠结网，垂八旒、十二旒。每对计珠五六百粒，簪髻铺鬓，新嫁及富妇有事辄戴之。”

明末屈大均《广东新语·器语》记载广东妇人的塌笄，也是一种鬏髻，配以钗簪，可见当时当地风俗一斑：“永安妇人，粗棉大苎，衣多青黑。发左右盘，无鬟鬓，皆戴塌笄。笄广五六寸，与头相等，以羊皮金纸，剪擘为条者七或九或十一，名曰金缕子，以傅其上。笄亦以纸为之，外冒黑纱，四旁插大钗簪，自朝至夕，无或有妇不笄者。其未笄者有髻子，笄则无之。故常不去其笄，虽至贫，笄亦华好。”

《广东新语》也记录了广州一带民家妇女在礼节中使用发笄的情况：“南海、番禺妇人，平居不笄，有事则笄。女子出阁前一日始笄，笄多用莲花珠笄，乳媪笋壳尖笄，长乐、兴宁扁笄……”

明代妇女插在发髻上的梳篦一般是漆画木梳，今天江苏常州还有出产的。《明史》载贵妇人有金脑梳之类。

明代女子也戴方胜，也就是古诗词里提到的合欢胜。南京明代汪兴祖墓出土有金质双胜。

明代抹额也很常见，又叫包头、勒子、额帕、遮眉勒，式样是用或宽或窄或有花纹的布条扎系在额头上，明清仕女画中常画。女诗人梁小玉有《包头》诗：“轻霞薄雾小香罗，傍着蝉鬟香更多。最爱春山缥缈上，横妆一带浅青螺。”这如轻霞一般的罗帕，绾结着高耸的螺髻，传出渺渺幽香。浙江湖州双林镇出产有专用于包头的优质绉纱。

图 8-41　唐寅《李端端图》（局部）

有一种渔婆巾，是用丝帛系额，与抹额类似，显得俊美利落。唐寅的《李端端图》画唐代名女李端端，实际上是明代女子的装扮，头上梳较低的双髻，以红布条系结，是典型的渔婆巾样式，前额上再加花钿。（图 8-41）

还有一种渔婆勒子，是以丝绳编成窄条网状的头箍，上边还坠下珠翠花饰。

明代富贵人家已经把这种勒子发展成一种头箍，用纱罗或皮毛制作底衬，以金为之，上嵌珠宝。这一般是命妇、贵妇所用的，可衬翟冠或头面。《金瓶梅》里就写到妇人们头上戴的珠子箍儿，有的要用四两珍珠来串成。《天水冰山录》记载明代权相严嵩家中还有玉花头箍之类。山西阳城出土的明代女陶俑上就戴有这类头箍，头上梳扭心髻。

唐寅《吹箫仕女图》画一位仕女，头上戴着精美的围髻、头箍，配掩鬓（另加博鬓），颇似从一套头面中取意。云头形头箍上嵌珍珠，应就是珠箍、玉花头箍之类。围髻上镶着朵朵五瓣小珠花，下边垂串串小珠。（图 8-42）清代范寅《越谚》记载一种叫作齐眉的饰物："此与网钗大同小异，彼双此单，彼分布两边，此独障额前，珠络齐眉而止，亦新制，起于咸丰年，奢华极矣。"虽说是起于咸丰年间，却和围髻相似，戴在额前，珠络齐眉而垂，和这图中描绘近似。

图 8-42　唐寅《吹箫仕女图》

山西宝宁寺水陆画《往古

图 8-43　水陆画《往古妃后宫嫔婇女等众》（局部）

妃后宫嫔婇女等众》中的皇后、妃子、婇女，也都在头髻上戴着类似的金翠珠玉头箍，有繁简之别，有的还可见到连着帛带子，在脑后扎结。（图 8-43）这种饰物可能受了南北朝以来玉珑璁的影响。

明代女子喜欢用珠络裹头，叫作璎珞。唐寅《李端端图》上的两位侍女、仇英《汉宫春晓图》中的宫女头上都能看见这种璎珞。（图 8-44）这也是围髻，就是元代关汉卿散曲里说的“包髻是缨络大真珠”，《金瓶梅》第四十二回说的“云髻珠子缨络儿”，是宋代以来就有的。

《金瓶梅》中提到冬天妇女戴卧兔儿，如第二十一回写吴月娘“头上戴着貂鼠卧兔儿”，第六十八回写到“海獭卧兔儿”。卧兔儿，也是头箍一类，用貂鼠、海獭的皮毛制作，

图 8-44　《李端端图》中侍女的围髻

加在前额上，后边用线扎束，就像一只毛茸茸的兔子，因而得名，也叫“貂覆额”。清代《三希堂画宝》中的一位仕女就有戴。（图 8-45）

明代女子也使用头巾，把头部裹着，夏天可防晒，冬天可保暖。头巾的花样是很多的。湖北黄梅的挑花头巾是精美的民间艺术品，在藏青色的土布上以白棉线为纹线骨架，配以多彩丝线的十字交叉针法挑制成，在当时就很盛行。1958 年，在黄梅发掘的一座明代墓葬中，女墓主人头上就搭有彩线挑绣的“福寿双桃”方巾。至今黄梅挑花头巾仍在生产。

江西九江荷叶墩万黄氏墓还出土一件五枚暗花缎织出的深紫色团龙纹头巾，两端织有名款，中间一行是“南京局造”，可见是明代南京所织。

老年人也戴巾子，陈洪绶绘的《来鲁直夫人像》是位老年妇女，仅扎小髻，戴头巾，加一个小金箍，朴素大方，和年龄相合。（图 8-46）

还有个别换上男装的女子也会戴巾子。如明末的名姬柳如是，曾男装打扮去拜访当时的名士钱谦益。有一幅她的画像就画的是她穿男装，着文士的儒袍，

图 8-45 《三希堂画宝》戴卧兔儿的女子

图 8-46 陈洪绶《来鲁直夫人像》

图 8-47　清代余集《柳如是》

戴浩然巾，大幅巾子在背后披垂下来，很是潇洒。（图 8-47）宫廷里的女官也有穿男式圆领袍、戴幞头的。如《三希堂画宝》载唐寅所绘的一名女官就戴着垂脚幞头。

明代还有一种发鼓，用金银丝或铁丝制成圆圈，覆盖在头顶，外加假发，再用簪子固定，以显得头发丰盛。无锡华复诚墓出土有银丝发鼓，留有插簪的小孔，裹以假发，上插银簪。明末张自烈《正字通・竹部》解释“篋”字就说：“妇人首饰，犹今之发鼓。”顾起元《客座赘语》：“今留都（南京）妇女之饰……以铁丝织为圜，外编以发，高视髻之半，罩于髻，而以簪绾之，名曰‘鼓’。”

明代妇女也戴冠子，仅用来束发而已，不是如圆帽一样的凤冠。在四川平武发现了实物，还有一件流出国外，都是银质，雕刻着精美的花纹。这种冠是年长者戴的，或者结婚时有的女子也戴，如《醒世姻缘传》第七十一回记载一位童奶奶，戴着“金线五梁冠子，青遍地锦箍儿”。

浙江临海明代王士琦墓出土有金丝福寿五梁冠，同时发现有精美的簪子等。（图 8-48）

图 8-48　明代金丝福寿五梁冠

明代万历年间刻本《西厢记》所画的

插图中，崔莺莺的母亲戴的冠呈高耸起来的形状。明代画家崔子忠《云中玉女图》中的玉女也是戴一顶束发小冠。（图 8–49）

明代唐寅《王蜀宫伎图》中，有两位女郎戴的是莲花小冠（配一圈翠花箍）、方形冠子；背对着观众的另一位女郎，我们则看见她脑后戴着脑褡儿，这是一种和道冠合戴的拢发之饰，为女道士专用。这些发饰上均加以贴翠、金饰，更为美观耀目。（图 8–50）清代改

图 8–49　崔子忠《云中玉女图》（局部）

图 8–50　唐寅《王蜀宫伎图》（局部）

琦绘的仕女画中，一位女仙也戴这样的小冠，当时现实生活中已没有戴这样冠子的，只有画中还能见到。

到了明代后期，这种束发冠出现了不少极为华丽的精品。如云南沐崧妻徐氏墓出土的一件金莲花冠，高 11.5 厘米，以薄金叶锤制，底部为扭丝绳纹锦边，其上围嵌八组莲花形金片，每一片都刻满云纹，镶嵌宝石。整件冠嵌红、蓝、绿、白各色宝石 50 余颗。左右还各插两支金簪。江西南城明益庄王妃万氏墓出土的一件金冠，形如覆盂，用金丝编成，上嵌以 40 多颗各色宝石。小说《金瓶梅》第六十九回写一位贵妇“头上戴着金丝翠叶冠儿”，当也是这类华丽的冠子。

图 8–51　杜堇《宫中图》（局部）

明代画家杜堇的《宫中图》画的是宫廷女子生活的情景，其中有两位女郎，头上戴着类似于宋代团冠的彩漆圆形冠，冠上画着美丽的牡丹、梅花等花纹。（图 8–51）

明代著名的杂剧集《脉望馆钞校本古今杂剧》中附有很多戏剧服饰的记载，仅女子头饰就有如意冠、如意莲花冠、全真冠（道冠）配脑褡儿、柳叶冠、金冠（凤冠）、纱包头、手帕（裹头用）、花箍等名目，可以与历代的文献、图像印证，是可贵的资料。

《明史·舆服志》也记载了女乐舞人所戴的是黑漆唐巾、黑绉纱描金蝉冠之类，是仿男子所戴的唐巾、仿古代的蝉冠子制作成的。

明代妇女也簪各种绢花、鲜花、绿叶，或花朵制作的花箍、花球。戏曲中的仙女、仕女多喜欢戴花箍，如杨柳青年画《春秋配》中的女子就是头戴花箍。

明代杨氏土司墓的金质凤冠，也是用大朵花和龙凤共衬。

还有一种闹蛾，又称“闹嚷嚷”，以花叶、草虫为造型，隋代李静训墓就发现有一件，以金银制作，可见起源很早。《余氏辨林》说：“今京师凡孟春之月，儿女多剪采为花，或草虫之类插首，曰闹嚷嚷。”

女子也常把茉莉花、素馨花以丝线穿起来，盘绕在发髻上。《崇祯宫词》中说到崇祯帝的皇后喜欢茉莉，宫中种有很多株，每天采来簇成球，装饰鬟鬓。

《崇祯宫词》又记崇祯帝的妃子田贵妃善剪彩花，每入冬就自制花朵，以为妆助，号为“消寒花”。

清初陈淏子《花镜》记载一种醒头香，也叫辟汗草（即豆科的黄花草木樨），开细小黄花，有芳香，可以簪在头上去除汗气，“夏月汗气，妇人取置发中，则次日香燥可梳，且能助枕上幽香”。

明代画家也在他们的画卷上留下了缤纷多姿的发型、发饰。如仇英的《汉宫春晓图》描绘宫苑内女郎们的生活，仅其中的一小段“弈棋”就很精彩。这里有戴凤翅幞头、持扇立在一旁的女官；还有两位观棋的女郎，一戴束发冠，一梳小鬟髻；两位正在下围棋的妃子，右边的梳小鬟髻，左边的梳蝶鬓髻。她们头上又有珍珠累累摇曳的围髻、排钗，有耀眼的金凤钗，都相当精美。

仇英《职贡图》里女王国一段，女王头上有三个发鬟，余下发束缕缕微曲，飘拂而下。女官们的发型则是垂髻，也有发束缕缕垂下，显得奇特而美丽。

陈洪绶的一幅《观音图》，画的是观音菩萨坐在一只狮子上，凝视着在地上玩的善财童子。她就像是一位人间的少妇，光润的黑发绾在脑后，两边的余

图 8-52　法海寺壁画之水月观音像

发披肩而下，头上再戴一顶红色的嵌着佛像的小天冠，和那秀丽的容貌、温婉的神态一起给我们留下美好的印象。

北京法海寺明代壁画上描绘着众多的佛教神灵，为了突出她们的华贵，画师综合了明代及明以前的种种式样来表现她们的发饰。像寺中著名的三菩萨像，其中水月观音的天冠是上承唐宋样式，正中嵌小佛像，上饰层叠彩艳花钿，脑后秀发一缕缕披拂。（图8-52）另外两位菩萨也都头戴精美的冠。

图 8-53　法海寺壁画之菩提树天

法海寺壁画中，诃梨帝母是一位慈爱的妇人，她的头饰较写实，黑发绾成高发髻，缀以珠玑，戴有饰金凤凰、花钿的冠，左右两扇博鬓，略似皇后的龙凤珠翠冠。功德天、飞天和几名侍女都戴着束发的如意冠，如意上还饰着宝珠。帝释天的如意冠更大、更富丽一些，上面也装饰着宝珠。

菩提树天的如意冠更为复杂，配多个如意簪，弹以宝石，下边还衬有博鬓。（图8-53）

摩利支天和大自在天则都戴三角形的天冠，有些像明代的特髻。大梵天身边手举铜壶珊瑚的天女，则是戴着莲花冠，上刻镂花纹，和《王蜀宫伎图》中的莲花冠相似。（图 8-54）又一位捧牡丹花皿的天女，则梳着双垂髻，垂髻上有两支花钗相对而插，类似于清代流行的垂髻。也有侍女头簪花翠，上边戴一个小冠，金线五梁，上有一朵小飞云。

四川成都新津区观音寺毗卢殿壁画上也有诸多绚丽的菩萨。其中清净慧菩萨头戴金质三角形天冠，上有金花钿、宝珠，下垂珠滴。山西平遥双林寺的观

图 8-54　法海寺壁画之戴莲花冠的天女

音像、山西长治观音堂的二十四天，头上戴的彩冠也都是天冠，基本沿用唐宋式样而略有变化。

山西洪洞广胜寺毗卢殿里的龙头观音，所戴冠饰可以作为同时期菩萨冠饰的代表。她驾着飞龙，头戴天冠，余发一缕缕披在脑后。天冠前嵌有小佛像，冠上的宝缯垂挂而下，冠四边又加一支支柳叶形、如意形的发钗，呈放射状，似在代表灵光四射，或也可叫作柳叶冠。

河北正定隆兴寺摩尼殿内的自在观音像，明代嘉靖年间重塑，也是头戴天冠，两边宝缯垂挂而下，塑造得很细致。

这些塑像、绘画中的发饰都是金碧辉煌的，华丽的明代风范通过画家、工匠的精美画技和彩塑工艺得以精确地表现出来。

第九章

八方妆容各呈巧：清代的发型、发饰

清代继续沿用明代的凤冠霞帔之制。在宫廷中，皇后、妃嫔所戴朝冠分冬朝冠（貂裘制）、夏朝冠（青绒制），饰金凤，均称凤冠。命妇常戴钿子，分凤钿、满钿、半钿三种，黑缎制内胎，外为银丝或铜丝，缀凤凰、珠翠。

徐珂《清稗类钞·服饰类》记载："明时，皇妃常服，花钗凤冠。其平民嫁女，亦有假用凤冠者，相传谓出于明初马后之特典。然《续通典》所载，则曰庶人婚嫁，但得假用九品服。妇服花钗大袖，所谓凤冠霞帔，于典制实无明文也。至国朝，汉族尚沿用之，无论品官士庶，其子弟结婚时，新妇必用凤冠霞帔。"凤冠霞帔继续流行于贵妇、民家妇女中。

华贵的凤冠霞帔实物，流传有多件。如山东曲阜孔府旧藏的一件凤冠，以细金累丝编结，冠上缀一只金腾龙、九只点翠金凤；冠顶有天宫楼阁一座，左右缀金质天官各一，寓意官上加官；又缀火焰宝珠、翠花、金花、翠云、金云，嵌以珍珠。（图 9–1）

图 9–1　曲阜孔府金凤冠

江苏徐州丰县发现的雍正时李卫夫人所戴凤冠，上有四个小圆金牌，錾“奉天诰命”四字，冠额上饰山崖海水、双龙戏珠纹，冠顶饰多只金凤，口衔珠滴，中心为金牡丹花，金累丝花心镶嵌一颗桃红色碧玺（古亦称碧霞）宝石。

乾隆年间的总督毕沅墓中出土了一件毕沅夫人的纯金凤冠，制作亦非常华丽。冠框由金丝编成，冠额饰双龙戏珠纹，上有九只金凤凰，还有金云朵，冠顶亦有金牡丹花，嵌紫红色碧玺一颗。冠上有小金方牌，錾“恩荣”二字，又小金圆牌四面，錾“奉天”“诰命”“日月”“朝冠”字样。（图 9–2）墓中还出土了嵌金珠、宝石、花叶的鬓插、发插（发卡）等。

图 9–2　毕沅夫人的凤冠

镇江博物馆藏有一件“奉天诰命”镀金银凤冠，饰四龙七凤，凤口衔流苏，配以缠枝牡丹花叶；冠顶有楼阁，中錾“奉天诰命”四字，左右有天官持笏。

清代以来，凤冠制作技艺不断精进，不仅有金质或镏金银质、珠宝镶嵌的凤冠，还有以珍珠为主制作的珠凤冠；花丝镶嵌，综合烧蓝、点翠等工艺制作的凤冠（今天戏曲舞台上演员还在戴）；用绒花制成的凤冠。

如北京民俗博物馆藏清代一品夫人双喜点翠凤冠，冠顶有“囍”字与红珊瑚珠，冠上有龙、凤、卷云纹。上有一正龙口含红宝石宝珠，下有双龙戏珠。冠圈有七只凤凰，口衔璎珞，由蝙蝠、钱纹与珍珠、红蓝宝石组成，隐含福在眼前之意。两边冠边布有“日月一品夫人”字样。整件冠光彩夺目，喜庆热

烈。（图 9–3）

图 9–3　一品夫人双喜点翠凤冠

清代高静亭《正音撮要》卷三《首饰》举出凤冠有金凤冠、珍珠凤冠。晚清绍兴文人范寅《越谚》中卷载花冠：“竹丝腔，裱纸为七人荷凤，遣嫁时戴。”又记凤冠是“铜凤、假珠花”来装饰，新妇庙见（拜谒祖庙）时戴。这些都是绍兴流行的凤冠，新妇配合排钗、网钗之类共戴。

在江苏扬州等地也有花冠，还有抢花冠的习俗。清代林苏门的《邗江三百吟》中载：“嫁女入舆，不加笄饰，但盖红帕，外以篾丝为花冠，高尺许，上缀绢绫人物，戴于头上，至夫家下舆时，众亲一揭彩舆之顶，而花冠簇簇然露矣。”于是人们争抢，以为吉祥祝贺之意。有诗说：“彩舆扶出阖家欢，簇簇花冠百子攒。”这和新娘的“文王百子锦袱”（《醒世姻缘传》载）是一样的寓意，和明代皇后穿的百子衣的寓意也相同，还可远溯至隋代萧皇后冠、唐代李倕冠上装饰的小人形（受到摩睺罗纹影响）。

贵州、湖南、广西等地苗族同胞则爱戴用银凤冠。

凤冠式样，多作圆帽形状。亦有半冠，空出冠后部，以便于容纳梳于脑后的发髻。晚清孙温《红楼梦图》中，画贾母庆贺大寿一段，诸多贵妇头上戴的凤冠就是半冠。这种半冠也在戏曲舞台上使用，有实物留存。

凤冠亦有过桥式，如一件清代纸胎点翠过桥式凤冠，现藏于苏格兰国家博物馆。

凤冠上或饰飞龙翔凤，饰片片珠翠牡丹等花朵，或配蝶鸟，配八仙、天官等仙人，配天宫楼阁。在凤冠的前沿上，有些地方的做法是垂下累累珍珠、红珊瑚珠串，有的地方是垂下彩色流苏缨穗，有的地方是垂下串串鲜花，都是作为新娘的障面，遮掩娇羞的脸容，和红盖头的作用相同。

总之，只要有突出的艺术韵味、祥瑞内涵，以龙、凤、花朵为主饰的冠，都可称为凤冠，广泛应用于婚礼、寿诞等礼仪场合，也应用于戏曲舞台。

在传统婚服中，凤冠霞帔始终是新娘内心深处最渴盼的服饰，常年流行。贵妇自不必说，民家妇女虽然不是诰命夫人，也可以在结婚时头戴凤冠，以金银、点翠、珠玉等制作，民间还有出租的店铺。直到 1949 年前后，新娘还要穿大红袖衫、红裙、霞帔、云肩，并在婚庆店铺中租一顶凤冠来戴。所以，凤冠霞帔成为雍容华贵、吉祥富丽、幸福美满的象征。

有的地方如珠江三角洲、广西一带，如果不戴凤冠，就用发油、刨花水等梳大发髻，簪戴凤钗、珍珠花，叫作龙凤髻。

凤冠起源于远古时期人们对凤凰的崇拜。凤凰把孔雀、锦鸡等最祥瑞、最美丽的鸟儿的特征集中起来，商代甲骨文中的凤字，就有凤凰圆斑之形。凤凰，深得人民喜爱。凤冠，深受人们重视，最远可追溯到原初文明时期的羽冠、商代的鸟形头笄。到了唐代，凤冠基本定型，应用于婚礼和盛大典礼上。宋代更是形成了精美绝伦的以龙凤花朵为主要装饰的宫廷凤冠，并沿用到明代，影响到清代、近代。凤冠具备深远的文化意义，它的魅力令无数中华儿女迷醉。进入现代社会之后，凤冠霞帔似渐渐被遗忘了，但是在舞台上、在民俗场合还能看见，引人怀思。直到近年，有的女子结婚时找不到凤冠，就借戴戏剧中的凤冠来拍照留念。人们都希望把它继续制作下去，延续这一美丽、典雅的文化。近年来，各地开始制作凤冠，逐渐恢复凤冠的礼仪使用，令人欣喜。

清代和明代一样还沿用笄礼，俗称“上头”。在民间，笄礼仪式发生很大变化。广东人屈大均的《广东新语》一书，记载了明末清初时广东香山等地的笄礼变化。

明清时代，也有把笄礼和婚礼融合的情况，多在嫁前几日举行笄礼。如西周生《醒世姻缘传》第四十四回记载女主人公素姐在订婚后进行上头仪式，她的婆婆亲自去为她开面、戴首饰："狄婆子自去上头，先送了两只活鸡、两尾鲜鱼、一方猪肉、一方羊肉、四盘果子、两尊酒。薛家叫了厨子，置酒相候。狄婆子吃过茶，坐了一会，到了吉时，请素姐出去，穿着大红装花吉服、官绿装花绣裙，环佩七事，恍如仙女临凡。见了婆婆的礼，面向东南，朝了喜神的方位，坐在一只水桶上面。狄婆子把他脸上十字缴了两钱，上了鬏髻，戴了排环首饰，又与婆婆四双八拜行礼。"可见当时上头要办酒席，女子要穿大红上衣与裙子，戴玉佩，用红线绞尽脸上的汗毛，叫作开脸，然后绾发髻、戴首饰，或戴鬏髻。

诗人查揆撰写了竹枝词《燕台口号》一百首，其中一首记载清代北京有在婚礼中间举行笄礼的："到门还要添脂粉，偏许新郎看上头。"

在珠江三角洲，新娘子出嫁前一日，喜娘要为她梳头，口中唱梳头歌："一梳梳到尾，二梳梳到白发齐眉，三梳梳到儿孙满地！"然后再给新娘绾发髻，簪插首饰。梳头歌中，饱含着对新娘出嫁之后和夫婿白头到老、儿孙满堂的深深祝福。当时所梳的发髻，叫作龙凤髻，《太平广记》引《灵应传》中已经有"蟠龙髻凤"之语："见红妆翠眉、蟠龙髻凤而侍立者，数十余辈。"这种发髻甚是符合龙凤呈祥之吉祥寓意，所以逐渐成为结婚所用的发式。当然各地形状不会完全一样，或盘成龙，或盘成凤，或就是一个高发髻，取其佳意而已。各种精致的头饰、发髻，就是这样成为笄礼、婚礼的代表性标志。

清代初年，汉族女子的发型、发饰主要是沿袭明代式样。故宫博物院藏的一套雍正时的十二月月令画《深柳读书堂十二美人图》，所画的女子们都是穿着明制披风或裘衣、裙，梳着明代的回心髻、清水髻、垂鬟髻等，还戴着幅巾、勒子、巾子、昭君套等，所戴的衔珠滴的金凤钗、花朵形嵌珠贴翠的花钿等也都是明代常见的样式。

其中正月《观书沉吟》一幅，女郎身边放着一瓶立春时的月季花，配插温室催开的红蓼，带来初春讯息。女郎发髻上用一块薄纱巾裹系，即明代《天工开物》记载的包头青色（深黑色）的绉纱，轻柔地飘动在春风里，颇似唐代白居易诗句“轻纱一幅巾”咏及的潇洒做派。（图 9–4）这种绉纱，即清代小说《儿女英雄传》第四回写及的“元青绉纱包头”，也颇似清代改琦绘《红楼梦图咏》里智能所戴的包头巾。（图 9–5）

二月《倚门观竹》一幅，画女郎花朝节时在园中赏花。她头上戴的是一条窄窄的黑色勒子，正中一枚寿字金花，配以金色珠花钿钗，金光、珠光为她增添了魅

图 9–4　正月《观书沉吟》图

图 9–5　改琦绘《红楼梦图咏》之智能

力。（图 9–6）五月《消夏赏蝶》一幅，女郎所戴亦是勒子，唯有镶嵌的金花不同。八月《桐荫品茗》一幅中，女郎所戴似也是勒子，但更宽一些，下部收窄，边沿缀一排珠花，更似珍珠头箍。

六月《对烛缝衣》一幅，那在烛下缝补衣裳的女郎，面对着大缸中满眼的莲花、朱鱼，其中还有一枝并蒂莲，她所梳的也是和并蒂莲一样表达心中情爱的回心髻。这是古代一种重要的发髻式样，是把发股盘结成一个圆心，凸在额前，然后再把发股回旋盘绕而成，插进金簪子、珠翠钿固定。（图 9–7）

七月《倚榻观鹊》一幅，画的是七夕时，女郎面对窗外一对吱喳飞舞的喜鹊，这架设鹊桥的鸟儿仿佛给她带来了喜讯。她梳的是垂鬟髻，发鬟垂在脑

图 9–6　二月《倚门观竹》图

图 9–7　六月《烛下缝衣》图

后，围着一圈红黄花朵串成的花箍。（图 9–8）

九月《持表对菊》一幅，画中仕女手持怀表，身边一瓶菊花点染出九月重阳节的秋意。女子头戴蓝色巾子，露出嵌珍珠的钗钿，脑后余发似剪成了燕尾之状。（图 9–9）

清代小说《林兰香》记载了一种矮矮的清水髻，既便于夏季散热，也显得利落，便于活动。发髻上插白玉簪和茉莉花，用花的幽香驱散炎热。第二十三回："爱娘绾著矮矮的清水髻，插一枝白玉簪。"第三十五回："爱娘绾了一个清水髻，簪了几朵茉莉花。"十月《博古幽思》一幅，女郎脑后绾一个小圆髻，额

图 9–8　七月《倚榻观鹊》图

图 9–9　九月《持表对菊》图

发拢成一股，用红绒绳约束，插入小圆髻内，再簪一小朵兰花、一支簪子，这就是清水髻了。（图 9–10）

十一月《烘炉观雪》一幅，画冬天落雪季节，穿裘衣的女郎在火炉边坐着，头上戴的是保暖的昭君套，这是类似卧兔儿的皮裘制品，下露出缀一枚翠花的黑色勒子，上露出发髻，髻上簪一支衔珠金凤钗，颇似《红楼梦》第六回所写王熙凤的装扮："那凤姐家常带着紫貂昭君套，围着那攒珠勒子……"只是勒子并非攒珠形成的花纹所饰。（图 9–11）十二月《裘装对镜》一幅，女郎所戴昭君套亦同，只是不见勒子。

图 9–10　十月《博古幽思》图

图 9–11　十一月《烘炉观雪》图

图 9-12　禹之鼎《乔元之三好图》（局部）

清代民间发髻样式极多。当时流行的有牡丹头、钵盂头、荷花头，高大丰满，用假发和真发编成，加以发胶之类，蓬松光润，李渔《闲情偶寄》有记述。褚人获编《坚瓠集》载："吾苏（苏州）妇人梳头有'牡丹''钵盂'之名，鬓有'兰花''如意'之号。"清代禹之鼎画的《乔元之三好图》（一作《女乐图》）中就有女子梳此类高大的发髻，是把头发高高地盘绕成圆形，又分出一缕余发，绕过圆髻，披垂于脑后。（图 9-12）

兰花髻，或是把发髻编成兰花形。如意髻，则是头梳高髻，两鬓余发梳成尖角。

李渔也提到云髻，就是模仿云形的发髻，还提到蟠龙髻，也就是盘龙髻："古人呼髻为'蟠龙'……随手绾成，皆作蟠龙之势……如欲作飞龙、游龙，则先以已发梳一光头于下，后以假髲制作龙形，盘旋缭绕，覆于其上。务使离发少许，勿使相粘相贴，始不失飞龙、游龙之义；相粘相贴则是潜龙、伏龙矣。悬空之法，不过用铁线一二条，衬于不见之处，其龙爪之向下者，以发作线，缝于光发之上，则不动矣。”还可以编成戏珠龙、出海龙样式：“戏珠龙法，以髲作小龙二条，缀于两旁，尾向后而首向前，前缀大珠一颗，近于龙嘴，名为‘二龙戏珠’。出海龙亦照前式，但以假髲作波浪纹，缀于龙身空隙之处。”

呈现慵懒之态的不聊生髻，清代词人也有吟咏。如袁棠有《夜行船》词：“满院熏人花气，愁未醒，恁恹恹地。临妆略略手盘鸦，飘一缕，堕云慵理。记得秋娘十三四，学梳头，水晶帘底。如何已是没心情，便爱绾，不聊生髻。”一绺余发坠在脑后，是一缕惆怅的春愁。还记得十三四岁的少女，心中充满对未来的期盼，对爱的向往。她努力学着梳头的法子，做一个美艳的女子。那时的情韵是那么美妙，现在怎么就变得无情无绪，连发髻也懒得梳理了呢？

燕尾髻，是编好发髻后把脑后的垂发修成分叉的燕尾，也有翘起的，似是双飞燕髻。

还有一种百鬟髻，是清代诗人毛奇龄的爱姬曼殊所梳，张潮《虞初新志》有《曼殊别志书传》一文，记载她“才拢头，作十种名”。曼殊是心灵手巧、容貌端庄秀丽、擅长音乐与女红的多才多艺的少女，但她不过是一个姬人而已。当她长日无聊之时，也只能把一缕缕发丝反复掂弄，创新出十种之多的发式，而最好的是“绾作连环百结幡顶前，名百环髻”，把黑发绾成一个个小巧发鬟，玲珑满头，如同盛开的花朵。它比唐代“婀娜鬟多”的反绾乐游髻还要复杂，是长日里的寂寞消遣。

清代一本小书《曼殊留影》收录了曼殊的画像，并对她的生平事迹做了介绍。但画像画得很笼统，只能看见她梳的是由缕缕卷曲发丝拢成的高髻。这自然就是百鬟髻了，虽不清晰，但也叫人联想起当年这位才女的美丽身影。

芙蓉髻，在清代胡锡珪的《芭蕉仕女图》中有体现，高耸的发髻为图中的女郎增添了无限魅力。（图 9-13）

图 9-13 胡锡珪《芭蕉仕女图》

当时也有和今天一样追求时尚的风气，苏州作为时尚中心，服饰发型影响着全国各地。所以苏州的梳头自成一门行业，有专业的妇人来往于各个家庭给女子梳头，她们手艺灵巧，实际上也是发型设计师。当时杭州等地也有类似的包梳头妇人。女散文家琦君的回忆散文《髻》中就记述了这种风俗，文中还提到一些发髻的名目："什么凤凰髻、羽扇髻、同心髻、燕尾髻，常常换样子。"

清代后期，女子的发型有更多变化。清人箇中生《吴门画舫续录》载："时世妆大约十年一变。余弱冠时，见船娘新兴缓鬓高髻，鬓如张两翼，髻则叠发高盘，翘前后股，簪插中间，俗称'元宝头'，意仿古之芙蓉髻。后改为平二股，直叠三股，盘于髻心之上，簪压下股，上关金银针，意仿古之四起髻。今又改为平三套，平盘三股于髻心之外，意仿古之灵蛇髻也。鬓则素尚松缓，若轻云笼月然。"

民俗学家金受申的《北京通》一书，记录了清末民初北京女子的发型及配备的发饰，十分详细。他指出旗人妇女梳两把头，汉装头髻，样式很多，能用在婚嫁大礼上的，以"喜鹊尾儿"为标准样式："梳法很简单，把头发挽成一个头把以后，后面插上'叉子头'，叉子头的形式，和两把头的一个叉子相同，两端也有叉子头，将头发由叉上盘过，拢在头把上，再加'托针''盖针'，即为完成。有爱讲究的人，在头把中间留出一缕，拧成麻花，或编成小辫，绕在头把的四围。前顶也和梳两把头一样，分出缝来。这样梳法，便也十分漂亮可观。”又有老年人梳的加黑绒冠的“高冠儿头”。

还有“平三套”“苏州撅”。《北京通》：“平三套的梳法，系将头发，拢在脑后，扎成一个发棍形，平连头后，发棍上安放长方形套纂（两端无棱角），套纂是中空一个平面的长圈，用麻线织成，以钉针插牢，因其直托脑后，所以称平三套，但和以头发盘过的喜鹊尾，又不相同了。苏州撅是继平三套而兴起，在光绪中叶以后，曾盛行一时，其俊俏不亚如今人之看飞机式，苏州撅的梳法拢法，和平三套相同，只在脑后结一小鬏，上扣头纂，纂系麻线和马尾织成，形如半个元宝形，头把恰在纂中，黑纂红头把，四周插以‘纂花’多枚，以插满为度，另以托针、盖针、扁方、豆辫卡住头纂，另加通草花首饰等物，较平三套自然秀美多了。”（图 9–14）

图 9–14　平三套发式（绘）

“苏州撅”，也叫作“苏州罢”“苏州髻”“苏州头”，是把头发编成小鬏，扣上长纂而成狭长的发髻，在脑后斜伸而垂，又略翘起。它在咸丰年间从苏州流传到各地，有的地方如福建一直到 1960 年前后还有梳的。《清稗类钞·服饰类》载：“妇女妆饰，以苏州为最时，犹欧洲各国之巴黎也。……咸丰时，东南盛为拖后髻，曰苏州罢，盖服妖也。”“平三套”，造型与“苏州撅”相似，也用到长纂，只是拖垂更长、更高翘。“喜鹊尾”式也似“苏州撅”，需在梳成的头把上插上叉子，再盘绕长发绺，形成长形垂下，而尾部弯翘如上窄下宽的鹊尾。

又有“圆头”“搭拉苏”这两种头髻，《北京通》：“为清末民初，维新以后的新式头髻。这两种大体相同，以有扁方，上下有疙瘩针为搭拉苏，没有的为圆头。圆头髻的梳法，先扎二寸长头把，另辟小绺，盖着头把，外面便看不见头把了，是为‘纂梁’，另把头发离纂梁二寸地方，扎一偏把，偏把外露，将头发由外向内盘成。搭拉苏梳法，先扎一头把，再挽一个圆圈，由圈中掏出头发，成为弧形，用小扁簪横卡上面，再由下向上绕一圈，其余头发全盘在头内，便成为搭拉苏了。”又有“十三盘”，“梳法很简单，系先扎一头发把，再以头绳绕头发使成一缕，然后在头把上绕多个圆圈，中露头把，一层压遮一层，虽不必准是十三层，因层数的多，也可以呼之为十三盘了，最后慢慢解去头绳，即为完成”。还有“麻花头”，也分几种样式，适合少女。“元宝髻”，类似元宝，是“先扎好头把，再绕头把挽成一圈（只挽一圈），其余头发，完全掖在里面，紧小秀净，是头髻中最省事的”。“圆如意髻”，“梳法和如意髻相同，只挽紧，不平列，成一圆髻便成”。还有“蓬儿头”，“梳法和梳圆头相同，只将前顶头发多留一些，挑松，蓬起来，便为完成”。幼女辫发，“先留‘烙铁印’‘歪毛’，由此在两边扩充为‘银锭’‘锅圈儿’，至五六岁时，发长已成‘码子盖’，再用绒头绳梳个小辫儿，五个的为‘梅花辫’，六个的为‘王八辫’，此时除擦粉点额外，和男孩分别很少。一二年后，发更长长，再将几个小辫分编，归总为一小大辫，然后梳双辫、单辫，留孩儿发的，女孩较少。至梳单辫时，已至八九岁，即要起始留头，先留后发，后留前发，至十三岁，头已留满，则梳大辫了。满头大辫，必须微抿前顶，以示未出嫁的女子特征。彼时姑娘媳妇之分甚严，乞丐错呼姑娘为太太（很少错呼之事）时，必至挨骂被打。到十六岁至十九岁前后，视其头发长短出阁早晚，发育良否，然后梳成头髻，即按籍属习俗，梳各式头髻。梳成头髻，尤其注意鬓角抿顶，极力避免与已嫁娘相似。在未梳头髻前女子，因夏日凉爽，行动便利关系，常喜梳‘抓髻’，谈抓髻必先谈梳辫，女子梳辫，以三股紧编，上加辫根为正格，所用头绳辫穗，也必力趋正色，简而不华。有梳五股三编，松辫根的，其人必无家教，一望即可鉴定无差。梳抓髻常在十岁前后，稍长既不能以抓髻出门见人，抓髻有单双之分，单抓髻名‘倒打锣’，梳于顶上，与男子打抓髻，梳牛心纂在脑后者不同。双抓髻即为本名，在头顶两旁骨尖上。为抓髻紧而美观，常将辫发编为四股三编，不算匪式”。至于梳髻用品，有多种，包括勒头带、头绳、丝头绳、头网、横扁簪、卡针、疙瘩针、骨头针、梳子、篦子、镜子、刨花水、抿子、油贴、头油、假发。

晚清画师周培春等所画外销画中有若干发髻图。（图 9-15 至 9-30）

图 9-15　在旗两把头

图 9-16　在旗两把头后面

图 9-17　鹊雀尾头（喜鹊尾头）、姑娘蝴蝶头

图 9-18　乡间高冠头

图 9-19　平三套

图 9-20 苏州头

图 9-21 元头（圆头）

图 9-22 姑娘头搭拉苏

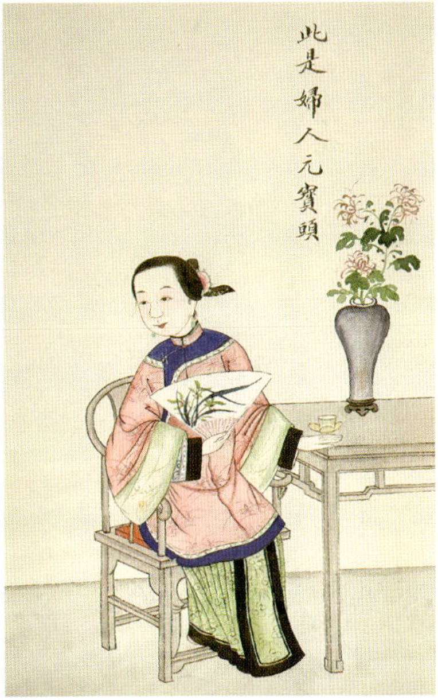

图 9-23 妇人元宝头（元宝髻）

图 9-24　圆头、姑娘正髻髻头

图 9-25　姑娘头正抓髻

图 9-26　武清县头

图 9-27　天津扇面头（扇子髻）

图 9-28　在旗高把头

图 9-29　在旗姑娘头双抓髻

图 9-30　老人头发纂

民国画师刘延年也画有发髻图，有两种苏州撅、架子头等。（见《北京风俗图谱》一书）

有一份清代后期至民国的发髻样式记录，是晚清名臣曾国藩的女儿曾纪芬留下的。她生于1852年，晚年自号崇德老人，留下自述《崇德老人自订年谱》，对自己一生的经历做了总结。年老的她，是历尽了世态炎凉的，只对自己由黑变白的长发、自己大半生梳过的发型仍难以忘怀，因为这是女子爱美、追求美的心绪，融入了自己一生的经历和往事。她把自同治元年（1862）到民国时流行的、自己梳过和亲眼所见的发型一一论述，并让自己的孙子画下图示。

据她说，大抵咸丰、同治之间，妇人之发髻多盘于脑后，而为长形，中须衬以硬胎，约发处饰以红丝，以扁簪固定。她七八岁时，流行牛角纂，用木削成，加黑漆发盘于内，角尖高出头顶三四寸，马尾做的燕尾拖于颈间。之后又流行垂髻，在脑后梳一个长髻，再用假发盘绕。如"元宝头""扬州桂花头""平三套"。"扬州桂花头"，用黑绒绕细铁丝盘成种种花样，间有衬金纸（当是乌黑的乌金纸）者。脑后加垂燕尾，用马尾制作，或用真发。"元宝头""狮子望长江"也类似于此。"平三套"，用真发梳者多，南北皆有，北边亦有用马尾编成的。

光绪年间通行所谓"巴巴头"，绾法二三匝而髻心隆起，三簪并列。

至于闺女，先是梳鬏髻，即抓髻，或偏或双，或额覆短发，谓之刘海。光绪庚子之后，无长幼皆留额发，且衔以小梳，使之鬅鬙隆起。辛亥革命后则有更多变化。有蛇形髻、蝴蝶髻、菊心髻、盘辫髻、鲍鱼髻、S形髻、横S髻、扇子髻，皆梳于脑后。而民国十五六年之后，剪发之风盛行，益为当日所难以逆料。（图9-31）

垂髻还有大盘头，如改琦绘的一幅仕女画，女子在脑后绾一个大盘髻，用辫子或发束盘成，俗称盘龙髻。（图9-32）还有双盘髻，是两个圆髻，也叫

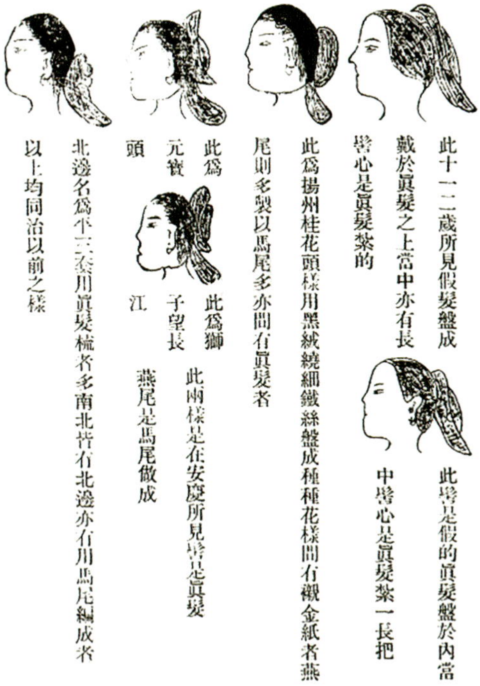

图 9-31　崇德老人所见发型

图 9-32　改琦绘大盘头

图 9-33　双盘髻（二虎眼）

二虎眼。（图 9–33）两个圆髻又发展为圆形、椭圆形，或横置，或竖置，或两头高突，中间凹陷，所以叫作香瓜髻、元宝髻、一字髻、连环髻、竖连环之类。现代学者许地山《近三百年来的中国女装》一文中有解释。

蚌珠头，是在额两旁各加一个圆形髻，或只一边有圆形髻，如同未出蚌壳之珠，并加簪珠翠、白兰花等，是少女、少妇的发式。也有在脑后垂下长发的，更显得俊美。

在一幅清代嘉庆年间佚名画家绘的《红楼梦大观园图》中，我们能看见大观园里的女子梳的大都是垂髻，上加珠串和小花钿等，有一位则梳的是蚌珠头。她们额前则都留有整齐的刘海。（图 9–34）

图 9–34 《红楼梦大观园图》（局部）

有一种圆髻，或称圆头，是结于脑后的一个小髻，或加细线网结，是妇女们最常梳的。

荡七寸，梳长发于脑后，盘成腰圆形髻，长约七寸，拖于头颈间，以发绳、簪钗固定。在晚清宣统时期的《图画日报》中能见到。

少女或梳双丫髻，也喜欢在脑后垂长发为饰。如改琦绘《红楼梦图咏》中

就有一例。（图 9–35）

有一种麻姑髻，是道教中祝寿的仙女麻姑常梳的，因而得名。这是一种高耸在额前、两鬓掩鬓的圆髻，有长长余发散垂而下，如烟如雾。如山东潍坊一幅年画中的麻姑就是这样。

图 9–35 改琦《红楼梦图咏》之香菱

额前垂发叫作刘海，相传有位叫刘海的仙人爱梳，故而得名。刘海本是少女装扮，清末时妇女们都喜欢梳，或把垂发平剪，或作弧形，或垂下如丝缕，或如初月弯形，或卷曲如帘。晚清宣统年间也有把额发和鬓发相合，垂于额两旁鬓发之处的，如同燕子尾一样，叫作美人髦；也有在额发中放一柄小木梳，以额发卷裹的，使额上隆起高卷。

清代戏曲表演时也开始使用假发髻，乾隆年间的著名旦角魏长生创新了化妆工艺：梳水头，贴片子，就是用假发髻，不再用头巾盖头；把头发制成的发片贴在额前、鬓角，修饰脸容。这样就可搭配较多的头饰，使舞台上的珠翠头饰更加夺目，达到更好的艺术效果。他的朋友李调元作《得魏婉卿书》诗，其中有句赞美道："假髻云霞腻，缠头金玉相。"后来的京剧旦角多梳古代的抛家髻，民间妇女也有梳的。

清代画家在画仕女画时，根据文学描写和前人描绘，创作了不少好看的发髻。如画家改琦作的《红楼梦图咏》，把书中的各个人物画得栩栩如生。如鬅头，是头发蓬松地绾在脑后、比较随意的发型，《红楼梦》第七十一回就写丫鬟司棋，梳着鬅头，是一个王夫人等不能见容而被撵出大观园的人物形象。改琦画的黛玉，额前、两鬓发丝松垂，鬓边随意绾着发圈，脑后又松松绾着一束头发，微带寂寞之态，就是鬅头了。（图 9–36）

缵儿，则是梳一个小发髻的家常发式，从宝钗到丫鬟等都有梳的。《红楼梦图咏》中的“芳官”一画，芳官头上有一个小髻，或就是这个发式。（图 9–37）

《红楼梦图咏》中也有梳类似于回鹘髻的，如对镜梳妆的平儿就是这样的发式，显得很俊秀。（图 9–38）

也有云髻，《红楼梦图咏》中表现史湘云醉卧芍药茵那一幅，湘云就梳着云髻，如重重云朵一般蓬松垂下，别具慵懒的醉态。（图 9–39）仕女画家费丹

图 9–36　改琦《红楼梦图咏》之黛玉

图 9–37　改琦《红楼梦图咏》之芳官

图 9-38　改琦《红楼梦图咏》之平儿

图 9-39　改琦《红楼梦图咏》之湘云

旭的一幅《湘云图》，画醉卧芍药茵的湘云姑娘也梳的是云朵般的云髻。画家们都愿意用云一样的发式来描绘她。

《改琦白描仕女画稿》图册中的多幅仕女图中，也能看见传统的发型。有绾在头顶的双圆髻（图 9-40），绾在脑后的燕尾（图 9-41），也有斜绾的扁髻（图 9-42）、双鬟髻（图 9-43）、蝴蝶髻（图 9-44）、元宝头（图 9-45）等。

在《三希堂画宝》中的仕女图上也能看见女子梳圆鬟椎髻、鬟髻、二虎眼、回心髻等。（图 9-46）任伯年绘《群仙祝寿图》中的女仙们所梳也是清代妇女常用的发髻，如翘起的燕尾、二虎眼、下垂在脑后的垂髻等。

清代各地发型也有地方特点。如广东潮州，妇女喜欢梳大泡头，或叫大后斗、方刀髻，是方方正正的大髻，插上河边莲、关刀花、竹节花、狮头花、针

图 9-40　改琦绘仕女梳双圆髻

图 9-41　改琦绘仕女梳燕尾

图 9-42　改琦绘仕女梳斜绾扁髻

图 9-43　改琦绘仕女梳双鬟髻

图 9-44　改琦绘仕女梳蝴蝶髻

图 9-45　改琦绘仕女梳元宝头

图 9-46　《三希堂画宝》之梳回心髻的仕女

菜花、凤钗等，新娘再加一根银笄绾髻；也喜欢梳龟纂，就是把发辫解开，梳圆髻，用玳瑁套住，加银针串缀，或用椰子壳刻上吉祥花纹来代替玳瑁。广东汕头的女子，喜欢在脑后梳一个直耸的高髻，似乎还是古代乌蛮髻的遗风，显出南国女儿坚毅的气质。

民间流传的发型今天尚能见到一些。苏州水乡的妇女喜欢把头巾包扎在发髻外围，巾尾下垂如燕子尾，再戴上鲜花，插上多支簪子，缚上垂流苏的头绳，很是繁丽。

贵州安顺屯堡人，是由明代洪武皇帝的老家——安徽凤阳一带——移驻的军队繁衍而来的，妇女们的发式还保留着洪武年间的样子。《安顺府志》载："妇女以银索绾髻，分三绺，长簪大环，皆凤阳妆也。"梳这种发髻要把头发分成三绺，左右两小绺倒绾，垂弯薄鬓于耳际，后一绺绾在脑后，用两支玉簪十字形交叉而插，上缀银链，再包布帛，就是抹额。甘肃临潭、岷县地区的一些汉族人也是明代时来自凤阳一带的驻军后代，至今老年妇女还喜欢绾高髻，插发簪。

福建湄洲女、惠安女、泉州女、客家女的衣饰都有古韵，发型、发饰也保留着以前的样式。

湄洲岛是海上女神妈祖的家乡，相传妈祖喜欢把发髻梳成船帆扬起之状，岛上的妇女为了纪念她，就把这种发型沿袭下来。这种帆髻，是把高髻梳成扁平如一片风帆，左右各插波浪形的银簪，表示船桨；发髻里的红头绳象征抛锚的船缆，一根银钗横穿发髻，代表船锚；然后再插绒绢花朵。如果是已婚妇女，帆髻一定要梳得特别端正，以祈求出海打鱼的丈夫顺利平安归来。她们上身穿蓝红色的大布衫，下穿红黑二色拼成的裤子，蓝色象征着大海，红黑色代表着吉祥和思念。这些和发髻一起，蕴含着浓烈的海洋风情，隐含着对亲人的深深祝福。

惠安女是惠安东部的妇女，每天辛勤劳作，所以衣裳发式既要美观又要利落。她们穿戴的是紧身短衫、大脚裤子，簪着梳篦和鲜花。过去，她们在头上先绾发髻、插梳子，有插三四把梳子的，然后再插绢花、发笄、银钗等。1958年，惠安女参加水库兴建，发现戴斗笠更利于遮阳挡雨，便开始戴。如今她们一般是在发髻上包上头巾，再戴黄油尖顶斗笠。头巾一般选小花图案的布料，上缀绢花，斗笠上也有绢花，既可以抵御海风吹、烈日晒，又别具风情。

泉州四郊，包括晋江、南安、惠安等地的妇女都喜欢绾发髻，再簪花围（就是花箍）。她们每日里把茉莉、白兰、含笑等小朵鲜花用丝线串缀成环，围绕在发髻四周，多的可达三四围，并在鬓角饰大朵鲜花，再插上玉簪、银梳、金丝链子等，日日和芳香为伴。结婚后的妇人都喜欢在脑后绾一圆髻，再簪花围，然后对插两大朵鲜花或绢花，再横插一支簪子（有时就以大鲨鱼的刺来代替），有的还插金银钗、刻有鱼鸟图案的牛角梳。她们这么打扮，既光彩照人，也便于从事打鱼卖鱼等劳动。福州牛角梳厂就专门为她们生产角梳，附近村子里也有专门为她们种植含笑、素馨、茉莉、月季等花的农户。

当代画家黄迪杞，曾以闽南簪花女子为题材，作了一幅漆画《闽南女》，画中的女子头梳翘起的苏州髻，围着一圈小朵茉莉花，又配上一朵大红美人蕉，额前刘海微卷，给人们留下美好印象。（图 9–47）

图 9–47　黄迪杞《闽南女》

福建仙游地区的妇女喜欢把头发向脑后梳理，盘成圆而扁的形状，四周用银钗环插、固定。未婚少女则喜欢盘辫子于头上，额前留刘海，脑后垂下一束红绒丝绳。

客家女喜欢戴帷帽，在斗笠四边围以一圈彩布，行走时把脸隐约遮住，如同彩云遮月。有的地方如广东梅县、福建宁化的客家女喜欢在发髻上簪一支银簪，两头尖锐而窄，中间稍宽，长约十厘米，刻满花纹，据说是由防身利器发展而

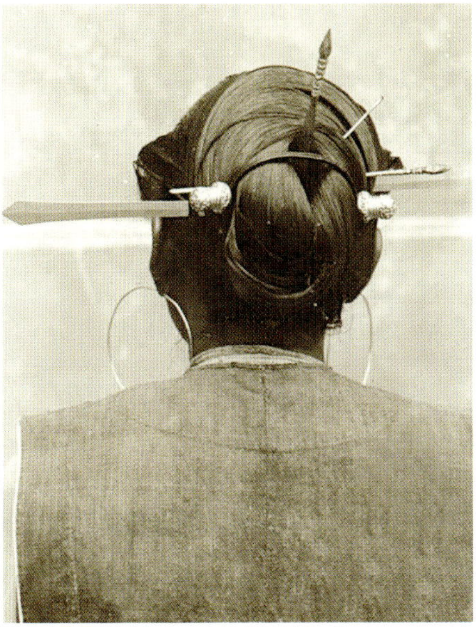
图 9-48　福州老照片中的三把刀头饰

来的。

福州等地还有妇女梳耸在额前的高发髻，再横插一支笄。早年一些妇女头上还戴前伸的头套，上伸如双兽角，再插三支短剑状的银簪，簪头很尖，刻着花纹，中间一支簪直立，左右分插两支，俗称“三把刀”，可能是沿袭远古的角饰和以武器插在发髻上的风俗。（图 9-48）

清代发饰仍有簪、钗、步摇、金玉蝴蝶（作簪首）、一丈青、发插、鬓插、梳篦等，今天民间还有传世实物。

李斗《扬州画舫录》记载清初时的戏曲表演中，女扮的头饰有观音帽（或是天冠之类）、昭容帽（或是昭君套，为皮裘制帽套）、大小凤冠、妙常巾（尼姑或道姑戴的巾子）、花帕扎头、湖绉包头、观音兜（布帛或皮裘制作的暖帽）、渔婆缬（渔婆勒子）、梅香络（珠制璎珞之类）、翠头髻（或是点翠发簪之类）、铜饼子簪（未详）、铜万卷书（未详）、铜耳挖（或就是一丈青）、翠抹眉（齐眉头巾）、苏头发（或是假发），多是沿袭明代的发饰。高静亭《正音撮要》卷三《首饰》举出发饰有金簪子、银簪子、金钗、扁簪、过肩挑、一丈青等。

清代簪子多制作成龙凤、花叶、鸟虫之状，如牡丹、兰花、菊花或蝴蝶、蜻蜓、蝙蝠、蜘蛛等式。李渔《闲情偶寄》载：“簪之为色，宜浅不宜深，欲形其发之黑也。玉为上，犀之近黄者、蜜蜡之近白者次之，金银又次之，玛瑙琥珀皆所不取。簪头取象于物，如龙头、凤头、如意头、兰花头之类是也。”

玉簪，清代词人贺裳有一首《山花子·春游》写得很好：“白玉搔头刻凤皇，初笄嫌重贮红箱。今岁绿云朝满镜，恰相当。欲上秋千防髻滑，将行花底恐梢长。遥觅双鬟呼不应，付檀郎”，把少女使用刻着凤凰的玉簪子的情境描写得惟妙惟肖。

有一种玉莲蓬，是以翡翠为莲蓬形，中以宝石为莲子，缀在簪上，插于双鬓两边。

有一种金连环簪子，上边有由大到小十个相扣的圆环，最上面的环横置，镶一颗大珍珠，如元宝形，寓意十全十美，极为可喜。（图 9–49）

图 9–49　金錾十全簪

还有一种叫抱头莲的簪子，簪首以小莲瓣抱一颗明珠或一颗宝石，小巧中见华贵。

又有一种扁簪，长方形，或作如意云头，上饰花纹。《红楼梦》第八十九回写黛玉“头上挽着随常云髻，簪上一枝赤金扁簪”。满族妇女用的扁方与之相似，但更大些。

也有用翡翠羽毛和珍珠制成的簪子、发插，垂下珠串，类似于明代的璎珞。清代宫廷画家陈枚所画的仕女图《月曼

图 9–50　陈枚《月曼清游图册》中的发插

清游图册》上就有仕女戴着这类如意形发插，以烧蓝工艺制作，四边坠以珠串，和陈洪绶《西园雅集图》等图中的发饰相仿。（图 9-50）《月曼清游图册》中有的女子还戴着金凤垂珠步摇等，行走起来，姗姗作态，可见其时首饰的精妙。（图 9-51）

清代女子也戴一种压发簪，形状如中间稍收腰的菊花瓣，有金质的、玉雕的，也叫押发、双尖簪。（图 9-52）也有如押发的一半的，叫作荷花瓣，用时插在押发的两边。

图 9-51　陈枚《月曼清游图册》（局部）

图 9-52　清代翡翠押发

簪柄镂空的气通仍然流行。清代《深柳读书堂十二美人图》之四月《捻珠观猫》一幅中，女郎头簪一支金铸竹节形气通；六月《对烛缝衣》一幅中，女郎梳的回心髻中即插一支金如意头式的气通。《清稗类钞》记有金气通，光绪初年在上海一带盛行。

图 9-53 《乾隆妃梳妆图》（局部）

清代《乾隆妃梳妆图》中的女郎，身穿汉装，头上戴包头，簪一件过桥式金冠饰，两边垂下珠宝流苏，是雪白的珍珠串下弹一颗红色珠，她正持一支垂下流苏的金簪欲插于发髻上。（图 9-53）

清代的一些发饰上还有铸上去的主人的名字，作为记认，这也被文人写在诗词中。清代朱彝尊有《洞仙歌》十七首，是为他的妻妹寿常而作的，其中一首道："三竿日出，爱调妆人近。凫藻熏炉正香润。看樱桃小注，桂叶轻描，图画里、只少耳边朱晕。金簪二寸短，留结殷勤，铸就偏名有谁认？便与夺鸾篦，锦髻梳成，笑犹是、少年风韵。正不在、相逢合欢频，许并坐双行，也都情分。"写的是那女郎把铸着自己名字的金簪插在发髻上，这一幕美好深深地记在词人心里。另一首《玉楼春》词也有"钱铸青凫嵌金字"的句子，把这金簪的铸造工艺也说出来了：铸出连钱纹、青色的凫雀，用金丝嵌成名字。这支有寿常二字的金簪，在清末还有人看见过，引人嗟叹。

图 9–54 晚清福州老照片中的发髻与簪

福州一张老照片中，可以看见一位福州妇人发髻上插满各式花、鹤等簪，既起到固定作用，也是繁缛的装饰，两边鹤形簪的鹤口也垂下珠串。（图 9–54）

清代的发钗流传很多，如一件清代福寿纹发钗，上下八层，嵌以珊瑚、白玉、琉璃、宝石等；钗体上为蝙蝠捧寿，寿字上嵌梅花，后为红梅、凤凰，还有桃形宝石等；再加以贴翠，光彩熠熠。

古典文学的巅峰之作《红楼梦》，描写了四个家族的大批人物，时代背景是清初，写到的妇女们都穿明式衣饰。书中第五回写男主人公宝玉梦里来到太虚幻境薄命司，里边有“金陵十二钗”的图册和判词，就是以传统的首饰金钗来代表书中最重要的女子。十二钗之一的薛宝钗，名字也是寓意深长的，早在晋代就有“价值千金”的宝钗（秦嘉《与妇徐淑书》），唐代李商隐又有《残花》诗“宝钗何日不生尘”，加上太虚幻境“金钗雪里埋”的判词，都隐含着她的高贵、她坎坷的情感遭遇和不幸的未来。她纵然高贵，也不过是被忘记的人，孤单地被尘埃堆积，被掩埋在冰冷的雪地中。

《红楼梦》第三回写那王熙凤的头饰是“头上戴着金丝八宝攒珠髻，绾着朝阳五凤挂珠钗”，就是《金瓶梅》中写的金丝编的鬏髻，上插珠宝簪钗。“五凤挂珠钗”，当是五只凤凰连缀，凤口中衔珠，这也隐含熙凤之名。凤高踞于发髻，暗示着她的高贵、不凡，可见作者的匠心。清代一本佚名绘首饰图谱

《中国女性佩饰与头饰彩绘笔记》（现藏法国国家图书馆，当为外销画）中有“正面凤”金钗图形，七只衔着珠宝流苏的金凤连缀，当即这类挂珠钗。（图 9–55）明代小说《金瓶梅》第二十回提及的垫根儿（即钿根）也和其类似：“金九凤垫根儿，每个凤嘴衔一溜珠儿。”故宫博物院藏金累丝九凤衔流苏钿口，以两根金条制为弧形梁，上缀金累丝制九只凤凰，凤头顶珍珠，口衔珍珠宝石串成的流苏，也类似于这种挂珠钗。（图 9–56）

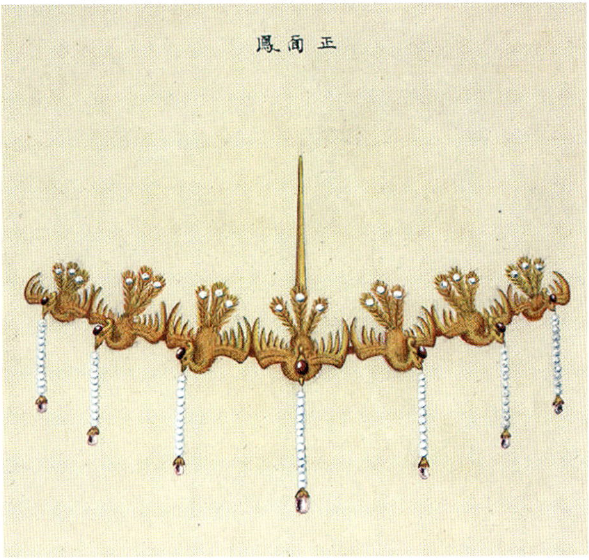

图 9–55　七凤连缀的正面凤

图 9–56　清代金累丝九凤钿口

清代一部不出名的小说丁秉仁《瑶华传》里也写道：“瑶华头上插戴一金一玉的压发簪髻，后排插着十二枝凤头钗，凤口内衔着七寸来长的真珠串，翠条勒齐额上散发，翠条中嵌着二龙戏珠。”这种凤头钗或就是此类挂珠钗，也可能是十二支凤钗排插。

凤钗衔珠滴，雍正时《深柳读书堂十二美人图》中的女郎头上也有戴。十一月《烘炉观雪》一幅中，女郎头上簪一支凤钗，凤形作正面处理，也称为正面凤。清代一幅玻璃油画《贵妇肖像》上也有凤钗，凤形作偏侧状，称为偏凤。清代一部传奇《秦楼月》插图中的女郎小像，也是在发髻上簪着这类钗。(图9-57）和《醒世姻缘传》第七十八回里写的“一枝赤金拔丝丹凤口衔四颗明珠宝结”正相同。

图 9-57 传奇《秦楼月》插图

改琦的仕女画《酴醾春去图》上，我们可以看见仕女发髻上的簪饰，正中一支凤口衔珠形凤钗，也是步摇，两边两朵花钿，比较简洁。(图 9-58)

图 9-58 改琦《酴醾春去图》(局部)

宫廷画家金廷标的《仕女簪花图》，描绘了一位秀丽的仕女对着镜子把一支步摇插在发髻上。她的发髻正中还簪有一支蝙蝠形点翠垂珠步摇。一旁的侍女头上也戴着点翠发插。桌上则又有兰花的鲜花瓣，还有一支点翠嵌珠金蝴蝶簪，为春日簪戴的“闹蛾”一类，和故宫博物院藏一支银镀金点翠宝石蝴蝶簪类似。(图 9–59)图中有山茶、水仙两瓶插花和一盆梅花，为二十四番花信风之首，与闹蛾一起传递着迎接元旦、新春之讯息。

明清时的花丝工艺在首饰制作中运用得炉火纯青，直到今天，一些首饰艺人还精通这种工艺。它是把金银打成块，搓成条，拔成比头发丝还细的金银丝(今天也使用压片机)，再用剪、锤、镊、锉刀等掐、弓、编制、攒、堆垒、焊接、填描图案，有的还会镶嵌珠宝，再加以錾刻、点翠、烧蓝等，如今统称为花丝镶嵌。如一件金质云山琼楼仙人簪，就是花丝工艺制作，小小簪子上有仙山琼楼、祥云飞鸾，松竹间盛开花朵，又有仙人往来。(图 9–60)

著名手工艺人姚迎春曾于 1990 年前后复制成功明代定陵出土的万历皇帝金冠，用细金丝编织成双龙戏珠等图案，焊接天衣无缝，薄如蝉翼。可见古代的工艺如今也未失传，成都银丝工艺就属于这类工艺。

图 9–59　银镀金点翠宝石蝴蝶簪

图 9–60　清代云山琼楼仙人簪

清代的首饰图谱《中国女性佩饰与头饰彩绘笔记》，共绘有 19 幅（约 59 件）彩绘佩饰与头饰，其中有金凤钗（分正面凤、侧凤）、通气（通簪）、如意簪、包头莲簪、小如意簪、金花、翠花等图，颇可参考。（图 9-61 至 9-66）

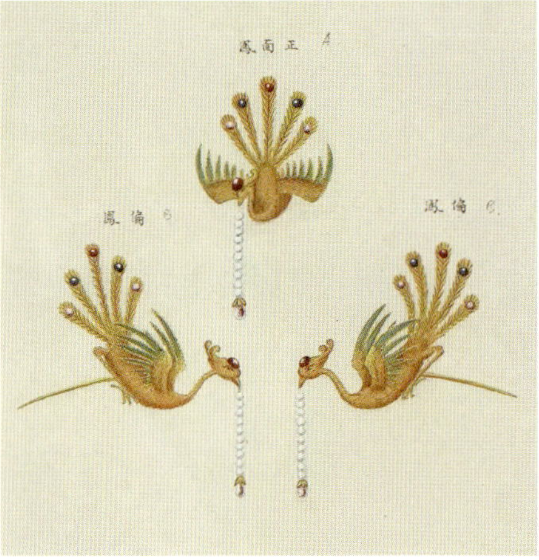

图 9-61 正面凤、偏凤

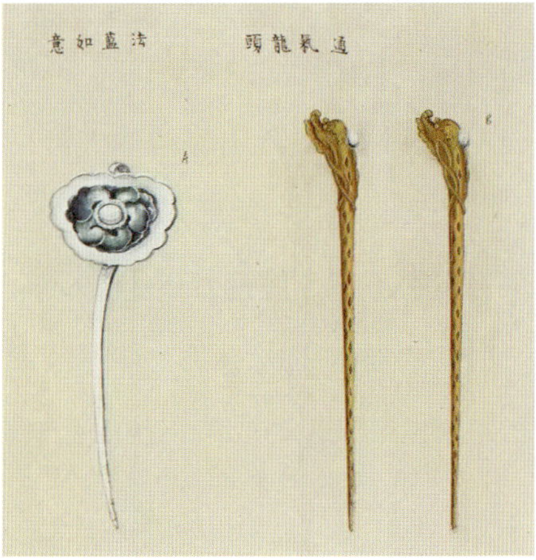

图 9-62 通气龙头簪、法蓝如意簪

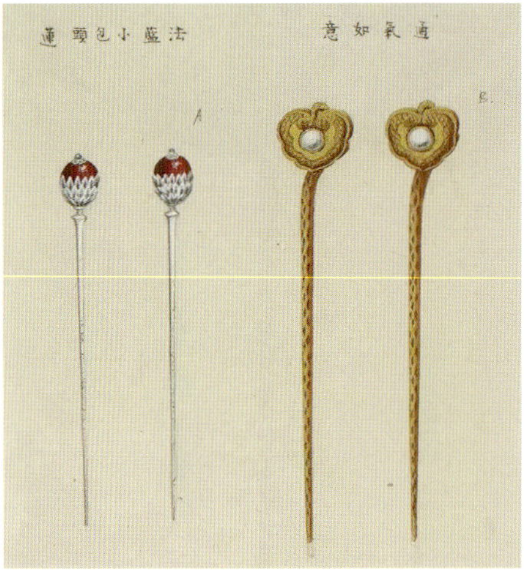

图 9-63 通气如意簪、法蓝小包头莲簪

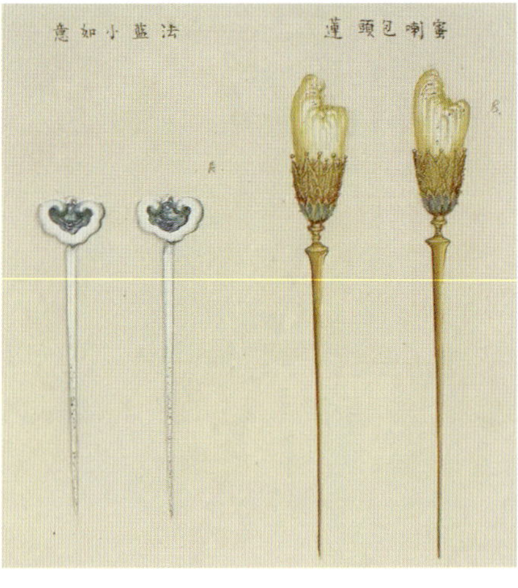

图 9-64 以蜜蜡雕成佛手的包头莲簪、法蓝小如意簪

图 9-65　嵌宝石镀金花

图 9-66　翠花

清代梳篦的主要用途是梳理头发，宫廷贵妇所用的由象牙、玳瑁、黄杨木、枣木等制作，并加雕花镶嵌，描金彩漆画出各种花纹。江苏常州的漆画木梳很有名。山东定陶杜堂镇贾楼村的枣木梳，制作程序复杂，上刻花纹，很受欢迎。梳子也会饰在女子的发髻上，福建著名的惠安女、泉州女等头上通常簪着好几把梳篦。

《清稗类钞》记载一种红丝球，大如茶杯，中纳小铃铛，妇女们都买来簪在发髻边。燕山孙櫺曾有诗咏及："红丝结得彩球形，步履行来最可听。想是怕招蜂蝶至，钗头也系护花铃。"在天津杨柳青年画中可见到戴绒球、花朵的女子。

各地女子也普遍戴鲜花，还戴花箍、花冠等。《红楼梦》第四十回写秋季女子要戴菊花，贾母虽然年老，发髻上仍戴了一朵大红菊花。一般是按季节簪戴，女孩戴的花较鲜艳，中老年女子戴的较淡雅。逢年过节或喜庆时戴的花更要色彩鲜丽。大小、深浅的花朵互相衬托才好看。李渔《闲情偶寄》载："时花之色，白为上，黄次之，淡红次之，最忌大红，尤忌木红。玫瑰，花之最香者也，而色太艳，止宜压在髻下，暗受其香，勿使花形全露，全露则类村妆，以村妇非红不爱好。花中之茉莉，舍插鬓之外，一无所用。可见天之生此，原为助妆而设，妆可少乎？珠兰亦然。珠兰之妙，十倍茉莉，但不能处处皆有，是一恨事。"

福州女子过去喜欢戴花，也是为了美丽、吉祥。鲜花是按季节簪戴，平时戴茉莉、白兰等香花，逢年过节或喜庆时戴"红笑"（色彩鲜丽的花朵）。

福建漳州长福村是盛产鲜花的花乡，也叫百花村，妇女常于头上戴花，女孩戴红花，中老年女子戴茉莉、白兰等，连村里新娘头戴的凤冠上也要垂下朵朵鲜花作为障面。

清代康熙年间周亮工的《闽小记》记载福建不缠足的女郎，穿着木屐，簪戴全枝兰花，健康美好。这风俗由来已久，甚至于唐时就有："闽素足女多簪全枝兰，烟鬟掩映，众蕊争芳。响屧一鸣，全茎振媚。予常笑谓：'昔人有肉台盘，此肉花盎也。'继在京师见唐人美人图，亦簪全兰，乃知闽女正堪入画，向者之评谬矣。"

鲜花簪戴，南方最喜欢用素馨、茉莉，以小花朵串围于发髻上。屈大均《广东新语》记载，广州一带的女儿们多以彩缕贯穿这两种洁白芳香的花儿，让香气散发在云鬟之上，和用珍珠装饰同样珍贵："儿女子以彩丝贯之，素馨与茉莉相间，以绕云髻，是曰花梳。以珠围髻，则曰珠掠。"他写下了"珠掠盘明月，花梳间海棠"的诗句来赞美这样的美丽。他又说素馨花："花宜夜，乘夜乃开，上人头髻乃开，见月而益光艳，得人气而益馥……儿女以花蒸油取液，为面脂、头泽，谓能长发、润肌。"素馨花最宜在夜里盛开，迎着月光就

图 9-67　清代戏画中的丫鬟

更加光艳，得到女儿的气息就更加芬芳，还能做成护发和护肤液。又如山丹（此指龙船花）、扶桑花、合欢花等都很受女子们喜爱。

清代宫廷戏画中，有丫鬟梳桃尖顶髻，配簪月季、翠花两朵，两边茉莉花缀如珍珠串一般。尤其俏皮的是额上还垂有细缕刘海，卷曲如钩状。（图 9-67）在绘画中，还能看见用茉莉花缠绕饰髻，再簪一朵大花、插耳挖形一丈青的女子。

清代顾禄撰记录苏州风俗的《清嘉录》载："珠兰、茉莉花来自他省，薰风欲拂，已毕集于山塘花肆。茶叶铺买以为配茶之用者，珠兰辄取其子，号为'撇梗'。茉莉花则去蒂衡值，号为'打爪花'。花蕊之连蒂者，专供妇女簪戴。虎丘花农，盛以马头篮，沿门叫鬻，谓之'戴花'。"清代画家汪鋆所绘《扬州风物册》画有夏季食西瓜戴茉莉花簪图，以茉莉花串作簪子之状。（图 9-68）

图 9-68　汪鋆《扬州风物册》之茉莉花簪

当时，北京有鲜花专业户专门种植花朵，供应妇女簪戴，由于技术高明，鲜花可以反季节开放，有时夏季六月妇女就能戴上木樨花球。芍药、蕙兰、夜来香、白兰等也受到欢迎。牡丹则编以铜丝，杂缀它花，在鬓边簪戴。在《深柳读书堂十二美人图》中，女郎就有在头上戴菊花花箍、戴一朵牡丹或一朵蔷薇的。

清代也有用绒绢、通草等制作的象生花，宋代高承《事物纪原》记载汉、晋时就有这项技艺了，在吐鲁番阿斯塔那唐墓有绢花实物出土，明清时北京、福州、南京、济南、曲阜等地都有绒绢花生产。这时的绒绢花不再是单纯模仿花，而是更繁复多变了。如北京绢花，用绸、绫、绢、纱上浆整平，刻剪成各种花朵，染上色彩，再黏合成花叶。过去著名的手艺人有花儿金、花儿刘等，制作花样很多。《红楼梦》第七回写到“拿纱堆的花儿”，就是给女孩子戴的堆纱花，即绢花一类。因为要献入宫廷供后妃簪戴，又称为宫花。《红楼梦》第十八回也写到元春省亲，贾府还要在柳杏树上用通草、绸绫、纸绢制花黏上去，作为装饰。

清代《深柳读书堂十二美人图》之七月《倚榻观鹊》一幅，画女郎戴一圈红黄花朵和绿叶串成的菊花花箍，当是此类象生花。

山西民间过去流传的宫花，是民间新娘必戴的，它由两朵并蒂红花组成，一朵下部为球体，一朵为锥状，为雌雄结合之意。每朵花各分十瓣，瓣上各缀金色的十种果子的纹样，中有花心。十果包括石榴、桃子、佛手、红枣、桂圆、枝元（荔枝）、柿子、葡萄、癞葡萄（葫芦科的锦荔枝）、香瓜等。石榴喻多子，桃子祝长寿，佛手为多福，红枣和桂圆、枝元代表连中三元，柿子为事事如意，葡萄和香瓜象征瓜瓞绵绵，都是表示子嗣繁衍、吉祥幸福的佳意。据说这是先秦时晋献公和姜氏婚礼时所用时，后来就传了下来。

北京的绒花、绒鸟，用绒丝线和细铜丝缠成，谐音荣华，含有吉祥祝福之意，在节令和婚娶喜事、寿筵上使用。红绒制成的牡丹和蝙蝠形最受欢迎，牡丹代表荣华富贵，蝙蝠是幸福的谐音，女子们（也有男子）去逛东岳庙、妙峰山等处庙会，买它们戴在头上，叫作“头顶荣华”“戴福还家”。寿筵上多戴寿字红绒花。还有绒制凤冠，上缀金银丝、翡翠、玛瑙等。京剧中各种凤凰、花饰也都是用绒花制作的。

南京绒花，明清时极为繁荣，有很大的销售市场。它是一事三节（婚嫁喜事和春节、端午、中秋）的重要装饰，用于婚嫁喜事的有万年全福、麒麟送子、榴开见子、鹿鹤同春、龙凤等，用于春节的有连年有余、金玉满堂、如意花等，用于端午节的有五毒虎头饰、龙舟摆件等，用于中秋节的有兔子拜月、喜牛望月等，色彩有大红、粉红加中绿、少量黄色，对比强烈艳丽。后来还发展出了帽花、鬓头花、戏剧装饰等，还有各种绒制凤冠，精美可喜。当地的绒花都是用蚕丝制作的，生蚕丝坚挺，用来做鱼虫鸟兽；熟蚕丝柔和，可以做花卉彩络。制作时需要经过煮丝、染色、勾条、打尖、传花、包装等近十道工序，用的工具有剪刀、镊子、钳子、铜丝和铅丝等。从这里可见绒花工艺的概况之一斑。

天津绒绢花，做工较纤细，有正凤、偏凤、龙凤呈祥、五福捧寿、富贵有余等龙凤、鱼形、蝙蝠形等花样。扬州绒花，制作也很精致。

通草花传播也很广。通草是一种草药，枝茎里有洁白柔韧的薄片，可以抽取出来染色、剪制成各色花朵，簪戴在头上。通草花的历史也很久远，相传秦宫中就有，五代马缟《中华古今注》追记秦宫中已经有了“五色通草苏朵子”。《事物纪原》载，晋惠帝时有通草五色花。唐代王叡有“蓪草头花椰叶裙，蒲葵树下舞蛮云”的诗句，写的是古代妇女在头上戴了通草花，尽情欢舞。清代北京通草花制作工艺非常精湛，清末杨静亭《都门杂咏·市廛门》有一首咏北京花儿市的竹枝词，注云：花儿市“以通草为妇人头上之花，买卖皆集于此，故名”，又有诗道：“梅白桃红借草濡，四时插鬓艳堪娱。人工只欠回香手，除却京师到处无。”

扬州通草花也很有名，可作头花、盆景花、瓶花等，至今还有制作的艺人。

福州女子过去也戴通草花，主要有两种：四季花，就是把四季的鲜花都制作出来，戴在头上，象征四季常春红火，这是宋代一年景花冠的同类装饰；孩儿长春花，是已婚女子簪戴的，形象是裸体男童坐在花丛之中，寓意子孙满堂。

清代还有烧料制作的料花，鲜艳迷人。珍珠制作的珠花，晶莹可爱。翠花则是用翠鸟羽毛叠在硬纸上，制成花朵。还有茉莉针，用金翠、宝玉、珊瑚等制作，环戴于发髻上。

清代潜庵作《苏台竹枝词》百首，其中有几首记载了苏州一带女子精致的发饰，令人兴味盎然。如“淡扫蛾眉彩笔停，芳兰几朵闪黄金。乌云巧绾连环髻，插上珍珠茉莉簪”，这少女绾好发髻后戴的是茉莉簪，即宝石花。“晓妆才罢点流黄，一粒椒穿玫瑰香。百宝嵌成金侧托，盘鸦髻上烂生光”，写的是一种以黄金制成蝙蝠灵芝，再嵌满百宝的侧托，是用来托发髻的。又如“顶花璀璨夺玫瑰，别插金簪号七梅。风颤玉钗摇不定，隔花遥拟可人来”，宝石镶成的顶花多么美观，在簪上镶嵌明珠为梅花纹样。

在一幅清代的玻璃油画《贵妇肖像》中，可见到一位温婉秀丽的少女，头上梳着二虎眼发型，正中插着翠叶、粉色的大花和绿色的小花朵。头发两边又各簪一朵衬着翠叶的花朵，再各簪一只凤口衔珠钗。凤凰为偏凤，制作得尤为精美，翎毛舒卷，口里垂下细小珠子缀成的璎珞，闪闪摇动，把这位少女衬托得魅力十足。（图 9-69）清代范寅《越谚》记载江浙一带流行的网钗贯珠结网，垂八旒、十二旒，对插在髻上，和画中的凤钗相似。

图 9-69　清代玻璃油画《贵妇肖像》

明清时还取梅、兰、竹、菊、蜡梅、水仙、牡丹、月季等花形制作成金银珠宝玉石之簪钗，或制成瓶花、篮花、盆花之形。如禹之鼎《闲敲棋子图》中的女郎，头戴兰花簪。改琦《麻姑献寿图》中，麻姑头插竹枝簪。故宫博物院藏有银镀金蓝料珍珠菊花簪、银镀金嵌珠宝花盆簪、银镀金嵌珠石花篮簪。清宫旧藏还有金镶玻璃梅花簪、珊瑚雕梅花簪、青玉雕梅花簪等（藏中国台北故宫博物院）。

屈大均《广东新语·木语》还记载民间取花树的模样作为发钗的样式，如金凤花，又称黄金凤、蛱蝶花等，形态美观，受到粤地女儿的青睐："叶小如豆，花四瓣，层层相对，一干辄有二种花，一深红，一黄边红腹。其蕊大者为凤头，小者凤尾，尾修长缕缕，又有两翅，粤女多象之作钗。"

又如珊瑚林，也称为山丹（与百合科山丹不是同一种），就是今天说的茜草科龙船花，它花期很长，女孩子喜欢戴。《广东新语·木语》说它在五月时"花尤大，殷红若玛瑙盘，日照弥鲜，儿女多戴之，取其不易凋落，经久变黄尚可爱”。所以屈大均有诗云：“愿君如山丹，花红至百日。”花朵中也带着美好的祝福。又说：“珊瑚亦作林，红绝知三岁。自红开至黄，不忍离头髻。”

相思红豆也可以串成串，装饰发髻，《广东新语·木语》载：“山村儿女，或以饰首，婉如珠翠。”

当代郑逸梅《花果小品》记载，以白玉雕成含苞茉莉花，做成茉莉簪；以翡翠为珠兰叶子，穿细珠为花，都颇有韵味。

抹额在清代使用很广，故宫宁寿宫玉粹轩通景画中一位簪戴凤钗、翠花并嵌珍珠蝴蝶（闹蛾）的女子，扎一条冰裂梅花纹布巾于额上，即抹额。（图9-70）还有尖头抹额，在广州外销画中也可看见。（图9-71）

图9-70　冰裂梅花纹抹额

图9-71　外销画中的尖头抹额

还有类似抹额的渔婆巾。如清代黄慎的一幅《渔翁渔妇图》上，渔妇头上的发髻是用一块巾帕打出花结来系着的，即渔婆巾。（图 9–72）《三希堂画宝》中有一幅画绘仕女坐在游船上游玩，她头上也扎渔婆巾，系它确实能给人留下潇洒利落的印象。也有的在布帛上加缀银花朵、珍珠等为饰。

老年妇女或僧尼、道姑等用锦绫、布帛裹头，这是沿袭了古代的包髻。如《改琦白描仕女画稿》中的一位老年妇女就是这样。（图 9–73）也有的在发髻上加罩一个硬纸和绸缎制的黑色冠，缀寿字。

有一种妙常巾，是以狭条形轻木为胎，两片相叠，顶上有如意形头饰，后有长带，道姑绾发髻时常戴。妙常，就是戏曲舞台上久演不衰的陈妙常，她住

图 9–72　黄慎《渔翁渔妇图》

图 9–73　改琦绘仕女梳包髻

图 9-74　清末外销画《双玉图》

在道观之中，和文士潘必正产生爱情，不顾道教戒律束缚，经过一番波折才得以鸳鸯好合。妙常在舞台上穿一身道袍，戴着妙常巾，是非常美的形象，这样的女郎也确实应该拥有美满的爱情。明代高濂的传奇剧本《玉簪记》就写了妙常和潘必正的故事。妙常巾因她而得名，当然在戴妙常巾时，妙常还佩戴着一支碧玉簪。后来尼姑也戴妙常巾，大概是因为戴上它比较好看。《红楼梦》第一百九回就写妙玉戴妙常髻。清末外销画《双玉图》绘宝玉、妙玉，即有它的形态。（图 9-74）

劳动妇女普遍戴头巾，把头巾用米浆浆硬再戴，以遮风日露水。虽然头巾很朴素，常用就是蓝布而已，但戴法也有许多花样，为自己的生活增添几分色彩。如广东潮州，取蓝布一尺多见方，折成两寸边缘，再折对半，系于高髻上，是采茶女儿的装束。广东南屏沙田水乡的疍家女，喜欢戴狗牙毡布，裁出一块方形的黑色布，再以彩线于布边绣出一个个小三角，戴时对角折成三角形，再放硬纸片，披于额前。一块狗牙毡布制作精美，往往要费去数日之工。广东三水侨居新加坡的女子，则戴红头巾，从事劳累的工作，人们也就叫她们红头巾了。而苏州水乡的妇女，则喜欢把头巾扎成燕尾之形，垂在脑后。

民间幼童喜欢戴虎头帽、猫头帽、狗头帽之类。或在帽子上缀银质帽花，如八仙、寿星、花鸟之类，今天民间还能见到。

北方女子喜欢在冬天戴昭君套，这是一种暖帽套，用貂皮覆额，貂毛出露，或许就是昭容帽。她们也戴观音兜，使用布巾或皮毛制作，也叫作暖帽、雪帽。如《红楼梦》第四十九回写大雪中史湘云戴着"挖云鹅黄片金里大红猩猩毡昭君套"，探春"围着大红猩猩毡的斗篷，戴着观音兜"，都是冬季的美好风景。改琦《红楼梦图咏》绘宝琴立在雪中，也戴着观音兜。（图 9-75）

图 9-75　改琦《红楼梦图咏》之宝琴

南方女子在冬天御寒的帽子叫兜勒，也叫扎眉帽，有夹层，加棉花，还有缀珠翠、绣花的，用带子系戴。如《三希堂

图 9–76 《三希堂画宝》中戴兜勒的仕女

画宝》中收录的一幅，仕女戴着兜勒，上加一朵珠翠花朵。（图 9–76）

北方的珍珠箍，下尖上宽，贴近两眉间，也用带子系戴，上嵌排排珍珠花饰。有一件银镶嵌珊瑚珠头箍，在细皮带上嵌满红珊瑚细珠，中缀花形银饰，两旁各系两个心形银饰，也镶嵌珊瑚细珠及绿宝石。两末端各结一系带。（图 9–77）

任熊的仕女画《瑶宫秋扇图》上，女郎侧向一边、两边鬓角用

图 9–77 银镶嵌珊瑚珠头箍

发掩住的大圆髻上，饰着头箍、如意形发卡，起到固定作用。

南方的海南、广东、广西、福建和台湾等地，多高温日晒、多雨的天气，妇女辛勤劳作时，喜欢戴上斗笠，用来遮风挡雨。斗笠有尖顶的、圆顶的，主要是用竹篾编成，还有用椰叶编的。有的斗笠上编织有精美的花纹，如广西毛

图 9-78　仲光勋《踏雪寻梅图》

南族的花竹帽就是其中一种；还有的斗笠的带子用彩色花边、玻璃珠等编织，更为美观。

有一种苏公笠，是广东惠州、梅州、潮州一带客家妇女常戴的，据说它原是宋代苏轼为他的夫人朝云制作的。斗笠四边围以布帛，上开孔以容发髻。清人梁绍壬在《两般秋雨庵随笔》中记载，苏公笠是在斗笠四周缀以绸帛以遮风雨，便于劳作和出行。《潮州志·丛谈志》载："客族妇女，晴夏皆戴凉帽，制用竹织，其式为圆箬，中开一空以容顶髻，周围缀以绸帛，或以五纱罗布分五幅，折而下垂。"它流行的地区其实很广，不仅限于广东。清末民初的仕女画家仲光勋《踏雪寻梅图》中，就有女子戴它出游的形象。（图 9-78）

广东连州近年还有戴抹额、苏公笠的老年妇女，别具神采。

第十章

仙人四季多丽姿：角色装饰和节令发型、发饰

古代也有一些特殊的发型、发饰，艺术家们尽情发挥，为发型、发饰艺术增添无限魅力。如舞台上的角色，就要按不同的演出内容来装扮。唐代的宫廷乐舞《清商乐》，舞者饰金铜杂花，状如雀钗，即从顾恺之《女史箴图》中画的金爵钗而来。（图10-1）唐代燕妃墓壁画中的乐女戴有类似的雀钗，所表演的或就是《清商乐》一类乐舞。（图10-2）

图10-1　《女史箴图》中的金爵钗

图 10-2　唐代燕妃墓壁画乐女头饰

唐时又有《天授乐》，舞姬需要戴凤冠；《鸟歌万岁乐》，舞者需要戴鸟冠，表现鸟儿歌唱的情景；《龙池乐》里的龙宫龙女，所戴的则是芙蓉冠，也就是莲花之形态，代表水景；《景云乐》，舞女则是戴绿云冠，飘逸如云朵。

宋代的宫廷乐舞中，舞者也各按角色不同而装扮。比如舞剑的剑器队，舞者就戴交脚幞头；模拟凤凰舞蹈的凤迎乐队，戴云鬟凤髻；玉兔浑脱队，戴玉兔冠，表现玉兔的故事；儿童解红队，戴花砌凤冠，大概是把鲜花堆垒在凤冠之上；菩萨蛮队，表现菩萨起舞，所戴的是卷云冠；拂霓裳队，表现仙人舞蹈，大概是唐代的霓裳羽衣舞遗存，所戴的是仙冠；佳人剪牡丹队，表演仙女剪取牡丹的故事，戴的是金冠（或就是凤冠）；菩萨献香花队，献呈香花的菩萨们戴的是宝冠（应该和大足石窟里的南宋菩萨所戴差不多）；打球乐队，戴的是簇花幞头。宋人《歌乐图》画的是舞乐演员们准备演出，画中就能看见两名准备上场的女童戴的正是直脚簇花幞头。

在仕女画中，汉代出塞和亲的王昭君都戴着皮毛帽子或昭君套，以述说她冒着北国严寒出塞和亲的故事。

各种神话传说中的人物，也各有自己的发型、发饰。如佛教中的观音菩萨，或作打联垂发型，多戴宝冠或观音兜，宝冠垂下宝缯，冠上正中嵌小阿弥

陀佛像，旁边饰满了金玉花钿，其他菩萨如大势至菩萨也有这类特定的冠饰。（图 10-3）

道教的女神王母，在汉代画像石中是戴胜，或梳高发髻，或戴太华髻，如同汉代的贵妇人；在宋代之后的绘画中，则戴皇后才能用的龙凤金冠，俨然如皇后一般华贵。

云髻、凤髻都是洛神之类仙女所梳，如《太平广记》引《续仙传》载仙女们“凤髻霓衣，姿态婉丽”，侍女皆“云髻绡服”等。洛神所梳的灵蛇髻、上元夫人的三角髻、麻姑的麻姑髻等也比较有名，都蕴含着对幸福长寿的憧憬。（图 10-4）

图 10-3　元代赵孟𫖯《鱼篮大士像》（局部）

图 10-4　清代改琦《麻姑献寿图》之麻姑髻

古代有五星神：金、木、水、火、土神，其中，金、木二星是女神。唐代敦煌出土的《炽盛光佛并五星图》，绘金星神身披白衣，头上戴金色凤鸟冠，手弹琵琶。（图 10–5）木星神手持纸笔，头戴猿冠。这是把金星、木星的星光美化为饰。永乐宫元代壁画中的两位女星神也是如此，不过金星神直接簪金凤钗。

图 10–5 《炽盛光佛并五星图》之金星神

月轮，是月神的象征。如西夏的太阴星君像，手捧一轮满月，类似于宋代的缕金云月冠。法海寺明代壁画上的月神，身穿白色衣，头戴凤冠，冠上也镶嵌一轮银色满月，正代表洁白的月光，象征月神的身份。

陕西民间剪纸艺术家库淑兰，喜欢用彩色纸剪出一个个圆脸姑娘，她自己称其为剪花娘子。她们都身穿彩衣，头戴鲜艳的花冠，代表着追求幸福美好生活的心愿，正是无数个女子可爱的化身。

陕西、甘肃有一种剪纸娃娃，叫作抓髻娃娃，一般都是女子形象，圆头，头上梳双辫或双髻，上面立着双鸟，或戴胜，戴花冠、花蔓；或在手上抓着双鸟，膝盖上也有双鸟；或与象征生命的树木合而为一。（图 10–6）它是驱邪、招魂用的儿童保护神，体现着花、树崇拜和鸟崇拜，追求子嗣、生命的繁衍。髻和吉同音，代表着吉祥的寓意。

图 10–6　甘肃庆阳抓髻娃娃剪纸

还有一种扫晴娘，在元明之时的古籍中就有记载，也是一种剪纸，是头戴花冠，手拿扫帚的形象。据说她可以扫走乌云，让天空放晴，故久雨不晴时可以剪一个挂起来。抓髻娃娃和扫晴娘或许就是远古时的女巫形象吧。

蚕茧花，是江南水乡的女子们于养蚕季候时所戴的，用彩绢或蚕茧剪成，以祈求蚕茧丰收，如花一样盛开。浙江湖州是蚕桑之乡，茧花也特别有名。

节令装饰也很重要。我国的传统节日有除旧迎新的盛大的元旦（春节），有纪念人类诞生的人日，有赏月的元宵，有赏花踏青的花朝，有表示春天到来的立春，有游春、洗浴的上巳，有驱除不吉、以香汤沐浴的端午，有祈祷爱情的七夕，有拜月赏月的中秋，有登高、赏菊花和红叶的重阳等。

节日中自然少不了簪戴美丽的发饰。如春节，北京等地有美丽的头顶荣华、戴福还家等绒制头花，鲜花在春节时也受到欢迎。其实不只春节，在整个春天，有条件的女郎戴榆叶梅、桃花、牡丹、芍药、杏花、水仙、玫瑰之类娇艳花朵，专门有卖花人挑来沿街出售。

正月初七人日节，相传女娲于此日用黄土捏泥人，创造了人类。其实，古代男女在春天相会，诞育后代，才有了人日节。这一天古代有剪纸戴胜的习俗，就是把金箔或彩纸剪作人形或燕子、黄莺等形，或为幡状，戴在发髻上。南朝梁宗懔《荆楚岁时记》记载：“正月七日为人日……剪彩为人，或镂金薄为人，以贴屏风，亦戴之头鬓。”这种胜或叫人胜、彩胜、幡胜。唐代的剪纸胜在新疆还有出土。胜也在元旦时使用，有迎新春之意。苏轼《次韵曾仲锡元日见寄》诗云：“萧索东风两鬓华，年年幡胜剪宫花。”《岁时广记》云元旦时，“刻青缯为小幡样，重累十余，相连缀而簪之，亦汉之遗事也”。“烛底凤钗明，钗头人胜轻。”这是李清照《菩萨蛮》中的句子。在宋代人日或春天之时，女子仍喜欢戴人胜以纪念女娲。

立春节，古人要戴春燕、春鸡、旗幡形的春胜、春花、春柳等。立春是二十四节气中春季的第一个节气。春天到来时，候鸟如燕子等也按时从南方飞来，古代有一种信期绣，就是把燕子的形状绣在绣品上。把燕子形戴在发髻上，正表示顺应天时。《荆楚岁时记》载：“立春之日，悉剪彩为燕以戴之……帖‘宜春’二字。”《岁时广记》云：“立春日，京师人皆以羽毛杂缯彩为春鸡、春燕，又卖春花、春柳。”宋代诗人毛滂的《武陵春》词说：“桃花髻暖双飞燕，金字巧宜春。”女郎的发髻上簪桃花和双飞的燕子，还有写着金字的宜春胜，大约就像日本正仓院藏的唐代贴金箔的胜，绘有花叶、小人之形。

立春日戴春幡，则是男女皆有。南宋辛弃疾《汉宫春·立春日》词：“春已归来，看美人头上，袅袅春幡。”孟元老《东京梦华录》卷六载立春日，“宰执、亲王、百官皆赐金银幡胜。入贺讫，戴归私第”。宁波天封塔地宫出土有宋代镏金银片制成的长方形幡胜，上有三角形幡头，下垂四条飘带，极为精美。常州明代王洛家族墓出土镏金银幡。又有明墓出土的一支金簪，上有金幡，錾“太平安乐”四字。（图 10–7）

图 10–7　明“太平安乐”幡金簪

正月十五为赏月赏灯的元宵节，南宋周密《武林旧事》记元宵节时，宋代妇女多穿白衣裙，“皆戴珠翠、闹蛾、玉梅、雪柳、菩提叶、灯球、销金合、蝉貂袖、项帕”。朱弁《曲洧旧闻》也说：“妇女首饰，至此一新，髻鬓篸插，如蛾、蝉、蜂、蝶、雪柳、玉梅、灯球，袅袅满头。”在皎洁的月光下、七彩的华灯中，无数粉白的衣裳、珠翠、缤纷的花叶，都在熙熙攘攘地回旋闪动。

“中州盛日，闺门多暇，记得偏重三五。铺翠冠儿，拈金雪柳，簇带争济楚。”这是李清照的《永遇乐》词，她在南方杭州回忆起中原汴京过元宵节的盛况，感慨万千。

“蛾儿雪柳黄金缕，笑语盈盈暗香去。众里寻他千百度，蓦然回首，那人却在，灯火阑珊处。”这是辛弃疾的《青玉案》词，写了元宵节时装饰着种种节日饰物的女郎活跃在灯火辉煌之夜，可是词人寻觅很久，却找不到自己的爱人，蓦然回头张望，才发现她在灯火阑珊处。

蛾儿，也就是闹蛾，是把绢帛或硬纸做的花叶与蝴蝶、飞蛾等草虫黏在细竹篾上，插于发髻，妇女行走时微微颤动。一般的闹蛾就是用纸帛制作的，如明末清初王夫之《杂物赞》记载：“以乌金纸剪为蛱蝶，朱粉点染，以小铜丝缠缀针上，旁施柏叶。”明末蒋之翘《天启宫词》里则记载天启年间的闹蛾，是用真草虫夹以葫芦，形如豌豆，大名“草裹金”。清代乾隆时有一件蝴蝶簪，制为蝶形，蝶身嵌蚌饰，双眼镶以红宝石，以点翠、红宝石、珍珠饰翅膀，触须上嵌着东珠。

玉梅和雪柳都是用白色绫或楮纸裁剪为梅、柳之形，也有贴金箔制成的雪柳，叫作金柳。菩提叶或用纸帛制作，插于头上。灯球是用珍珠或料珠、金彩制成。宋人金盈之《醉翁谈录》卷三载：“（正月）妇人又为灯球、灯笼，大如枣栗，加珠翠之饰，合城妇女竞戴之。又插雪梅。凡雪梅，皆缯楮为之。又有宜男蝉，状如纸蛾，而稍加文饰。”宋代侯寘《清平乐·咏橄榄灯球》词有云：“缕金剪彩，茸绾同心带。整整云鬟宜簇戴，雪柳闹蛾难赛。”明代《金瓶梅》第十五回还写元宵节时妇人“头上珠翠堆盈，凤钗半卸，鬟后挑着许多各色灯笼儿”。

在宋人绘画《大傩图》中有一群跳傩舞的男子，打扮得很滑稽，头上各戴着幞头、头巾、斗笠、量米用的斗、竹箕，再插上玉梅、松枝、柏枝、柳枝、大得几乎遮住帽子的彩绘大蝴蝶（宜男蝉）与花朵（闹蛾）、孔雀翎、貂尾、羽毛等。（图 10-8）从中我们也可看出这类节日装饰的具体形状。

南宋李嵩传有四幅《货郎图》，其中一幅藏于美国克利夫兰美术馆，货郎头上插戴着小旗幡、虫儿、花儿、柳条，即蛾儿、雪梅、雪柳、春幡之类。传

图 10-8　南宋《大傩图》

苏汉臣《货郎图》，货郎头上插类似的旗幡，担子上也插满了一面面小旗幡。故宫博物院藏的《货郎图》小横幅，货郎头上插有小风车、小旗幡、小燕子。

中国台北故宫博物院藏的一幅《货郎图》，货郎头上也有小灯球、小燕子与小风车，旁边妇女戴紫罗盖头，饰小灯球。

二月二为龙抬头，春龙升天，春雨渐多。过去山东、黑龙江等地给小儿女戴“龙尾”，即彩色纸剪成龙头、凤尾，中间穿以一节节秸秆，如长龙状，戴在孩子帽子上，寓意吉祥。

二月十二或十五日为花朝节，是百花生日，众花神一起降临大地，百花盛开。明清时苏州等地有赏红之俗，女郎们在头上戴剪彩而成的花鸟彩旗，或系在花树枝上，赏花游玩。到了芒种，众花神退位，要制作花鸟彩旗，系在枝上，戴在头上，为花神践行。这个美好的风俗在《红楼梦》第二十七回中有记述。

三月上巳，姑娘们要戴荠菜花，祈求清目。

寒食、清明时节，姑娘们踏青要戴杨柳、桃花之类，明代田汝成《西湖游览志余》：“清明，从冬至数至一百五日，即其节也。前两日谓之寒食，人家插柳满檐，青蒨可爱，男女亦咸戴之。谚云：‘清明不戴柳，红颜成皓首。’”似乎清明时不戴一支青葱柳枝就显得不够青春烂漫，也是因为古代有插柳避邪的观念。唐代韦庄的《浣溪沙》词则说：“清晓妆成寒食天，柳球斜袅间花钿，卷帘直出画堂前。”柳球是用柳枝卷成的。作家汪曾祺《大淖记事》曾记载近代女子在清明、端午时的花饰：“她们的发髻的一侧总要插一点什么东西。清明插一个柳球（杨柳的嫩枝，一头拿牙咬着，把柳枝的外皮连同鹅黄的柳叶使劲往下一抹，成一个小小球形），端午插一丛艾叶，有鲜花时插一朵栀子、一朵夹竹桃，无鲜花时插一朵大红剪绒花。”

谷雨时赏牡丹，女郎们都戴牡丹花。

五月五日为端午节，传统用艾草、菖蒲、张天师骑虎造型来避邪，因而有艾虎，以艾为虎形，或剪彩为小虎，粘艾叶以戴之（《荆楚岁时记》杜公瞻

注）。还有艾虎纹的头饰在端午时使用。如江苏青阳明代邹令人墓发现的天师艾虎纹掩鬓，清代道光时有玻璃制艾虎簪。（图 10-9）

图 10-9　金天师艾虎纹掩鬓

宋代端午时要戴钗头符，是五彩帛制作的；还戴艾叶、栀子、榴花、茉莉花等，以及剪艾制成花形、人形的艾花。还有珠囊之类，也有实物出土。南宋诗人崔敦诗《淳熙七年端午帖子词·皇后合六首》有“玉燕垂符小，珠囊结艾青”之句，正是实录。南宋词人张炎《蝶恋花·赋艾花》描写说：“巧结分枝黏翠艾。剪剪香痕，细把泥金界。小簇葵榴芳锦隘。红妆人见应须爱。午镜将拈开凤盖。倚醉凝娇，欲戴还慵戴。约臂犹余朱索在。梢头添挂朱符袋。”一位手巧的女郎，使用翠绿的绸帛制作端午簪戴的艾花，还用泥金描绘，再加上葵花、石榴花，谁见了能不喜欢！

清代顾禄《清嘉录》记载一种骑虎健人，用金银丝织作繁缨、钟铃之状，缀小人儿骑虎，配着簪钗插在发髻上。《清嘉录》还引《唐宋遗纪》记载一种豆娘，大致和健人相仿：“江淮南北，五日钗头彩胜之制，备极奇巧。凡以缯绡剪制艾叶，或攒绣仙佛、禽鸟、虫鱼、百兽之形，八宝群花之类，绉纱蜘蛛，绮縠凤麟，茧虎绒蛇，排草蜥蜴，又螳螂蝉蝎，又葫芦瓜果，色色逼

图 10-10 明代陈洪绶《对镜仕女图》

真。加以幡幢、宝盖、绣球、繁缨、钟铃百状，或贯为串，名曰‘豆娘’，不可胜纪。”

晚清富察敦崇《燕京岁时记·彩丝系虎》亦记载：“每至端阳，闺阁中之巧者，用绫罗制成小虎及粽子、壶卢、樱桃、桑椹之类，以彩线穿之，悬于钗头，或系于小儿之背。古诗云：‘玉燕钗头艾虎轻’，即此意也。”

六月二十四日为莲诞（莲花生日）节，女郎们戴莲花。

夏至时，《荆楚岁时记》记载用楝叶插于头上。

立秋时，女郎们戴楸叶，剪成种种花样，南宋《梦粱录》有记载。秋季，女子常戴红叶或以红绢包头，明代陈洪绶的《对镜仕女图》，仕女头上就戴着几片红叶。（图 10-10）

七夕是织女和牛郎相会的美好节日，是小儿女和多情男女们祈求美貌和智慧、爱情的节日。民间有称洗头节的，小女孩要精心打扮，用木槿叶子搓汁做洗头水，还有用百花水洗头的，把百千朵鲜花浸入水中，其中少不了牵牛花。清代顾翰《买陂塘·咏牵牛花》词有句："篱根任采，和瓜蒂轻黄，豆花微紫，浸取洗头水。"洗好头发后，女孩要学着绾结发髻，上饰鲜花，有牵牛花、菊花等，再加上簪钗等头饰，还要化妆，穿新样衣裙，然后向双星祈祷能获得美满的爱情。

在七夕夜，要摆设摩睺罗男女童子，这对历代都有影响，如隋代萧皇后礼冠、唐代李倕冠上装饰用的小人形，明代有童子造型的头面和簪子。

女孩们在七夕时还要制作象征爱情的种种戏曲玩偶，人偶上也要有各种发型、发饰，广州等地称为七夕公仔，至今广州天河区珠村等一些地区还盛行这种习俗。

七夕时，还将蜘蛛放在盒中结网，以网的疏密来判巧拙，所以有簪头为蛛形的喜蛛簪。故宫博物院藏有银镀金嵌宝石佛手蜘蛛纹簪。（图 10–11）

图 10–11　银镀金嵌宝石佛手蜘蛛纹簪

在甘肃礼县，女孩子要在七夕节时寻找一所大房子，彩扎织女像供祭拜，进行乞巧活动，从七月初一到初七，包括了坐巧、迎巧、祭巧、拜巧、娱巧、卜巧、送巧等仪式。女孩们梳着美丽的发型，精心打扮，唱起《梳头歌》：“一碗油，两碗油，我给巧娘娘梳翻头。前头梳了一支龙，后头梳了一座城。桃花颜色掸口唇，口唇抹了一点红……”

八月十五为中秋节，也是灯节，要赏灯、赏月，女子要戴桂花簇成的花球，以合月宫桂树的神话。月中有玉兔，明代定陵发现有镶宝石的双兔银簪。

九月九日为重阳节，也是菊花节，女郎们头戴菊花。古代还在登高时插茱萸，以求避邪。女子的簪子也常制为菊花状，早在唐代就有镏金菊花纹银钗，清代有银镀金点翠嵌珠宝菊花簪。

冬季，女子要戴梅花、蜡梅、山茶、水仙等冬花。冬至，还戴绵羊太子图纹簪。

这些节令装饰也可以一起出现，如陆游《老学庵笔记》所载宋代女子首饰衣服皆备四时，“如节物则春幡、灯球、竞渡、艾虎、云月之类，花则桃、杏、荷花、菊花、梅花，皆并为一景，谓之一年景”。

附录一
如何护理和保养头发

古代重视保养头发，护理头发的经验很丰富，这里只能简要介绍。

古代女子传统的护发、洗发用品是很多的，在《诗经》里就写到了，叫作“膏沫”，可能是油脂之类制作的。伶玄《赵飞燕外传》说有“膏九回沉水香”“七回光莹肪发泽”，为赵飞燕姐妹洗发所用，是油脂类加入香料，让头发散发诱人的清香，回旋飘动。

五代时，和凝的《宫词》也有句：“多把沈檀配龙麝，宫中掌浸十香油。”油内加入沉香、檀香、龙涎香、麝香等多种香料，讲究至极。

清代小说《红楼梦》里写有头油、桂花油、花露油之类，都是洗头用的，配以香料，制法也无非是油和香一起煎熬。如第五十八回写芳官洗头，要配上花露油、鸡卵、香皂之类。鸡蛋清是很好的护发剂，李时珍《濒湖集简方》记：“头发垢脏，鸡子白涂之，少顷洗去，光泽不燥。”这也就是芳官洗头发配鸡卵的缘故。

《红楼梦》第六十二回写湘云念出酒底：“这鸭头不是那丫头，头上那讨桂花油。”桂花又称木犀花，以桂花制作的桂花油是常用的护发用品。宋人陈敬撰《香谱》载“香发木犀油”制法：“凌晨摘木犀花半开者，拣去茎蒂令净，高

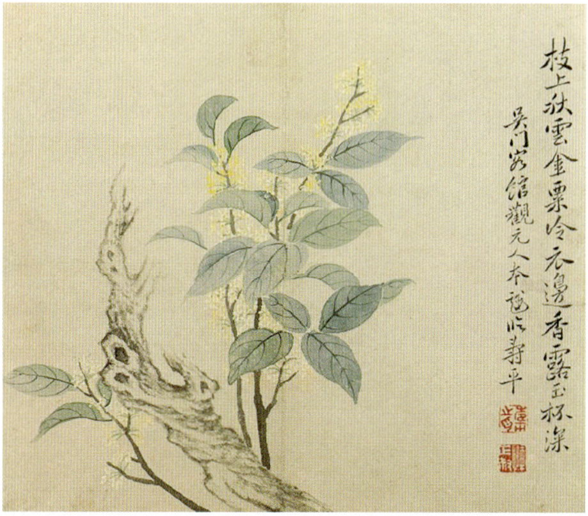

附图 1–1　清代恽寿平《桂花图》

量一斗，取清麻油一斤，轻手拌匀，捺瓷器中。厚以油纸密封罐口，坐于釜内，以重汤煮一饷久，取出，安顿稳燥处。十日后倾出，以手沘其清液，收之，最要封闭最密，久而愈香。如此油匀入黄蜡，为面脂，馨香也。”（附图 1–1）

金受申《北京通》一书中介绍北京妇女护发使用“‘油贴’，圆扁形，与粉扑相似，一面绒一面布，富家有用绣花缎者，用以蘸头油润发”；“‘头油’，头油大约为植物油中加香料、桂花等物所制。以天津圆铁筒‘桂母头油’为最有名，京市视为佳品，《都门纪略》所载：桂林号桂花油，至今尚巍然存在，近年为舶来品所夺，桂花油已减少在中上层阶级的销路了”，可见头油使用之一斑。

除了用桂花做香油，也用别的香花。如屈大均《广东新语》记载广州一带用素馨花制为洗发液。（附图 1–2）

附图 1–2　晚清居廉《十香图》之素馨花

中国南方的露头花，也

叫野菠萝、林投、露兜簕，常生长在海边沙滩，长满芒刺的叶子可高达 1.5 米。它的花很香，可以制作香油，是最好的护发剂，屈大均《广东新语》中有描绘：“露头花，多产番禺蓼涌，其叶如剑脊，边皆有芒刺，花抽叶中，与叶仿佛相似，色白而柔。花中有蕊，如珍珠粟形，常含清露涓滴，故名‘露花’。以火燔其根，使成大头出土上，花乃茂盛，故又名‘露头花’。夏月大开，以花置油上晒之，香落油中，芳馨隔岁不灭。以膏发，照读书，芳盈一室。”屈大均有诗说：“朱楼初日上窗纱，镜里妆成阴丽华。不用胭脂边地草，但调南国露头花。”诗笺云：“蓼涌之上，花曰露头。花中有粉，傅面光流。采花曝日，香落兰油。持为膏沐，发美而柔。荔子一种，芳气同俦。亦名露花，珍果之尤。”如今，外国还有人拿它的花来做香油，我们却已近乎忘记。

清代王初桐《奁史》录有很多民间洗发方子，如以米汁洗头，米汁就是淘米水，这早在《礼记・内则》中就有记载。据《史记・外戚世家》载，汉文帝的皇后窦氏少年时家中贫困，年幼的弟弟被人贩子买去，分别时，窦氏向邻家讨来洗米水为他洗头，寄托深情。当时不论男女，日常所用的洗发液也就是洗米水了。这其实是保养头发的好法子，至今民间还在使用。

明朝郭晟《家塾事亲》载：“脂麻叶，汤浸涎出，妇人用梳头沐发去虱。”清代元福《经验方》又记载：“江南妇女采兰叶置发中，令头不脂。”

这鸡蛋清、淘米水、芝麻叶、兰叶（菊科佩兰）都容易找到，至今仍有参考价值。

南方如广西还有使用茶油洗头发的，它是从油茶果中提炼出来的，至今仍有使用，据说对头发很有好处。

木槿花的叶子搓出汁来也可以洗发，浙江宁波等地的女子在七夕时喜欢用木槿叶子洗发。

明代秦徵兰《天启宫词》又载取桑叶汁加上香料，用来护发：“宫眷捣桑叶

取汁，杂诸香物，贮之银海，用以饰鬓。”（附图 1–3）

还有一种刨花水，将富于胶质的榆树枝刨切成薄片，在热水里浸出浓液，类似于今天的发胶，涂在发上可以使头发光润，也能固定发式。今天京剧演员还用刨花水把头发制的光片贴在脸上，作为额发、鬓发，俗称“打片子”。金受申《北京通》一书中则介绍清末民初的北京妇女“早年用皂荚子，近年始仿效富家，改用刨花水，但京郊乡间则仍通用麒麟菜泡水，夏日加芝麻花，以免腐味，刨花相传为梧桐木，泡水甚黏，用以抿发，以免散乱”（此文把刨花指为梧桐木，实误）。

附图 1–3　宋缂丝《赵佶木槿花图》

在明代《普济方》里边也有很多洗发、护发的方剂。

对于白头发，古代也有染色剂。针对头发稀少的情况，也有很多种专门的方剂。如《太平圣惠方》记载的一种长发润泽方，用生麻油五两，浸以干桑葚、栀子花、酸石榴花等，加入捣碎的生铁，然后用来梳头，据说很有效，对今天的医疗也许有一定启发。

古人为了拥有一头颜色乌黑、光润的秀发，也提倡身心健康，气血充足，因为发为血之余，只有气血充足才能令头发保持乌黑。如果营养不良，头发自然会受损害。而且人的心情要愉悦，愁苦的心情会直接使头发变白、变干燥，甚至脱发。古人也重视饮食调理的方法，据说吃黑芝麻、黑木耳等黑色食品可以使头发变黑，人参、当归等也都有美容美发的功效。

附录二
如何选择和梳理传统发型

几千年来的中国发髻，有高髻、垂髻、偏髻、平髻、鬟髻、丫髻、椎髻、反绾髻、丛髻、象形髻、打联垂等几大类，每大类又包含多种发髻，加起来名目可达数百种。

高髻，是高耸在头上的发髻，古代最是流行。如汉魏时的三角髻，唐时的峨髻、半翻髻（把发髻由上向下而绾）等。

垂髻，是把发髻绾在头下，比较轻便。如从周代到魏晋一直流行的垂云髻，宋代急扎垂肩的发髻，清代也有很多垂髻，如苏州髻、喜鹊尾之类。

偏髻，即发髻偏向一边。如汉唐时的倭堕髻、堕马髻等。

平髻，把头发在头顶平绕成髻，比较少见。如从魏晋到隋唐一直都流行的盘桓髻。

鬟髻，即把发髻绾成鬟，从单鬟、双鬟直到十多鬟，复杂多样。

丫髻，把发髻梳在两边，形如丫，就是常说的丫头，但也有很多变化，或把双丫翘起，或添双鬟垂在丫边，等等。

椎髻，把发髻绾成椎形，也有很多变化，如高立、后伸，或再加垂下的发缕为装饰。

附图 2-1 《内人双陆图》中的丛髻

附图 2-2 唐代赵逸公墓壁画中的打联垂

反绾髻，即把头发由后向前绾，魏晋至隋唐时期流行。

丛髻，在头上编出若干个小髻。（附图 2-1）

象形髻，指把头发直接编成凤凰、船帆、花朵等形。古代有灵蛇髻、凤凰髻，福建湄洲女子有形如船帆的仿效海上女神妈祖所梳的发型等。

打联垂，将发束或打成小辫，或作一缕，分一环或多环圈住耳朵，垂在耳后。（附图 2-2）

具体的技法，则包括梳、绾、结、拧旋、盘叠、交错、扎、披、剪等。如分作一缕缕，梳作蝉鬓，结作丫，团绾作发鬟，打结作流苏，拧旋作灵蛇，平绕、盘叠作高髻，交错而叠，结作发椎，反绾作大髻，急扎，披在脑后，剪作燕尾，等等。然后再加簪、钗等固定。

传统的发型并不是随便梳的，也要根据年龄来选择。如小女孩儿梳垂髫、丫头等，显得活泼可爱。少女梳双鬟、多鬟、椎髻垂髾、云髻等，额发留刘海，也很适合。青年女子可梳高髻，作华贵盛装，也可梳三角髻、流苏髻，两鬓留薄薄的蝉翼，显得飘逸可人。中年妇女宜绾清爽的发髻，如圆髻等，比较饱满，显得高洁，垂髾和刘海则不适宜。老年妇女戴巾子、包头，或梳整洁的发髻，显得雍容大方。

发型也要根据身高来选择。身材比较娇小的，若配上丰厚的高髻，会有头重脚轻之感；若配梳小巧的鬟髻之类，或加上披肩垂发就很好，也可以梳椎髻等。若身材中等以上，配梳高髻，或加上及腰余发，自然是很好的。若是颈短身矮，也可以梳如宋代急扎垂肩一类的垂髻。脖子长而身材较高的，可以梳两鬓抱面之髻。个子不高而丰满的，最适宜梳高发髻，露出脖子，显得身段修长一些。较高而丰满的，可以梳小发髻，给人秀雅之感，不可梳盘鸦之类蓬松的发髻。

发型和脸型也要相配，脸型若有小缺陷的可以通过发型来弥补。如瓜子脸匀称可爱，可以选配任何发型，加刘海、云尖巧额等，突出玲珑的美。圆脸可梳较方的峨髻，或两鬓以蝉翼掩饰，不留刘海。椭圆而比较丰满的脸，如《簪花仕女图》中女郎的脸型，正宜梳高高的峨髻。正方形的国字脸，两腮较明显，可配高髻、流苏髻、垂髾髻等。三角形脸应配圆髻，刘海可以宽，加上蝉翼，使脸的直线看上去柔和一些。长方脸，两腮较瘦，可加刘海，垂鬓发，平髻和垂髻都是适宜的。如果是倒三角形脸，上宽下窄，额头较开展，小下巴，最适宜留刘海，梳堆云髻，发髻下部较蓬松；或梳有余发的发髻，余发披散肩上。

也可以根据发质选择发型。如天生的卷发可以梳汉代的卷发新髻。直硬发质可以修成整齐的高髻，花样不宜复杂。柔软发质可梳小圆髻、花形髻等。

今天很多女孩喜欢穿传统服装，也就要梳传统的发髻才能与之相配。这里介绍一些传统发髻的梳法，以供选择。当然，今天女子们所用的也只是现代的发胶和摩丝之类，古代的刨花水等是难以寻觅的了。但是扎发用的丝帛、仿古的钗簪之类不难买到，梳传统的发型、配传统的发饰也不困难。

穿古典衣装时，如果一时来不及做发型，可以把头发披垂于脑后，做成披肩发，也很典雅。发梢处可以参差剪一下，有自然的层次，显得轻盈，也可以剪成燕尾之状。

可以在长发根部用丝帛束好，打个结子，发梢垂下，就是垂云髻。或如《女史箴图》所绘，把垂下的长发上绾，集成一个发球垂在身后，把余发两缕打两个圆圈，用帛带束好，也是垂髻的一种。或把头发扎好，分股编成两条辫子，把辫子梢倒插入发际，扎好，就是急扎垂肩的发型。在此基础上，可以梳双飞燕髻，只是两条发辫要长，不能扎在一起。

也可将头发理作一绺，梳理通顺后盘在头顶，做成盘桓髻那样的平髻。还可以盘成明代的一窝丝高髻，把发绺盘一下，呈圆形，发梢藏入髻内，以簪钗固定，既简便又可爱。或把头发分成三股，在头上梳成三圆髻，中间的稍大。其余高髻也都是如此变化来的。

《簪花仕女图》中的峨髻，据说是需要极长的头发才能梳成，把额发和脑顶的头发梳成微倾的竖直之状，脑后的发反绾，在头顶汇集起来，左右两边的头发也向头顶汇合，形成高髻，用钗簪固定。头顶可再加大朵绢花作为装饰。牡丹头的梳法也大致如此。

高髻后可衬余发，把没有绾上去的长发披肩而下，发梢剪出层次感，也可以用发胶黏成一缕缕的，也可以剪成燕尾之形。

先秦时代的虿尾发型，是绾发髻后把两边余发制成卷曲之形，古法已经不可考证，估计是用发胶之类固定，今天也可如此。简单些的，可以把头发扭转成发髻，加发卡固定，然后把两鬓余发制成卷曲虿尾状。若在发髻上加凤钗，就是凤髻。

汉代美人赵合德的卷发新髻，或许就是在虿尾发型基础上加以变化。今天如要制作，简单些的可以先绾高髻，两边有余发垂下，然后喷上发胶，以食指卷绕几次，便成微卷的长发；如果是需要长长的卷发，或大波浪卷发，或满头发卷，不妨参差修剪，然后烫发。这些在古典中都显得有些放纵和新异。还要涂上发油，有湿润感，或洒上香水，求得沉香般的芳香。

双丫髻，把头发平均分成两半，各绾成一个丫形，或梳成辫子，绾成两个小圆鬏，还可在丫中引出余发，编成圆环垂下。

双鬟望仙髻的梳法是把头发分为两缕，在发缕的根部用帛系束，再把余发绾成鬟，发梢编入耳后。高耸的双鬟髻与之相类，但须用帛扎住鬟底。

从髻的梳法是把头发聚成束，发根扎紧，再分股，打成大小不等的圆圈，一个个卷到头顶，用簪梳固定。芙蓉髻的梳法也类似于此。

椎髻是把头发拢在头顶为一股，发根束好，发梢插入发际，或再叠作几叠，用帛带束成椎形，下部用簪钗固定。抛家髻类似于此，只是头发要聚在头顶，抛出去，发根可以用帛系束，脑门两边的头发要包住脸庞。

堕马髻，可以把发鬟斜下，也可以把发股梳成一束，用宽帛带约束，再把发梢插在帛带内，斜于脑后。

灵蛇髻和盘龙髻，还有大鬟的发髻，都是衬细铁丝扭转而成。

二虎眼之类发髻，都是把发分成对称或不对称的两束，分别扭转，用发卡固定。

螺髻，是把头发分股，盘叠如螺，有单螺、双螺等。

垂髾和刘海、云尖巧额、蝉翼、云髻等也都可以用刨花水之类黏住、固定。

发髻上如有需要也可以涂些发油增加湿润之意，如古典的牡丹头之类都是要涂的。

一双巧手，不但能恢复古典的发型，也能巧妙地加入新意。

千万种中华传统发型、发饰，今日看来都是那么美好，我们用这发型、发饰来装点女子的美，用其中蕴含的吉祥祝福之意来彰显女子的幸福，用各种材料制作来显现女子的心灵手巧，更可用以展示中华文化的深厚底蕴。

参考文献

一、古籍

- 〔汉〕班固：《汉书》，中华书局 1962 年版。
- 〔汉〕刘熙撰，愚若点校：《释名》，中华书局 2020 年版。
- 〔晋〕陈寿撰，陈乃乾校点：《三国志》，中华书局 1982 年版。
- 〔晋〕葛洪撰，周天游校注：《西京杂记》，三秦出版社 2006 年版。
- 〔晋〕崔豹：《古今注》，商务印书馆 1956 年版。
- 〔南朝宋〕范晔撰，〔唐〕李贤等注：《后汉书》，中华书局 1965 年版。
- 〔南朝梁〕沈约：《宋书》，中华书局 1974 年版。
- 〔南朝梁〕宗懔撰，〔隋〕杜公瞻注，姜彦稚辑校：《荆楚岁时记》，中华书局 2018 年版。
- 〔南朝梁〕萧统编，〔唐〕李善注：《文选》，上海古籍出版社 1986 年版。
- 〔南朝陈〕徐陵编，〔清〕吴兆宜注，〔清〕程琰删补，穆克宏点校：《玉台新咏笺注》，中华书局 1985 年版。
- 〔后唐〕马编集：《中华古今注》，商务印书馆 1956 年版。
- 〔后晋〕刘昫等：《旧唐书》，中华书局 1975 年版。

- 〔宋〕李昉等：《太平御览》，中华书局 1960 年版。
- 〔宋〕李昉等编：《太平广记》，中华书局 2020 年版。
- 〔宋〕高承撰，〔明〕李果订，金圆、许沛藻点校：《事物纪原》，中华书局 1989 年版。
- 〔宋〕李廌撰，孔凡礼点校：《师友谈记》，中华书局 2002 年版。
- 〔宋〕吴自牧：《梦粱录》，浙江人民出版社 1980 年版。
- 〔宋〕四水潜夫辑：《武林旧事》，西湖书社 1981 年版。
- 〔宋〕马端临著，上海师范大学古籍研究所、华东师范大学古籍研究所点校：《文献通考》，中华书局 2011 年版。
- 〔宋〕龙大渊：《古玉图谱》，电子科技大学出版社 2017 年版。
- 〔元〕脱脱等：《宋史》，中华书局 1977 年版。
- 〔元〕脱脱等：《金史》，中华书局 1975 年版。
- 〔明〕王圻、王思义编集：《三才图会》，上海古籍出版社 1988 年版。
- 〔明〕刘若愚：《明宫史》，北京古籍出版社 1980 年版。
- 〔明〕佚名：《天水冰山录》，中华书局 1985 年版。
- 〔明〕邝露：《赤雅》，中华书局 1985 年版。
- 〔明〕西周生撰，黄肃秋校注：《醒世姻缘传》，上海古籍出版社 1981 年版。
- 〔清〕张廷玉等：《明史》，中华书局 1974 年版。
- 〔清〕阮元校刻：《十三经注疏》，中华书局 1980 年版。
- 〔清〕屈大均：《广东新语》，中华书局 1985 年版。
- 〔清〕彭定求等编：《全唐诗》，中华书局 1960 年版。
- 〔清〕李渔著，江巨荣、卢寿荣校注：《闲情偶寄》，上海古籍出版社 2000 年版。
- 〔清〕李斗著，王媛编著：《扬州画舫录》，黄山书社 2015 年版。

- 〔清〕虫天子编：《香艳丛书》，人民文学出版社 1992 年版。
- 〔清〕王照圆撰，虞思徵点校：《列女传补注》，华东师范大学出版社 2012 年版。
- 〔清〕王初桐纂述，陈晓东整理：《奁史》，文物出版社 2017 年版。
- 〔清〕李调元辑：《南越笔记》，中华书局 1985 年版。
- 〔清〕丁观鹏等绘，罗山译注：《万国来朝：〈职贡图〉里的古代中国与世界》，北京时代华文书局 2019 年版。
- 〔清〕曹雪芹、高鹗著，中国艺术研究院红楼梦研究所校注：《红楼梦》，人民文学出版社 1990 年版。
- 〔清〕顾禄撰，来新夏校点：《清嘉录》，上海古籍出版社 1986 年版。
- 〔清〕富察敦崇：《燕京岁时记》，北京古籍出版社 1981 年版。
- 〔清〕范寅编撰：《越谚》，上海文艺出版社 1987 年版。
- 〔清〕改琦绘：《红楼梦人物图》，上海古籍书店 1980 年版。
- 〔清〕改琦绘：《改琦白描仕女画稿》，上海书画出版社 1986 年版。
- 〔清〕叶九如辑选：《三希堂画宝》，中国书店 1982 年版。
- 〔清〕徐珂编撰：《清稗类钞》，中华书局 2010 年版。

二、著作

- 黄寿祺、梅桐生译：《楚辞全译》，贵州人民出版社 1984 年版。
- 北京大学古文献研究所编：《全宋诗》，北京大学出版社 2019 年版。
- 唐圭璋编：《全宋词》，中华书局 1965 年版。
- 徐征等主编：《全元曲》，河北教育出版社 1998 年版。
- 西安半坡博物馆编：《西安半坡》，文物出版社 1982 年版。
- 中国社会科学院考古研究所编辑：《殷墟妇好墓》，文物出版社 1980 年版。

- 湖南省博物馆、中国社会科学院考古研究编：《长沙马王堆一号汉墓》，文物出版社 1973 年版。
- 山西省考古研究所编著：《唐代薛儆墓发掘报告》，科学出版社 2000 年版。
- 杭州市文物考古研究所、临安市文物馆编著：《五代吴越国康陵》，文物出版社 2014 年版。
- 赵评春、迟本毅：《金代服饰：金齐国王墓出土服饰研究》，文物出版社 1998 年版。
- 宿白：《白沙宋墓》（第 2 版），文物出版社 2002 年版。
- 周迪人、周旸、杨明：《德安南宋周氏墓》，江西人民出版社 1999 年版。
- 福建省博物馆编：《福州南宋黄昇墓》，文物出版社 1982 年版。
- 中国美术全集编委会编：《中国美术全集》，人民美术出版社 2015 年版。
- 金维诺主编：《永乐宫壁画全集》，天津人民美术出版社 1997 年版。
- 杨伯达主编：《中国金银玻璃珐琅器全集》，河北美术出版社 2004 年版。
- 古方主编：《中国出土玉器全集》，科学出版社 2005 年版。
- 徐光冀主编：《中国出土壁画全集》，科学出版社 2012 年版。
- 《中国敦煌壁画全集》编辑委员会编：《中国敦煌壁画全集》，天津人民美术出版社 2006 年版。
- 人民美术出版社编：《八十七神仙卷》，人民美术出版社 2017 年版。
- 袁珂：《中国神话传说——从盘古到秦始皇》，人民文学出版社 1998 年版。
- 周锡保：《中国古代服饰史》，中国戏剧出版社 1984 年版。
- 沈从文编著：《中国古代服饰研究》，上海书店出版社 2011 年版。
- 高春明：《中国服饰名物考》，上海文化出版社 2001 年版。
- 黄能福、陈娟娟、黄钢编著：《服饰中华——中华服饰七千年》，清华大学出版社 2011 年版。

- 黄能馥、陈娟娟：《中国服饰史》，上海人民出版社 2004 年版。
- 袁杰英编著：《中国历代服饰史》，高等教育出版社 1994 年版。
- 孙机：《中国古舆服论丛》，文物出版社 1993 年版。
- 孙机：《汉代物质文化资料图说》（增订本），上海古籍出版社 2008 年版。
- 扬之水：《中国古代金银首饰》，故宫出版社 2014 年版。
- 扬之水：《奢华之色——宋元明金银器研究》，中华书局 2011 年版。
- 孟晖：《潘金莲的发型》，江苏人民出版社 2005 年版。
- 孟晖：《花间十六声》，生活·读书·新知三联书店 2006 年版。
- 黄辉：《中国古代人物服式与画法》，上海人民美术出版社 1987 年版。
- 黄均：《仕女画的研究与技法》，北京工艺美术出版社 1990 年版。
- 杭海：《妆匣遗珍：明清至民国时期女性传统银饰》，生活·读书·新知三联书店 2005 年版。
- 周建立：《中国民间银器》，上海古籍出版社 2005 年版。
- 山西博物院编：《宝宁寺明代水陆画》（第 2 版），文物出版社 2015 年版。
- 何鸿、何如珍主编：《敦煌粉本与绢画精粹》，江苏凤凰美术出版社 2020 年版。
- 贾玺增：《四季花与节令物：中国古人头上的一年风景》，清华大学出版社 2016 年版。
- 北京市文物局图书资料中心编：《明宫冠服仪仗图》，北京燕山出版社 2015 年版。
- 北京市昌平区十三陵特区办事处编：《定陵出土文物图典》，北京美术摄影出版社 2006 年版。
- 故宫博物院编：《清宫后妃首饰图典》，故宫出版社 2012 年版。
- 王子云编著：《中国古代雕塑百图》，人民美术出版社 1981 年版。

- 王维忠等编绘：《艺用服饰资料》，辽宁美术出版社 1993 年版。
- 宋俊华：《中国古代戏剧服饰研究》，广东高等教育出版社 2003 年版。
- 刘志文主编：《广东民俗大观》（第 2 版），广东旅游出版社 2007 年版。
- 《中国服饰大辞典》编委会编：《中国服饰大辞典》，山西人民出版社 1992 年版。
- 刘波主编：《中国民间艺术大辞典》，农村读物出版社 1990 年版。
- 周汛、高春明编著：《中国衣冠服饰大辞典》，上海辞书出版社 1996 年版。

三、论文

- 金受申：《北京的发髻：辫发头髻，形势繁多》，《立言画刊》1939 年第 62 期。
- 金受申：《北京的发髻：两把头髻随时变迁》，《立言画刊》1939 年第 63 期。
- 金受申：《北京的发髻：头髻形式，随时演进》，《立言画刊》1939 年第 64 期。
- 金受申：《北京通：发髻的补充》，《立言画刊》1941 年第 143 期。
- 陕西省文物管理委员会：《长安县南里王村唐韦泂墓发掘记》，《文物》1959 年第 8 期。
- 徐良玉、李久海、张容生：《扬州发现一批唐代金首饰》，《文物》1986 年第 5 期。
- 孙机：《唐代妇女的服装与化妆》，《文物》1984 年第 4 期。
- 孙机：《步摇、步摇冠与摇叶饰片》，《文物》1991 年第 11 期。
- 孙机：《明代的束发冠、䯼髻与头面》，《文物》2001 年第 7 期。
- 孙机：《玉屏花与玉逍遥》，《文物》2006 年第 10 期。
- 孙机：《五兵佩》，见《中国圣火：中国古文物与东西文化交流中的若干问题》，辽宁教育出版社 1996 年版。
- 扬之水：《明代头面》，见《古诗文名物新证》，紫禁城出版社 2004 年版。

- 扬之水：《钗头凤》，《收藏家》2003 年第 8 期。
- 扬之水：《宋元金银首饰的样式与工艺》（上、中、下），《收藏家》2007 年第 3、4、5 期。
- 王秀玲：《明定陵出土首饰特点》，《收藏家》2007 年第 5 期。
- 刘宝建：《清宫帝后组合梳具》，《紫禁城》2005 年第 4 期。
- 赵逵夫:《汉水、天汉、天水——论织女传说的形成》,《天水师范学院学报》2006 年第 6 期。
- 许星:《竹枝词中所描绘的清代苏州地区服饰时尚》,《装饰》2007 年第 5 期。
- 罗海英、林锐、吴训信：《〈石勒听讲图〉断代考》，《美术学报》2017 年第 4 期。
- 马大勇：《盛唐祥瑞凤穿花》，《东方收藏》2014 年第 3 期。
- 马大勇：《八方云髻共呈巧》，《中国之韵》2014 年第 8 期。
- 马大勇：《凤冠霞帔显尊荣》，《中国之韵》2014 年第 8 期。
- 马大勇：《珠花龙凤冠高髻》，《读者欣赏》2020 年第 4 期。
- 马大勇：《高髻云鬟美发密码》，《中华遗产》2019 年第 2 期。